2023年主题出版重点出版物
"十四五"国家重点出版物出版规划项目
高校主题出版

海洋命运共同体构建：理论与实践 — 朱锋 主编

How to Build
a Maritime
Power?
Opportunities
and Challenges

建设海洋强国的思考与挑战

梁亚滨 著

南京大学出版社

图书在版编目(CIP)数据

建设海洋强国的思考与挑战 / 梁亚滨著. — 南京：南京大学出版社，2025.7. — (海洋命运共同体构建：理论与实践 / 朱锋主编). — ISBN 978-7-305-28157-0

Ⅰ. P74

中国国家版本馆 CIP 数据核字第 2024Y59685 号

出版发行　南京大学出版社
社　　址　南京市汉口路 22 号　　邮　编　210093
丛 书 名　海洋命运共同体构建：理论与实践
丛书主编　朱　锋
书　　名　**建设海洋强国的思考与挑战**
　　　　　JIANSHE HAIYANG QIANGGUO DE SIKAO YU TIAOZHAN
著　　者　梁亚滨
责任编辑　张倩倩　　　　　　　编辑热线　(025)83593947
照　　排　南京南琳图文制作有限公司
印　　刷　南京爱德印刷有限公司
开　　本　718 mm×1000 mm　1/16　印张 12.75　字数 223 千
版　　次　2025 年 7 月第 1 版　2025 年 7 月第 1 次印刷
ISBN 978-7-305-28157-0
定　　价　98.00 元

网址：http://www.njupco.com
官方微博：http://weibo.com/njupco
官方微信号：njupress
销售咨询热线：(025) 83594756

* 版权所有，侵权必究
* 凡购买南大版图书，如有印装质量问题，请与所购
　图书销售部门联系调换

总　序

　　海洋从古至今都是对人类至关重要的资源来源、物资通道、发展空间和联结本国与地区、本国与世界的战略网络，更是国家间地缘政治与地缘经济竞争与冲突的战场。21世纪的今天，人类已经进入开发海洋资源和利用海洋战略空间的新阶段，海洋在全球格局中的经济和战略资源地位愈加突出。有效运用海洋，不仅是国家经济活动的支撑点，是国家安全、科技进步、文化交流和国际合作的基本领域，更是一个崛起的大国加强海外利益保护、扩展海外商业互动空间和履行海洋生态、环境、资源保护的重要责任所在。世界各海洋大国和周边邻国纷纷制定新形势下的海洋规划，加速向海洋布局。中共十八大以来，以习近平同志为核心的党中央高度重视中国的海洋事业发展。习总书记高屋建瓴，围绕建设海洋强国提出了一系列新思想、新论断与新战略，涉及发展海洋经济、加快海洋科技创新行动、保护海洋生态环境、推进"21世纪海上丝绸之路"建设、构建海洋命运共同体等方方面面，为我们在新时代发展海洋事业、建设海洋强国提供了战略性的行动指南。

　　海洋强国建设的内涵可以从五个维度进行解析。一是推进海洋经济可持续发展。发展海洋经济是建设海洋强国的基础与核心。海洋蕴藏着巨大的发展能量，开发海洋是推动我国经济社会发展的一项战略任务，加快发展海洋产业，不仅能够有效促进海洋渔业、油气、盐业、矿业、化工业等产业的发展，对于形成新的国民经济增长点，确保国家经济协调健康发展也有重要意义。习近平总书记强调"海洋经济的发展前途无量"，"发达的海洋经济是建设海洋强国的重要支撑"。要大力发展海洋交通运输，发展海洋外贸，发展沿海港口经济，大力发展海洋产业特别是战略性海洋新兴产业，构建完善的现代海洋产业体系,以沿海经济带为主战场,从自身实际出发,因地制宜,有所侧重,有所突破,推进海洋经济健康有序发展。

二是大力发展海洋科技。创新海洋科技是海洋强国建设的关键和要害,海洋强国崛起离不开科技的研发与运用。我国海洋经济已转向高质量发展阶段,对海洋资源开发保护、深海极地探索、海洋装备体系化发展等诸多领域的科技创新提出了更高、更迫切的要求。习近平总书记强调,建设海洋强国必须大力发展海洋高新技术,要"着力推动海洋科技向创新引领型转变","努力突破制约海洋经济发展和海洋生态保护的科技瓶颈"。他特别强调关键的技术要靠我们自主来研发,要推动"海洋科技实现高水平自立自强,加强原创性、引领性科技攻关"。这就需要做好海洋科技创新总体规划,坚持有所为有所不为,重点在深水、绿色、安全的海洋高新技术领域取得突破,尤其要推进海洋经济转型过程中急需的核心技术和关键共性技术的研究开发。

三是保护海洋生态环境。保护海洋环境是建设海洋强国的前提。海洋是生命的摇篮、资源的宝库、交通的命脉。海洋保护着人类的家园,健康的海洋是海洋强国战略的压舱石,人类开发和探索海洋,最好的状态莫过于"以海强国、人海和谐"。习近平总书记在多个场合强调,要重视海洋的生态文明建设,要像对待生命一样关爱海洋,"要保护海洋生态环境,着力推动海洋开发方式向循环利用型转变","要高度重视海洋生态文明建设,加强海洋环境污染防治,保护海洋生物多样性,实现海洋资源有序开发利用,为子孙后代留下一片碧海蓝天"。

四是增强海洋国防力量。强大的海上力量是海洋强国战略实施的硬实力保障,运用海上军事实力是海洋强国获取海洋利益的基本手段,也是国家海上安全、维护海权的基本保证。海防空虚,海军建设与发展落伍,是中国近代丧失国权的重要原因。面对世界百年未有之大变局,我国海洋权益仍面临着诸多挑战。以史为鉴,新时代捍卫国家主权和海权,必须要有强大的现代化的海上力量,努力建设一支强大的现代化海军,维护和捍卫国家主权、安全,维护地区稳定和世界和平,为建设海洋强国提供战略支撑,为中华民族向海图强劈波斩浪。习近平曾经多次视察人民海军,强调"在实现中华民族伟大复兴的奋斗中,建设强大的人民海军的任务从来没有像今天这样紧迫","要站在历史和时代的高度,担起建设强大的现代化海军历史重任",要进一步加强海军现代化改革转型,加强联合作战体系建设。

五是参与全球海洋治理。中国需要通过参与国际海洋事务的管理和规范，进而提升国家在全球海洋治理体系中的话语权和领导力，这是建设海洋强国的制度保障。习近平总书记指出，"我们人类居住的这个蓝色星球，不是被海洋分割成了各个孤岛，而是被海洋连结成了命运共同体，各国人民安危与共"。据此，中国在全球海洋事务领域提出了构建海洋命运共同体的理念。这一理念是中国自古以来的亲仁善仁、协和万邦精神的当代彰显，完全契合中华优秀传统文化的价值内核。实践、落实海洋命运共同体的理念，需要在中国的表率作用下将其具体化为海洋治理的"中国方案"，更需要在各国的共同参与和努力下将全球海洋变成真正意义上的"和平之海、友谊之海、合作之海"。

当前，中国正面临着国际局势不断深化的百年未有之大变局，变乱交织的世界格局意味着1991年苏联解体、冷战终结以来全球化演进的世界政治大周期已经接近终结。落实好习总书记的指示、全面推进海洋强国建设，更成为中国国家利益维护和拓展的关键路径。加快海洋强国建设对维护国家主权与安全，实现新时代中国特色社会主义现代化，进而实现中华民族伟大复兴都具有重大而又深远的战略意义。

海洋强国建设一是可显著提升国家的综合国力。首先，海洋强国战略的推进，让我们拓展更加宽广的海内外蓝色发展空间，充分利用海洋渔业、海上运输、海洋旅游等产业对国家经济增长的可持续动力；其次，海洋强国战略的推进，更加推动了以创新的姿态进行自主的开发利用与管理，包括观念创新、科学技术创新、制度创新、模式创新等，提升国家在海洋科技领域的国际竞争力；再次，海洋强国战略的推进，使我国以更加开放的姿态拥抱世界、拥抱海洋，从而有利于推动中国内外经济循环的协同发展；最后，海洋强国战略通过"21世纪海上丝绸之路"倡议，将快速与沿线的国家和城市形成全方位高粘度合作，使我国在全球更广范围实现资源配置。因此，海洋强国战略对我国当代、后代社会经济长期可持续高效发展意义重大。

海洋强国建设二是可保障国家安全。中国拥有广阔的海洋领土和海域，建设海洋强国将有利于加强对海洋边界的控制，确保领土完整与海洋权益。随着全球地缘政治竞争的加剧，特别是在南海、东海等海域的争议不断升温的局势下，强大的海上军事力量将会有效提升我国对外部威胁的应对能力，从而更好地维护国家的战略自主权和发展空间。此外，强大的海军力量也能有效捍卫中国的海上运输线和航道安全，减少外部干预的风险，保障能源和物资供应的稳定,巩固国家的经济安全。

海洋强国建设三是可保护海洋生态环境,实现人海和谐。建设海洋强国的重要目标就是促进海洋生态文明,这是海洋强国之"强"的基本层面。发展海洋科技、促进海洋经济增长只是手段,而不是目的。若把手段当作目的,在海洋科技发展、海洋经济增长为谁服务上出了问题,就必然走上破坏海洋社会及内陆社会和谐正义、破坏海洋资源环境的邪路。那样的海洋科技越发展、海洋经济越增长,其破坏性和负面价值也就越大,也就越不可持续。那样的"强",显然不是我们所需要、所认同的。中国建设海洋强国要在发展海洋经济、保护海洋生物多样性、保护海洋生态环境等方面做出杰出贡献,为解决人类面临的共同海洋问题提供"中国智慧"。

海洋强国建设四是可促进国际合作与和平发展。建设海洋强国,实现海洋强国的全面内涵及其整体目标,努力塑造互利共赢、和谐共生的全球海洋新秩序。当今世界海洋发展应有的现代海洋观,不再是西方以海洋竞争、海洋霸权为主要内涵的旧有海洋观,那样的海洋观不仅在历史上给世界的多元文明带来极大破坏,而且也导致今天海洋竞争日益激化、国际争端此起彼伏、小规模乃至大规模的海洋战争危险无时不在。中国的海洋发展传统有着悠久而深厚的历史文化基础,中华民族至今一直坚守着对内和谐、对外和平的海洋发展理念。正如外交部副部长陈晓东在第五届"海洋合作与治理论坛"上的主旨演讲中所指出的:中国始终是海洋和平的坚定捍卫者、中国始终是海洋合作的积极推动者、中国始终是涉海友好交流的忠实维护者,中国参与并加强全球海洋治理是为了与各国携手共建"和平之海、友谊之海、合作之海"。中国应该也有能力、有条件在世界上倡导和建立这样的现代海洋观,为世界海洋和平做出自己的贡献。

目前我国实现海洋强国的战略目标需要应对的风险和挑战、需要解决的矛盾和问题更不容忽视。在国际层面,我国海洋强国建设面临的挑战主要有三个方面。首先,东海、台海、南海等涉海主权问题的联动。近年来,从北到南,在东海、台海、南海等地区,涉海主权事件频发,并且日渐形成联动趋势,牵一发而动全身。在东海方面,中日钓鱼岛争端以及大陆架划界等问题仍未得到妥善解决;在台海方面,尽管台湾问题纯属中国内政,但美国等部分西方国家乃至我国某些近邻国家的非法干涉,破坏了我国的稳定与发展,加之台湾民进党当局在"台独"道路上一意孤行,加剧了台海局势的紧张以及敏感;在南海方面,虽然在非法的"南海仲裁案"闹剧后,南海局势相对缓和,中国和东南亚各国关系稳步发展,但美国与部分西方国家依然试图破坏南海的和平与稳定,甚至直接粗暴干预南海局势,否定中国合理合法的主张。

其次,域外及周边国家在海洋领域的竞争,甚至局部冲突加剧。虽然我国海洋强国建设是根据自身发展的需求而行动,并提出了惠及世界人民的人类命运共同体理念。但是,我们要清醒地意识到,竞争无处不在。在海洋资源方面,随着国际海洋资源开发的加剧,特别是在南海、东海等海域,中国面临着海洋资源争夺的复杂局面,如何在保障国家权益的同时与其他国家进行有效沟通与合作,仍是难点。在海洋产业方面,我国面临着与韩国、日本等国家的竞争。在海上安全方面,国际的海上军备竞争日益激烈,中国需要加强海上防卫能力,保障国家安全。当前,中国海军力量的发展与美国谋求全球霸权的意图,使中美在海洋领域表现为对抗为主的竞争状态。在亚太地区,美国主导建立了"美日印澳"四国机制。"四国机制"的主要针对目标是中国,在此框架下,美国牵头在南海频繁组织高密度、实战性升级的各种舰机巡弋和演习的目的也是在海上与中国实施竞争。未来中国海军将在亚太地区乃至全球海洋范围内面临美国海军的挑战。建设与推进海洋强国战略相匹配,能够有效应对海上安全挑战、维护海上经济利益的海上军事力量成为历史必然。

最后,非传统海洋安全挑战凸显。尽管近年来涉海主权问题成为我国海洋强国建设的主要挑战,但非传统海洋安全挑战并没有消失且逐渐派生出新的问题。例如,日本核污染水排海问题。日本将核污染水排海是极其不负责任的行为。我国与日本是近邻,日本将核污染水排海会对我国的海洋生态以及相关海洋产业如渔业等带来巨大挑战,对周边国家与地区民众的生命健康也形成威胁。此外,海盗与武装抢劫、毒品贩运等跨国海上犯罪活动以及海平面上升、渔业资源衰竭等非传统海洋安全挑战也不容忽视。

中国的海洋强国建设面临三大挑战,对此,我们必须心明眼亮。首先,地理位置与自然环境的限制。除渤海外,我国近海均为半封闭海,黄海、东海、南海的边缘均被岛屿和半岛等岛链环绕,船只若想进入大洋,必须通过这些岛链,无法像传统海洋国家那样直接进入大洋,因此易被封锁。不仅如此,在自然资源与生态环境方面,尽管近年来我国海洋污染防治取得诸多成绩,但未来仍需持续加强海洋环境污染防治,保护海洋生物多样性,实现海洋资源有序开发利用。总之,半封闭海的地理条件以及自然资源、生态环境等方面的问题,给我国海洋强国建设带来挑战。

其次,海陆复合型国家的压力。我国是典型的海陆复合型国家,既拥有漫长的海岸线、辽阔的海域,又拥有广袤的陆地。海陆复合的地缘特征既给我国带来了诸多机遇,又使我国面临着来自海陆两方面的挑战。有的学者认为中国是海陆复合型国家,容易腹背受敌,难以成为海洋强国,只能发展有限海权;中国不太可能成为海权大国,甚至不可能成为海陆兼顾的大国,而只能定位为建设具有强大海权的陆权大国。这种观点存在商榷的空间。但我国的地缘政治特性确实决定了我国需要兼顾陆地与海洋之间、陆权与海权之间以及东部方向与西部方向之间的关系,把陆海二分转化成陆海统筹,真正发挥海陆兼备的正面效应。

最后,我国海洋强国建设的要素和能力建设仍显不足。经过多年的发展,我国海洋事业总体上进入了历史上最好的发展时期,甚至部分国家认为我国已经成为海洋强国,但我们要清楚地意识到,我国海洋强国建设依然任重道远,仍存在一定的短板。例如,海洋科技创新是海洋强国建设的根本动力,加快海洋开发进程,振兴海洋经济,关键在科技。但与发达海洋国家相比,我国海洋科技的原创性和高附加值创新成果较少,核心技术与关键共性技术"卡脖子"问题还比较突出。与此同时,海洋环境污染、过度捕捞、海洋生态系统退化等问题,亟须中国在发展海洋经济的同时加强海洋生态保护。

建设海洋强国是一项长期、艰巨、复杂的系统工程,单一的海洋强国要素并不能持续支撑海洋强国的地位,需要海洋经济、海洋科技、海洋规则、海洋文化、海军实力等综合力量的共同作用。这就要求海洋强国建设在发展海洋科技、推进海洋经济、建设强大海军、形成向海图强的风气和塑造未来海洋规则体系等各方面同时发力。中国在五千年的文明史中的绝大部分时间,都是陆地强国,并非海洋强国。郑和下西洋虽然是人类航海史的历史创举,但几乎是"惊鸿一瞥"。而15世纪末和16世纪初欧洲国家开启的大航海时代,才有效地推进了西方国家科技创新、知识创新和发展创新,并由此带动欧洲率先进入工业革命时代。今天,一个不断走向世界、改造世界和引领世界的中国,不仅要弥补中华文明从来不是海洋强国的缺陷,更需要在推进海洋强国建设的历史进程中在新时代助力中国实现民族复兴。在海洋强国建设的新征程中,我们要牢牢把握习近平总书记关于海洋强国建设重要阐释的精髓要义,深刻认识蕴含其中的理论逻辑和思想脉络,落实好习近平总书记关于建设海洋强国的系列重要论述精神,走出一条具有中国特色的海洋强国之路,为实现中华民族伟大复兴的中国梦保驾护航。

  本丛书就是要在21世纪中国大国崛起和与世界的关联互动越发深刻和全面的基础上,通过深入学习和领会习总书记关于海洋强国建设的指示,从多学科、跨学科、交叉学科等学科协同的角度,结合区域国别学、国家安全学、国际关系、国际法等学科理论与方法,在创新中国自主知识体系的引领下,就海洋强国建设的理论与实践拿出系统的、持续性的、时效性的研究成果。本丛书也是南京大学国际关系学院和中国南海研究协同创新中心的重要科研创举。

  最后,衷心感谢南京大学出版社和各位作者的大力支持!

朱　锋

2024 年 12 月

目 录

总　序 / 1

第一章　中国海洋思想的产生、发展与演进 / 1

第二章　从历史看海洋与国家政策的选择 / 7

第三章　能源革命、海洋与地缘政治重心的转移 / 34

第四章　中国建设海洋强国的目标与路径 / 56

第五章　中国建设海洋强国的地缘政治挑战 / 75

第六章　作为权力斗争工具的海洋同盟 / 94

第七章　战略应对：从新型大国关系到命运共同体 / 115

第八章　运用战略思维应对安全挑战 / 138

第九章　"一带一路"倡议下的海外港口安全风险 / 146

作为结语的思考 / 189

第一章

中国海洋思想的产生、发展与演进

　　海洋是人类文明发展与交流的重要载体。一方面,作为巨大的流动水体,海洋将全世界散落的不同文明和民族连接在一起,不但使人类可以获得更加丰富的资源,而且使文明间的互学互鉴成为可能,人类从孤立走向全球化;另一方面,海洋在给人类带来巨大财富的同时,也带来巨大的风险,既包括军事冲突的风险,也包括贸易依附的风险。对这种风险的不同认知和应对,在很大程度上决定着国家的前途和命运。

　　近代以来,西方国家的崛起与对海洋的征服紧密相关。公元1453年,东罗马帝国的首都君士坦丁堡陷落,持续千年之久的拜占廷帝国被新兴崛起的奥斯曼帝国灭亡。君士坦丁堡陷落导致连接欧亚大陆的传统陆上贸易路线中断,欧洲人开始被迫考虑经海路到达亚洲的可行性,最终促成人类历史上最具影响力的"大航海运动"并发现了"新大陆"。在这个过程中,获得大海另外一边的黄金和贸易是最主要的推动力。发展国际贸易存在严重的客观约束因素:缺乏承载国际贸易的交换媒介——一般等价物。自古以来,黄金、白银等贵金属一直天然地充当着交换媒介,但是贵金属的数量严重受制于天然的矿产存量和开采技术。事实上,随着人口增加、经济恢复、贸易量不断增长,贵金属的产量总会赶不上需求的增加量。于是,严重的通货紧缩就会出现,经济萧条不可避免。① 君士坦丁堡的陷落,进一步恶化了欧洲的贸易条件,被奥斯曼帝国控制的陆路贸易商品价格飙升,这大幅度增加了全社会对贵金属的需求。在欧洲,通货紧缩曾经造成社会上对黄金等贵重金属的疯狂渴望,成为地理大发现和欧洲殖民主义扩张的经济原因。② 发现新大陆的哥伦布曾经说过:"黄金是一种财富,拥有它的人可以在这个世界上做他想做的一切,并成功地帮助灵魂进入天堂。"(Gold is a treasure, and he who possesses it does all he wishes to in this world, and succeeds in helping souls into paradise.③)墨西哥的征服者埃尔南·科尔特斯(Hernán Cortés):"我们西班牙人人都受着一种心病的折磨,这种病只有黄金才能治愈。"(We Spaniards know a sickness of the heart that only gold can cure.④)对新大陆的发现与征服,给世界带来两个非常重要的结果:一是全球化时代真正到来,商品和服务开始在世界范围内流动,并对世界各地的国家和民族产生意想不到的结果;二是海权的时代也随之而来,对海洋的掌控、开发与利用往往决定着一个国家的综合实力,以及在国际政治舞台上的权力与地位。即便人类技术已经发展到信息化时代,并且活动的范围也从海洋进一步扩展到天空和太空,海洋依然是大多数国家寻求安全与繁荣的关键,对于那些主动或被动参与全球范围内战略竞争的国家来说更是这样。美国著名的阿尔弗雷德·塞耶·马汉(Alfred Thayer Mahan)认为,从广义来看,海权的历史就是一个国家利用海洋使自己强大的历史。

但是,中国对海洋的认知与西方不同。这也决定了我们在建设海洋强国的道路上,与西方近代以来构建基于"海权"的战略目标和战略利益存在显著的差异。

---

① Richard CK Burdekin and Pierre L. Siklos, "Gold resumption and the deflation of the 1870s," *Routledge Handbook of Major Events in Economic History*, Routledge, 2013, pp. 45 – 52; Thomas M. Humphrey, *Classical Deflation Theory* (November 3, 2003), FRB Richmond Working Paper No. 03 – 13. (Available at SSRN:https://ssrn.com/abstract=2184508 or http://dx.doi.org/10.2139/ssrn.2184508)

② 张宇燕、高程:《美洲金银和西方世界的兴起》,《国际经济评论》,2004 年第 1 期,第 11—14 页。

③ "Christopher Columbus Quotes," BrainyQuote.com, BrainyMedia Inc, 2022. https://www.brainyquote.com/quotes/christopher_columbus_389050.

④ "Hernan Cortes Quotes," BrainyQuote.com, BrainyMedia Inc, 2022. https://www.brainyquote.com/quotes/hernan_cortes_211093, accessed August 5, 2022.

第一章　中国海洋思想的产生、发展与演进

中国在漫长的历史长河中一直是一个陆权国家。尽管早在先秦的春秋时期，《管子·海王》就曾提出以专营山海资源为特征的"官山海""以为国"的思想，[1]前瞻地察觉到海洋的财富作用对于国家强盛的重要性，但在中国漫长的历史长河中，并未发展出系统的海洋强国思想，相反更多的是闭关锁国思想。中国历史上，最接近现代海权概念的思想可能出自郑和。根据法国人弗朗索瓦·德勃雷在《海外华人》中记载的一段话，郑和认为："欲国家富强，不可置海洋于不顾。财富取之海洋，危险亦来自海上……一旦他国之君夺得南洋，华夏危矣。我国船队战无不胜，可用之扩大经商，制服异域，使其不敢觊觎南洋也。"[2]然而我国的古代文献中并没有与此相关的记述，因此该段话的真实性存疑。黑格尔在其名著《历史哲学》中说："尽管中国靠海，尽管中国古代有着发达的远航，但是中国没有分享海洋所赋予的文明，海洋没有影响他们的文化。"[3]事实上，海洋对于古代中国人来说往往是世界的尽头，也就是"天涯海角"的意思。

实际上，中国对海洋的重视是西方坚船利炮压力下的产物。鸦片战争的硝烟掀开了极盛而衰的中国近代史，封闭和落后不断地刺激着国家和国人的民族自尊心。也正是在这段满是耻辱和抗争的历史进程中，中国的思想家和政治家才重新审视海洋对于国家兴衰的影响，从而将中国海洋强国思想的发展推向了新的阶段。魏源在《海国图志》中的《筹海篇》中主张改漕运为海运，由海运而发展海商，由海商而建立新式海军，由拥有强大海军而掌握海权，期望中国通过发展海洋文明成为一个能够足以"制夷"的"海国"。[4] 洋务运动则将"师夷长技以制夷"的思想付诸实践，建立建设现代海军，开发海洋贸易，以应对不断来自海上的安全威胁和竞争。时任闽浙总督的左宗棠提出，"欲防海之害而收其利，非整理水师不可；欲整理水师，非设局监造轮船不可"。[5] 但在实践中，洋务派将海权简单地理解为"坚船利炮"，因此只偏重"国防"一端，单纯地重视船舰技术和海军编制的仿效，并没有从经济贸易的需要、海权势力的

---

[1] 《管子·海王》："桓公曰：'然则吾何以为国？'管子对曰：'唯官山海为可耳。'"
[2] 转引自郑一钧：《论郑和下西洋》，北京：海洋出版社，2005年，第373页。
[3] 黑格尔：《历史哲学》，王造时译，上海：上海书店出版社，2006年，第10页。
[4] 李强华：《基于近代海洋意识觉醒视角的魏源"海国"理念探究》，《上海海洋大学学报》，2012年第5期，第917页。
[5] 左宗棠：《拟购机器雇洋匠试造轮船先陈大概情形折》，《左宗棠全集·奏稿三》，长沙：岳麓书社，1989年，第60、61页。

争夺以及海洋意识的树立等角度来转变思想。这也成为贯穿于整个清末海军建设和海洋发展的基本命题。在"海防议"中,李鸿章指出:"我之造船,本无驰骋域外之意,不过以守疆土、保和局而已……庶无事时扬威海上,有警时仍可收进海口,以守为战。"①

孙中山是近代以来第一位系统提出中国海洋强国思想的伟人。他认为,"国力之盛衰强弱,常在海而不在陆,其海上权力优胜者,其国力常占优胜"②。对于海权的恢复和维护,孙中山提出了一种战略性的构想,即对内收回海关主权,对外争夺太平洋海权,重视陆海统筹。孙中山不仅多次向列强提出收回海关权的要求,而且还在为姚伯麟先生撰写的《战后太平洋问题》一书所作的序中科学地预见到"海权之竞争,由地中海而移于大西洋,今后则由大西洋而移于太平洋矣……太平洋问题,则实关于我中华民族之生存,中华国家之命运者也。盖太平洋之重心,即中国也;争太平洋之海权,即争中国之门户权耳"③。他还提出了"陆海统筹"的建议,强调中国的发展要"海权与陆权并重,不偏于海,亦不偏于陆,而以大陆雄伟之精神,与海国超迈之意识,左右逢源,相得益彰"④。在孙中山的海权思想中,并不是单纯重视海军的建设,而是同时重视海洋的商业与贸易意义,他指出,港口"为国际发展实业计划之策源地","为世界贸易之通路",是"中国与世界交通运输之关键"。⑤ 毫无疑问,孙中山的海洋强国思想即使在现在看来依然具有强烈的现实意义,但鉴于当时的历史条件,其思想只能停留在"强国梦"的阶段。

中华人民共和国成立以后的很长时间内,中国尽管对海军有战略意义上的思考,但发展海军更多的是为了国防的现代化,与中国的海洋地缘关系不大。⑥ 因此,近海防御一直是我国海军的指导思想。事实上,中国对海洋强国的研究和重视基本上与改革开放同步,特别是2001年加入世界贸易组织之后,中国与世界的命运紧密地融合在一起。中国学术界对海洋强国的关注与"海权"紧密相关。海权的概念来自美国军事理论家阿尔弗雷德·塞

---

① 李鸿章:《李文忠公全书》奏稿卷十九,第47—48页。
② 中国社科院近代史所等编:《孙中山全集》第二卷,北京:中华书局,2011年,第564页。
③ 史春林:《孙中山海权观评析》,《福建论坛(人文社会科学版)》,2008年第3期,第58—64页。
④ 章示平:《中国海权》,北京:人民日报出版社,1998年,第279页。
⑤ 王诗成:《海洋强国论》,北京:海洋出版社,2004年,第28页。
⑥ 郑永年:《中国的海洋地缘政治及其挑战》,《联合早报》,2013年12月17日。

耶·马汉,然而他对于海权也没有给出精确的定义,因此其所表达的思想大多是后人根据其著作推导出来的。[1] 对于海权的理解,中国学术界主要存在两派观点。一派观点认为,海权应是国家"海洋权益"和"海上力量"的统一,海上力量是海洋权利自我实现的工具,[2]对中国来说应该强调海权的权利属性。[3] 另外一派观点则认为,海权就是对海洋的控制,即制海权,因此高度重视海权的力量属性,认为中国要想实现伟大复兴就要大力发展海权,特别是建设强大的海军力量,甚至反对把"海洋油气田开采、经济专属区、领海保护,甚至捕鱼捉蟹等海洋权益都归入海权的概念内涵"。[4] 从国家政策层面来看,中共十四大曾指出,"军队要努力适应现代战争的需要,注重质量建设,全面增强战斗力,更好地担负起保卫国家领土、领空、领海主权和海洋权益,维护祖国统一和安全的神圣使命"[5]。这是中华人民共和国成立以后,第一次把维护"海洋权益"写进党的政治报告。

2012年,中国共产党召开第十八次全国代表大会,正式提出:"提高海洋资源开发能力,发展海洋经济,保护海洋生态环境,坚决维护国家海洋权益,建设海洋强国。"自此,建设海洋强国成为中国进入新时代以来最为重要的国家战略之一。2013年7月30日,中共中央政治局就建设海洋强国研究进行第八次集体学习。中共中央总书记习近平在主持学习时强调:"建设海洋强国是中国特色社会主义事业的重要组成部分。党的十八大作出了建设海洋强国的重大部署。实施这一重大部署,对推动经济持续健康发展,对维护国家主权、安全、发展利益,对实现全面建成小康社会目标、进而实现中华民族伟大复兴都具有重大而深远的意义。要进一步关心海洋、认识海洋、经略海洋,推动我国海洋强国建设不断取得新成就。"他还指出:"21世纪,人类进入了大规模开发利用海洋的时期。海洋在国家经济发展格局和对外开放中的作用更加重

---

[1] Kevin L. Falk, *Why Nations Put to Sea: Technology and the Changing Character of Sea Power in the Twenty-first Century*, New York: Garland Publishing, 2000, pp. 15 - 17;张文木:《论中国海权》,《世界经济与政治》,2003年第10期,第8页。
[2] 张文木:《论中国海权》,《世界经济与政治》,2003年第10期,第8—14页。
[3] 黄硕琳:《渔权即是海权》,《中国法学》,2012年第6期,第68页。
[4] 倪乐雄:《航母与中国的海权战略》,《南方都市报》,2007年3月21日;《从陆权到海权的历史必然——兼与叶自成教授商榷》,《世界经济与政治》,2007年第11期,第22—32页。
[5] 《江泽民在中国共产党第十四次全国代表大会上的报告》,中国政府网,www.gov.cn/test/2007-08/29/content_730511.htm。

要,在维护国家主权、安全、发展利益中的地位更加突出,在国家生态文明建设中的角色更加显著,在国际政治、经济、军事、科技竞争中的战略地位也明显上升。""我国既是陆地大国,也是海洋大国,拥有广泛的海洋战略利益。"①

习近平总书记针对海洋强国的讲话主要包括三个层次:一是强调海洋对于我国实现中华民族伟大复兴的重要意义;二是清楚地指出中国建设海洋强国的重要内涵——"维护国家主权、安全、发展利益";三是强调我国作为海洋大国的身份并因此拥有"广泛的海洋战略利益"的现实。从中我们可以清楚地认识到,中国的地理身份已经从纯粹的"大陆国家"转向兼具"陆地大国"和"海洋大国"双重属性的国家。这种地理身份的转变并不是因为自然界的地理变化,而主要是因为我们的认知发生了变化,从此我们将开始同时从陆地和海洋的双重属性来思考中国的利益得失和战略谋划。与西方强调海权不同,中国建设海洋强国的主要目的在于维护国家正当的主权、安全和发展利益,并不以谋求"海权"或海上霸权为目的。中共十九大提出"推动构建人类命运共同体",将中华民族伟大复兴和促进人类进步结合起来。这意味着推动构建海洋命运共同体也必然成为中国建设"海洋强国"的战略目标。

一般从国际政治角度关注海洋问题的著作多集中于海洋对于国家力量的重要性,甚至将对海洋的开发史看作一场充满征服或殖民的历史。从中国的历史来看,海洋从来不是我们征服的目标,海洋强国概念的提出同样是以维护国家正当利益为主要特征。二十大报告明确指出:"发展海洋经济,保护海洋生态环境,加快建设海洋强国。"要求"加强海外安全保障能力建设,维护我国公民、法人在海外合法权益,维护海洋权益,坚定捍卫国家主权、安全、发展利益"。所以,相对于对外征服、扩张或殖民,本书的重点是介绍海洋作为一个连接外部世界的载体,如何影响国家的发展,以及如何才能维护国家的利益。

---

① 《习近平:进一步关心海洋认识海洋经略海洋》,人民网,2013 年 7 月 31 日,习近平系列重要讲话数据库,http://jhsjk.people.cn/article/22399483。

第二章

从历史看海洋与国家政策的选择

随着"地理大发现",真正的全球化开始出现。天文、数学、地理、造船等知识和技术的进步,使地球上原本被海洋隔绝的不同地区因为海洋而连接起来,不同地区的物资也因此大规模流通开来。这不可避免地给不同地区的国家和民族带来或好或坏的巨大影响。针对这些影响的应对措施,也往往决定了不同国家和民族的命运。近代以来,对全球贸易影响最大的货物之一是金银。地理大发现以来,美洲地区金银的开采以及在全球范围内的流动,给很多国家和民族带来了完全不一样的影响。通过海洋而从外部世界带来的金银流入或流出所带来的通货膨胀和通货紧缩,在很大程度上影响着一个国家对安全的认知和相应的对外政策。

金融安全问题的出现与货币的出现息息相关。在货币出现以前,人们的交易行为主要是以物易物,交易行为在当事人双方达成协议后进行物品交换的一瞬间就完成,因此并不存在什么风险和安全问题。但是,随着货币的出现,交易行为中间出现了媒介,使得不同物品可以在不同时间和空间内进行交换,因此出现了价值的不确定性。当商品和服务保持不变时,货币增多,市场表现为一定程度的通货膨胀,当货币减少,市场表现为一定程度的通货紧缩。同样道理,如果货币总量不变,商品和服务增加或减少时,也会带来通货紧缩或者通货膨胀。自古以来,黄金、白银等贵金属因其不可毁灭性、高度可塑性、相对稀缺性、无限可分性、同质性及色泽明亮等特性,在人类社会中天然地承担经济价值最理想的代表、储存物、稳定器和交换媒介的角色。由于金银等贵金属本身具有价值,以金银为媒介来交换商品和服务在本质上可以看作物物交换,看上去不会有通货膨胀或者紧缩的问题,但实际上只要货币作为一种交换媒介和价值尺度存在,那么就必然存在通货膨胀或紧缩的问题。因此,即使在金属货币时代,源于货币供给的金融安全问题也同样存在。

一、西方世界的"价格革命"(Price Revolution)与通货膨胀

从15世纪下半叶开始,一直到17世纪上半叶,整个西欧地区都经历了持续近两百年的通货膨胀,物价增长了将近6倍,即历史上的"价格革命"。而价格革命爆发的重要原因之一就是西班牙从美洲开采的黄金和白银源源不断地、大规模地输入欧洲。[①] 大量货币突然增加,但是当时的社会经济并未生产出足够的商品和服务,因此必然导致货币购买力下降和物价上涨。这就是现代意义上的通货膨胀。

随着工业革命的出现,人类生产能力大规模提高,对货币的需求也又一次大规模增加,在金本位制下,货币的增长取决于金银等矿藏的开采。如果金银开采的速度赶不上商品生产的速度,那么通货紧缩将成为最主要问题。事实上这是金本位制下必然存在的问题。因此,全世界范围内掀起"淘金热"[②](Gold Rush),特别是澳大利亚、巴西、加拿大、南非和美国。人们通常认为"淘金热"的出现是由于在这期间突然发现大规模的黄金矿,因此带来大规模的开采以及人口流动。事实上,原因很可能恰恰相反。因为当时的世界急需货币,所以刺激了人们在世界范围内寻找金矿,开采金矿。同时,技术的进步也使这成为可能。因此,才会出现"淘金热"。

[①] 早在1556年,葡萄牙和西班牙的萨拉曼卡学派就对该问题做出了深入研究。1936年经济学家凯恩斯用现代经济学理论也对此问题做出了回答和解释,见 John Maynard Keynes, The General Theory of Employment, Interest, and Money, London: Macmillan, 1936。

[②] 1848年1月,尚处于墨西哥统治下的加利福尼亚发现黄金。随着消息传来,1849年起,从美国其他各地和其他国家搭船来到加州试图实现一夕致富的"淘金梦"的人络绎不绝,掀起"淘金热"。从1854年起,加州的"淘金热"开始出现逐渐降温趋势,黄金产值不断下跌。后来,在科罗拉多又发现了新的金矿并有了第二次"淘金热"。1851年,在澳大利亚的新南威尔士和与之毗邻的维多利亚殖民地也先后发现黄金并掀起新的"淘金热"。从1852年下半年开始至1861年,海外移民也开始如潮水般涌入矿区。墨尔本被华人称为"新金山"。随着各地的金矿逐渐枯竭,特别是技术的发展和进步让各大资本集团逐渐控制了整个矿区并形成了垄断趋势,"淘金热"也随之消失。

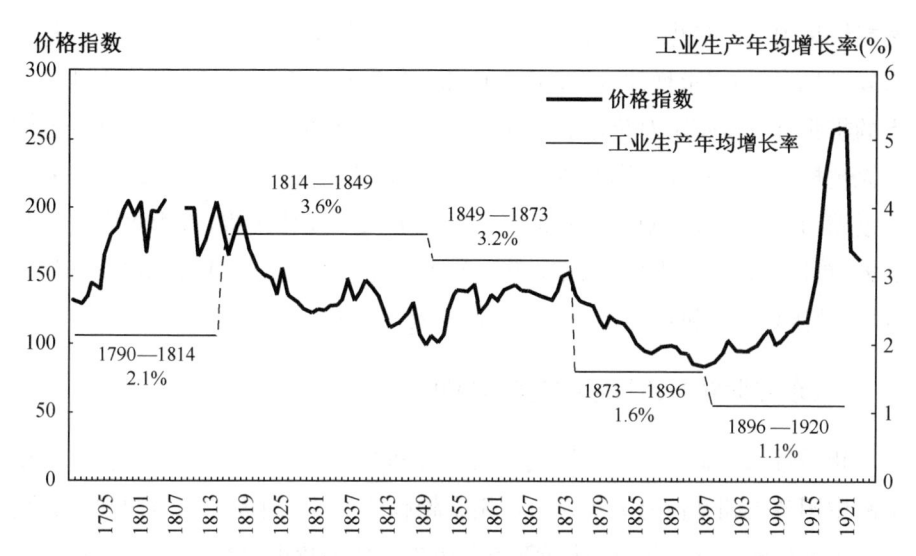

图 2-1 英国价格指数和工业生产年均增长率(1790—1922年)

资料来源:英国价格水平的数据取自范·杜因所著的《经济长波与创新》;英国工业生产年均增长率数据取自"British Industry,1700-1950"(Hoffmann, W. G., 1955, Chart 54)。转引自刘树成:《通货紧缩:既不能估计不足亦不可估计过重》,《经济研究》,1999年第10期,第25页。

荷兰经济学家雅各布·范·杜因在《经济长波与创新》一书中对英国1668—1977年的价格升降做出了详尽的描述和分析,并给出曲线图。如图2-1显示,"1790—1814年,是英国工业化的初、中期,且时值法国大革命和拿破仑战争,价格水平呈上升趋势,英国工业生产年均增长率为2.1%。1814—1849年,是英国工业化的中、后期,且为拿破仑战争结束之后的时期,价格水平呈现出长期的下降趋势,而工业生产年均增长率上升为3.6%。这一期间,对于率先实现工业化的英国来说,是其3个主导部门——棉纺业、生铁业、铁路业大踏步发展的时期。随后,英国的经济增长逐渐放慢,到1873—1896年,工业生产年均增长率下降到1.6%"。[①] 总体来看,1814—1896年,英国的价格水平持续处于下降趋势,只有在"淘金热"期间存在上扬。我们可以分析得出,法国大革命期间,由于欧洲大陆战乱频繁,大量的资金流向英国,支持英国的工业革命,因此即使没有世界范围内的黄金大规模增长,英国的价格水平依

[①] 转引自刘树成:《通货紧缩:既不能估计不足亦不可估计过重》,《经济研究》,1999年第10期,第25页。

然能够呈现上升趋势。然而,拿破仑战争一结束,欧洲大陆的社会和经济秩序恢复,对货币的需求增加,加大了对英国境内黄金的争夺。工业革命在西方世界的扩张进一步带来对货币的争夺。也正是在此期间,"淘金热"在世界范围内大规模出现。然而,"淘金热"只是在一定程度上缓解了货币短缺带来的通货紧缩,并没有根治,随着越来越多的国家进入工业化进程,货币争夺进一步加大,英国的价格水平持续下降,甚至导致工业生产开始放缓,因为这一时期,"世界范围内黄金供给的增长低于商品交易的增长"①。

二、东方世界的通货紧缩与闭关锁国

货币带来的金融安全问题同样发生在东方——中国。很长时间内,历史上的中国各王朝并没有大规模地使用金银作为货币,因为中国境内缺乏大规模的金银矿藏。尽管铜钱、铁钱都曾在历史上作为货币存在,但是社会中的主要经济贸易活动还是基于实物贸易。特别是国家的税收长期以粟米等粮食和丝帛布匹等手工品为主,即实物税收。但是进入宋明以来,经济发展带来大量的货币需求,中国开始大规模地转向采用白银作为货币,国家赋税也逐渐转向征收白银。这一转变彻底影响了此后数百年中国王朝的命运,白银的使用使中国的金融货币主权在无意间让渡于外部世界。

尽管田赋折银在我国历史上很早就已经出现,例如,宋仁宗时,陈州官府曾下令将夏税所征小麦折变成现钱,宋神宗熙宁十年也有过田赋输银的记载,但是在全国范围内大规模地正式施行赋税货币化政策是在明朝。明宣宗时期,大臣周忱在江南实行平半法,即地税、力役平均征收,以银为税,成为"一条鞭法"的始祖。明神宗万历九年(1581年),在首辅张居正的倡导下全国正式推行"一条鞭法"。《明史·食货志》:"一条鞭法者,总括一州之赋役,量地计丁,丁粮毕输于官,一岁之役,官为佥募,力差则计其工食之费,量为增减,银差则计其交纳之费,加以增耗。凡额办、派办、京库岁需与存留供亿诸费,以及土贡方物,悉并一条。皆计亩征银折办于官,故谓之一条鞭法。"具体措施就是"赋税合一,按亩征银",把田赋、徭役和其他杂税合编为一条,统一按田亩核算征收。原来按人口征役的赋税也一并改为摊入田亩。在实施"一条鞭法"之

---

① 刘树成:《通货紧缩:既不能估计不足亦不可估计过重》,《经济研究》,1999年第10期,第25页。

前,钱粮征收由粮长和里甲长负责。"一条鞭法"实施后一概由官府征银雇役,以丁银取代力役。"一条鞭法"明文规定赋税和徭役以银征收,从此白银在中国正式成为具有法律依据的流通货币,流通便有了法律的根据,促进了银钱货币流通的发展。为换取缴纳税金所需的白银,人们不得不将更多的农产品、手工业产品输入市场。在这一过程中,传统的自然经济逐渐瓦解,具有资本主义萌芽性质的商品经济则得到发展。

但人们常常忽略的一个重要问题是:中国并不是富含银矿的国家。中国白银产量一直处于较低水平,随着人口以及经济的发展,中国需要的白银越来越多。幸亏16世纪和17世纪中国能够通过海洋从外部世界获得大量白银输入,即美洲和日本。① 再加上中国并未掌握从事这场世界性金银贸易的主导权,所以中国当时货币金融主权开始逐渐受制于外部世界——来自美洲和日本的金银进口。而随着中国经济的进一步增长,以及来自美洲和日本的白银输入逐渐减少时,货币短缺问题立刻出现,导致严重的通货紧缩。随着白银进口急剧衰减,"……晚明经济造成灾难性的后果……许多人无法缴纳租税和还债……由于军饷和装备不足,明朝政府……失去控制……先是无力镇压内部的起义,继而无力应对满族的入侵。……(这)肯定加剧了它的困境,破坏了统治的稳定基础"。② 16、17世纪,进口白银的大规模波动严重破坏了明朝的经济,瓦解了明朝的财政和统治基础,成为明朝灭亡的重要因素。从这个意义上说,明朝灭亡可以归因于国际白银运动的波动。③ 尽管学界对该观点依然存在疑问,但本书认为至少有一点可以断定,即白银问题使明朝的货币主权遭受严重侵蚀,外部白银供给的波动对明朝内部的经济发展具有重要作用。

明清之际,东方历史上出现一个独特的国家政策——闭关锁国。现代人常常认为,正是这项政策导致一直领先于世界的中国在近代逐渐落后,并一步

---

① 全汉昇:《中国近代经济史论丛:全汉昇经济史著作集》,北京:中华书局,2011年。
② William S. Atwell, "International Bullion Flows and the Chinese Economy Circa 1530 - 1650," *Past and Present*, No. 95, May 1982, pp. 89 - 90.
③ Dennis O. Flynn and Aeturo Giraldez, "Arbitrage, China, and World Trade in the Early Modern Period," *Journal of the Economic and Social History of the Orient*, Iss. 38, No. 4, pp. 429 - 448; William S. Atwell, "Notes on Silver, Foreign Trade and the Late Ming Economy," *Late Imperial China* 3:8, Dec. 1977, pp. 1 - 33; William S. Atwell, "International Bullion Flows and the Chinese Economy Circa 1530 - 1650," *Past and Present*, No. 95, May, 1982, pp. 89 - 90. 关于白银进口量波动,参阅 Anthony Reid, *Southeast Asia in the Age of Commerce 1450 -1680*, New Haven: Yale University Press, 1993。

一步沦为西方殖民者的俎上鱼肉。事实上,闭关锁国政策具有深刻的经济原因:防止金银外流。明朝海禁始于太祖洪武,《明经世文编》记载"国初立法,寸板片帆,不许下海"[①]。这是目前见到的最早的材料记载。洪武四年十二月,朱元璋重申"禁濒海民不得私出海"。[②] 明初海禁主要是出于防范江南反明势力的政治目的,防止张士诚、方国珍等退往沿海岛屿的残余势力与内陆勾结造反。关于这一点学术界基本形成共识。[③] 然而,随着反明势力的消退,海禁政策并没有消失,因为经济因素的考量日益凸显。洪武二十三年,"诏户部申严交通外番之禁。上以中国金银、铜钱、段匹、兵器等物,自前代以来,不许出番"[④]。在这里,我们可以看到明确提出的禁止物资中前两位都是货币,最后才是军事物资。由此可见,当时国内随着政局稳定,社会经济恢复,对货币的需求大规模增加,已经出现通货紧缩的现象,因此才会明文规定不允许货币出口。到了明朝中期,随着海外金银的不断输入以及倭寇问题的解决,明朝逐渐放松了海禁。

与中国一衣带水的国家日本在明朝灭亡之后,也同样实行过闭关锁国政策,出发点就是防止金银外流。日本对华贸易最初并无限制,但是随着贸易不断增加致使日本金、银、铜大量外流,逐渐引起日本幕府的担忧。据统计,1648—1708 年 60 年间,日本外流黄金达 239 万 7 600 余两,白银达 37 万 4 229 余贯;1663—1707 年 44 年间,外流铜 11 亿 1 449 万 8 700 余斤。[⑤] 自德川幕府建立以后的 107 年间,日本的金银外流额度高达日本全部黄金的 1/4 和白银的 3/4。[⑥] 鉴此,1685 年德川幕府限定了贸易总额,其中限定对华贸易银额为 6 000 贯,超过限额的货物一律勒令运回。德川幕府为了减少金、银外流,1695 年始实施"代替物"制度,即在贸易额及船数限定的前提下,对超出货物以铜、硫黄、刀剑、干鲍鱼、鱼翅、扇子和漆器等为"代替物"按价易货。此举既

---

① 《明经世文编选录》(上),台湾文献丛刊第 289 种,台北:台湾银行经济研究室,1971 年。
② 《明太祖实录》卷七十,洪武四年十二月丙戌条,台北:"中央研究院"历史语言研究所校印本。
③ 明朝人张瀚就持此观点,见张瀚:《松窗梦语》卷三《东倭纪》,北京:中华书局,1985 年。
④ 《明太祖实录》卷二零五,洪武二十三年十月乙酉条,台北:"中央研究院"历史语言研究所校印本,第 3067 页。
⑤ 新井白石:《折焚柴记》,周一良译,北京:北京大学出版社,1998 年,第 174 页。
⑥ 同上,第 175 页。

有效地遏制了幕府的金银外流,又达到了财政增收的目的。①

清朝建立以后同样实行过严格的海禁,即闭关锁国,金融问题——货币外流同样是重要原因之一。台湾郑氏集团覆灭后,维持海禁的主要目的就在于防止白银外流,因为海外贸易导致的货币短缺使通货紧缩问题在清朝中期越来越严重。这种通货紧缩最为直接且残酷地体现在银两和铜钱之间的兑换比率变化上:白银价飙升,而铜钱价暴跌。这种兑换比率变化其实与现代货币中的汇率类似。汇率是指一国货币兑换另一国货币的比率,是以一种货币表示另一种货币的价格。由于世界各国货币的名称不同,币值不一,所以一国货币兑其他国家的货币要规定一个兑换率,即汇率。各国货币之所以可以进行对比,能够形成相互之间的比价关系,原因在于它们都代表着一定的价值量,这是汇率的决定基础。汇率所带来的金融安全问题首先在于汇率变化可能带来财富损失风险,其次在于它可能导致金融体系的混乱。

在纯粹的金属货币时代,本应不存在兑换问题,也因此不存在汇率,但实际上并非如此。历史上很长时期中国实行白银和铜钱并行制度,因此就存在两者之间的兑换问题,可以视之为一国境内两种货币之间的"汇率问题"。清朝赋税以白银为主,而普通百姓的生活以铜钱为主。白银与铜钱之间的比率既反映了当时的社会经济和金融状况,也对稳定社会经济和金融秩序起到关键作用。清朝中后期,白银和铜钱之间出现剧烈的兑换比率变化,给整个社会经济和金融秩序带来巨大的破坏。因为清政府并没有建立严格统一的货币制度,不同地区流通的白银成色并不相同,与铜钱的比价也存在较大的差异和波动。但是,我们依然可以通过某一地区的银钱波动来管中窥豹。例如根据光绪年间出版的《常昭合志》记载,常熟地区在乾隆四十年以前"钱与银并用。银通用圆丝银,一两兑钱七百文,数十年无所变更";"乾隆四十年后,银价少昂,五十年后银一两兑钱九百。嘉庆二年银价忽昂,兑至一千三百文,后仍有涨落。近十年(道光十年)来银价大昂,纹银一两至一千六百,且至二千矣"②。造成这种现象的重要原因之一是外国货币入侵和中国官方纹银外流。

---

① 木宫泰彦:《日中文化交流史》,胡锡年译,北京:商务印书馆,1980年,第651—652、671—672页。

② 《中国近代货币史资料(1840—1911)》第一辑上册,北京:中华书局,1964年,第9页。

鸦片战争爆发前100余年间,以西班牙银圆(佛头银①)为主的外国货币大规模长期渗透进入中国。面对外来货币,中国的官方货币纹银与之发生兑换关系,给中国经济和金融稳定带来巨大的伤害。一方面,中国纹银在与洋银兑换时,出现大幅度贴水,即两者并未等价交换,中国损失惨重。洋钱与纹银之间存在较大的成色差异:"洋钱融化仅得七八成低银,洋商与夷人兑换,则皆十足纹银,而作价反低于洋钱,暗中亏折殊甚。"②林则徐在给道光皇帝的《会奏查议银昂钱贱除弊便民事宜折》中提到:"每洋钱一枚,大概可作漕平纹银七钱三分;当价昂之时,并有作七钱六分以上者。夫以色低平短之洋钱,而其价浮于足纹之上,诚为轻重倒置。……以内地足色纹银,尽变为外洋低色银钱。"③这是典型的劣币驱除良币现象。另一方面,"外夷携带内地,挽回足色纹银,每年难以计数",④中国的官方储备纹银大规模外流。"纹银一经出洋,即属去而不返,久之内地纹银缺少,并不能以洋钱完粮纳课,所关于民生者诚非浅鲜。"⑤根据给事中孙兰枝在道光十二年上奏的"江浙两省钱贱银昂,商民交困,宜清积弊"折,"嘉庆十年以前,每库平纹银一两,合市价制钱一千文。嗣后银价日昂,钱价日贱,现在纹银一两,合市价制钱一千三百五十文"⑥。白银外流严重影响了中国的经济发展,甚至造成民众的进一步贫困化。

尽管清政府也认识到白银外流导致的严重财政问题,不断采取措施来抑制白银外流,但总体上来看效果不佳。纹银出洋的原因当然与愈演愈烈的鸦片贸易息息相关。道光十二年,清政府军机处针对孙兰枝奏报给地方督抚大

---

① 产自西班牙海外殖民地墨西哥的银圆,因其正面像西班牙国王的卷曲假发和佛祖头顶的螺髻,因此在中国被称为"佛头银",铸造年份从16世纪到19世纪皆有。1903年3月4日《申报》曾记录:"自日斯巴尼亚(西班牙)载运银圆进口中国,名之为本洋,各处销行,民间称便。"清代黄芝在笔记中说:"粤中所用之银不一种……此四种来自外洋……今民间呼为番面钱。自有花边,番面两种,而诸钱不用。"

② "御史黄中模折——请严禁海洋偷漏银两(道光二年二月十二日)",引自《中国近代货币史资料(1840—1911)》第一辑上册,北京:中华书局,1964年,第1页。

③ 林则徐:《会奏查议银昂钱贱除弊便民事宜折》,《中国历代金融文献选注》,成都:西南财经大学出版社,1990年。

④ 邓廷桢:《覆议外省行用洋钱无碍》,《中国近代货币史资料》第一辑上册,北京:中华书局1964年版。

⑤ "御史黄中模折——请严禁海洋偷漏银两(道光二年二月十二日)",引自《中国近代货币史资料(1840—1911)》第一辑上册,北京:中华书局,1964年,第1页。

⑥ "给事中孙兰枝折——江浙两省钱贱银昂商民交困宜清积弊(道光十二年闰九月十一日)",引自《中国近代货币史资料(1840—1911)》第一辑上册,北京:中华书局,1964年,第9页。

臣的廷寄明确写道:"至纹银出洋,因奸商拦买鸦片用板箱装贮混充杂货,以致每年出洋纹银不下数百万两之多。"随着白银价格上升,民众的赋税必然在无形中增加,民众需要支付更多的铜币才能兑换等量的白银。"银价愈昂,钱价愈贱,小民完粮纳课,均需以钱易银,其亏折咸以为苦。"①

另一个更为深刻且有意思的现象在于,为什么洋银成色较低,但拥有较高的信用?"外洋银钱银色颇低,而价反浮于足纹之上。"②

何以至此?

除了"奸佞之徒"作梗,最关键的一个原因在于清政府没有建立起自己的货币主权,市场流通的铜钱,特别是白银完全依靠自身价值充当一般等价物,缺乏政府信用担保。以铜钱为例,私铸钱的长期存在和流行本身就证明了这一点。此外,为什么中国历史上未能大规模流行银铸币和金铸币?尽管个别朝代也曾出现过金银铸币,例如楚国金版、汉代金饼、宋代金币和金叶子、明清金锭和金元宝,但一般用来贮藏或者赏赐,并不作流通使用。现代意义上充当流通货币的贵金属铸币最早出现在晚清,1897年吉林省铸造光绪元宝(银圆),清政府更是到1903年才铸造发行统一的银圆。这时距离道光十三年(1833年)两江总督陶澍、江苏巡抚林则徐奏请铸造"五钱重银圆"已经过去70年。这里无意详细探究中国长期拒绝贵金属铸币的原因,但必须指出的是白银大规模流向海外这个事实。

大规模的纹银外流甚至最终导致洋银也成为稀缺货币。乾隆年间,西班牙佛头银一圆兑钱七百文,嘉庆二年涨至一圆兑钱一千一百文,道光二十年再涨至一千二百文,多至一千四百文。③ 整个社会出现大规模的通货紧缩,普通民众普遍贫困化,甚至破产,政府财政收入也逐渐减少。海洋贸易导致的货币金融问题在清朝再次出现,最终,王朝的财政根基瓦解。清政府在后期越来越依靠对外借款和洋人控制的海关收入。金融货币主权的丧失导致整个国家的孱弱,最终一步步沦为西方列强的半殖民地,走向崩溃。

---

① 《中国近代货币史资料(1840—1911)》第一辑上册,北京:中华书局,1964年,第9页。
② "廷寄——据孙兰枝奏著江浙等省督抚体察银钱比价情形让评价除弊(道光十二年闰九月十二日)",引自《中国近代货币史资料(1840—1911)》第一辑上册,北京:中华书局,1964年,第14页。
③ 文廷海:《论清代中期清政府对外国货币的政策》,《中国钱币》,2001年第3期,第14—17页。

三、国家信用背书的铸币使发行货币成为一种权力

那么其他国家怎么解决本国内部的金属货币兑换问题呢？在人类社会发展历史上，金属充当货币曾经主要以两种方式呈现：称量货币和铸造货币。称量货币是指根据货币本身的重量来衡量其价值，例如明清时期使用的银两。铸造货币是官方或者私人机构铸造的形式、图案、成色相对统一的货币，例如中国古代使用的五铢钱、晚清时期西班牙人铸造的"佛头钱"、墨西哥独立后铸造的"鹰洋"等。称量货币理论上是最可靠的货币，但是使用极其不方便，因为每次使用都要验证成色和重量。"火耗"问题的存在更加剧了称量货币的弊端。铸币则因为成色、重量较为统一，更加便于计算和使用。尽管铸币在使用中会有磨损，但只要不是特别明显，并不会影响其使用价值。这表明铸币其实已经在某种程度上获得了"信用"加持。无论这种信用来自发行该货币的国家还是私人机构，火耗问题都不存在了。所以，铸币是较为先进的货币形式，并且真正使发行货币成为一种权力。

从发展的角度来看，东西方世界都出现过称量货币和铸造货币，但向铸币演变是历史前进的方向。这种演变在西方国家表现得尤为明显。在公元前后的古罗马帝国时代，恺撒大帝就曾实施金本位，奥古斯都大帝则把金币与银币的铸造规定为皇帝特权，包括西亚地区的萨珊王朝也很早就完成了货币的铸币化。西方国家发行的金银铸币，特别是萨珊王朝银币，甚至在南北朝时期就已经在我国西部地区有一定程度的流行。《隋书·食货志》记载："(北)周时，河西诸郡，或用西域金银之钱，而官不禁。"[1]《周书》记载："赋税则计输银钱，无者输麻布。"[2]实用金银铸币的记载屡见史书记载，例如"货用金钱、银钱、小铜钱"[3]，"散会之日，珍施丰厚，金钱、银钱、口马无数，法师受一半燃灯，余外并施诸寺"[4]。最为有意思的是《大慈恩寺三藏法师传》曾记载："黄金一百两，银钱三万，绫及绢等五百匹，充法师往返二十年所用之资。"[5]这里的"黄金一

---

[1] 《隋书》卷二四《食货志》，北京：中华书局，1973年，第691页。
[2] 《周书》卷五〇《异域下》"高昌"条，北京：中华书局，1971年，第915页。
[3] 玄奘、辩机撰：《大唐西域记校注》，季羡林等校注，卷一"屈支国"条，北京：中华书局，1985年，第54页。
[4] 慧立、彦悰：《大慈恩寺三藏法师传》，高永旺译注，北京：中华书局，2018年，第47页。
[5] 同上，第64页。

第二章 从历史看海洋与国家政策的选择

百两"是典型的称量货币,"银钱三万"则是铸币。唐朝时期甚至允许内附诸蕃族以羊和银币缴纳赋税。《唐六典》卷三记载:"凡诸国蕃胡内附者……上户丁税银钱十文,次户五文,下户免之。附贯经二年已上者,上户丁输羊二口,次户一口,下户三户共一口。"这种赋税方式与内地的"租庸调"完全不同。有研究认为,这时期的银钱使用与萨珊银币东输、唐代突厥民族内附息息相关。[1] 也有学者认为,隋唐时期,吐鲁番地区流通"银钱",但这里的"银钱"与出土的萨珊银币在出现年代、物价比值等方面都存在差异,所以萨珊银币并非当地的主要货币,更多的是发挥宝物、装饰物等功能[2],当地铸造的铜钱是最主要的货币。[3]

无论萨珊等外国铸币当时在我国是否有货币功能,可以确定的是:(1) 古代中国接触过西方的铸币;(2) 古代中国在铜钱之外,没有选择贵金属货币作为铸币,而是将金银等贵金属作为称量货币使用。本书无意深入探讨为什么古代中国没有选择贵金属货币作为铸币的呈现方式,大胆猜测可能与稳定的国家信用有关。即便是价值低廉的铜钱,古代中国依然频繁出现"大钱""小钱",例如董卓小钱、刘备大钱,孙权大泉等,国家权力肆意制造通货膨胀,当然会更容易使昂贵的金银铸币失去信用。民众被迫长期相信称重货币的价值,使用称重银两作为货币。

其实纸币在古代中国的衰落也是同样道理。尽管世界上最早的纸币出现在中国,即宋代四川地区出现的"交子",但一旦发行纸币的权力被中央政府掌握,纸币在古代中国也就逐渐走向了没落。过于强大的中央集权使纸币发行成为皇帝肆无忌惮的权力,但不断恶化的通货膨胀使之最终被民众抛弃。元明时期的"宝钞"都是国家试图垄断货币发行权的尝试,例如元朝就曾推行过单一的纸钞制度,甚至禁止使用金银、铜钱。大元中统三年七月,忽必烈敕令:"私市金银,应支钱物,止以钞为准。"其后,以往使用金银丝绢赏赐、赈济的地方积极改行中统钞。中统四年三月,中书省下令:"诸路包银以钞输纳,其丝料

---

[1] 参见王义康:《萨珊银币的东输与唐代突厥等内附诸族》,《唐诗论丛》,2010 年,第 375—385 页。
[2] 杨洁:《论流入中国的波斯萨珊银币的功能——以吐鲁番出土银币为例》,《中国社会经济史研究》,2010 年第 2 期,第 7—11 页。
[3] 杨洁:《汉唐间塔里木盆地北缘诸国的流通货币》,《敦煌学辑刊》,2010 年第 4 期,第 65—70 页。

入本色,非产丝之地,亦听以钞输入。"(《元史·本纪》卷五)至元二十年六月,申严私易金银之禁。二十一年十一月,定金银价,禁私自回易,官吏奉行不虔者罪之。至元十四年四月,禁江南行用铜钱。十七年正月,诏括江淮铜及铜钱铜器。二十二年二月九日,诏天下拘收铜钱。[①] 但是,随着元朝多次"变钞"和滥发纸币,纸币无限贬值,最终在市场失去了信用,甚至成为元朝灭亡的重要原因之一。元朝末年的民谣唱道:"堂堂大元,奸佞专权。开河变钞祸根源,惹红巾万千。官法滥,刑法重,黎民怨。人吃人,钞买钞,何曾见?贼做官,官做贼,混贤愚。哀哉可怜!"其中就明确指出了"钞"是"祸根源"。明朝初年曾经沿用元制,也发行纸币"大明宝钞"。但是,该纸币的信用更加不堪。例如政府发钞支付官俸军饷和向民间收购产品,但征税不收钞或仅搭收少量宝钞。这种"欺骗"行为自然无法获得市场的信赖,最终不得不恢复以白银和铜钱为支付手段的制度。明清时期,中国社会的经济交易大规模白银化,且使用称重白银,而非铸币。随着与外部世界的联系更加紧密,明清时期的商品交易越来越依靠海外白银输入,进而在不知不觉中导致了金融货币主权的丧失。

相比之下,西方世界使用铸币则初步构建起自己掌控的金融货币主权。例如西班牙殖民者在美洲掳掠的金银如果要作为货币流通,无论是在殖民地还是在西班牙本土,则必须铸造成相应规格的铸币。在1535年,墨西哥城造币厂成立,开采出来的银矿被汇集到新西班牙的首府墨西哥城。新西班牙总督辖区成为第一个向外输出银币的西班牙殖民地。铸币使货币摆脱了重量的限制,可以依靠"信用"来发挥价值作用。

国家掌握了货币主权,使用金银铸币,那么两者之间如何兑换呢?由于市场的价值波动,无论如何规定两者之间的比率都可能很快就失去意义,因为一旦金银铸币价值低于其本身作为金银的价值,人们就会融化铸币以获取作为商品的金银。这也成为长期困扰、折磨西方世界的难题。最终,英国率先开出了药方。

1696年,剑桥大学首席教授艾萨克·牛顿做出了一个决定:他将要告别三十多年的学术生涯,出任英国皇家铸币局总监。他担任铸币局总监后的一个重要工作就是以更加科学的方式来确定英国金银铸币之间的兑换比率。牛顿分析了欧洲各国以及中国、日本、东印度的金银价格情况,1717年决定放弃

[①] 转引自吴晗:《读史札记》,沈阳:沈阳出版社,2020年,第349—350页。

白银铸币，只选定黄金作为英国的本位币。自此英国进入了事实上的金本位制。1816年英国议会通过法案确立金本位制。1821年纸币英镑成为英国的标准货币单位，每1英镑含7.32238克纯金。由法律背书的金本位制奠定了英国两百多年的金融霸权，进而支撑起强大的"日不落帝国"，直到1931年9月英国放弃金本位制，英镑汇率自由浮动，与黄金脱钩。

四、金融投机与"郁金香疯狂"

金融安全与金融业务的开展息息相关，因为金融业务可以是不同时间点、不同地区的价值在同一个市场中的交换，因此在实际操作中必然会带来价值交换的风险。换句话说，金融交易对融资方来说是一种将未来收入变现的方式，也就是明天的钱今天来花。同样道理，对于投资者来说，金融是一种在一定时期内放弃现在的价值，以换取未来收益的方式，即今天投资，明天获得更多的钱。金钱本身作为交换媒介和价值代表的作用被彻底地剥离出来。人们进行交易的行为不再是物与物，或者物与代表金银的钱币，而是纯粹的一种货币符号，即信用（Credit）。融资方通过提供一种书面的信用凭证（股票或债券），即承诺一定时期内向投资者支付相应本金和股息或利息，用来换取投资者的真金白银。这种信用凭证本身并没有实际的价值，而且理论上可以无限复制，它完全不同于充当货币的金银等贵金属。投资者愿意接受这种信用凭证完全是因为他相信或者愿意相信融资方的承诺，并且愿意暂时放弃眼前的货币价值，用来换取未来更多的收益，同时承担风险。当然这一过程中，相应的法律制度和社会良俗对于双方建立这种信用关系至关重要，但这不是本书讨论的重点。投资人只要认为投资的收益足够大到可以弥补投资风险时，那么双方的交易即可达成。金融是一个伟大的发明，它使得人们可以在短时间内积累大量的资金，用来投资和进行大规模商业行为，而不再需要漫长的资本积累。只要人们有足够的理由相信这项对未来的投资能够获得可观的收益，他们就愿意承受相应的风险。

在现代历史上，金融业的发起与繁荣之地是荷兰，其动力则来源于海洋。海外贸易的扩张和对未来收益的渴望催生了现代金融。荷兰东印度公司（The Dutch East India Company）是世界上第一个联合股份公司，也是当时最大的股票公司。1602年，荷兰东印度公司公开发行股票，且股票可以在阿姆斯特丹股票交易市场自由买卖。① 这项伟大的发明使股份制公司能够更加容易地在市场上吸引投资，因为投资人可以随时在股票交易市场变现。为了为遥远海外贸易融资，荷兰东印度公司发行股票，并在阿姆斯特丹交易所进行交易，对所有公众开放，无论是荷兰人还是外国人。② 在该公司的办公室，人们在本子上记下自己的投资，同时公司承诺未来会对这些股票进行分红。人们愿意投资购买该公司的股票，一方面是对该公司的未来收益和风险有较为有利的分析，另外一方面则是一旦认为未来投资风险增大，可以提前在股票市场抛售，以避免更大的损失。另外一部分愿意承担更大风险的人，则可以以更低的价格购买这些股票。怀着对未来美好生活的向往和憧憬，以及愿意为此付出的风险，无论是王公贵族还是普通百姓，人们纷纷将省吃俭用攒下的钱投入金融市场，购买荷兰东印度公司的股票，甚至阿姆斯特丹市市长的女仆也成了东印度公司的股东之一。

　　成千上万的国民愿意把安身立命的积蓄投入这项利润丰厚，同时也存在着巨大风险的商业活动中。通过这种全新的向全社会融资的方式，荷兰东印度公司成功地将分散的财富变成了自己对外扩张的资本，大概有"650万的资金，差不多相当于300万的欧元，而那时候，这些钱值几十亿"③。他们用这些钱采购装备和货物，建立起庞大的军事贸易舰队，向东方世界开展殖民贸易，最后将急需的各种香料、茶叶、瓷器和丝绸等贵重物品运回欧洲。随着金融业的持续发展和贸易深入，东印度公司迅速攫取巨额贸易收益，再按照原来的投资持股比例向股民偿还股金和收益。荷兰进入其黄金时期，阿姆斯特丹的商人进行一次东印度商业航行就可以获得400％的利润。④ 如此循环往复，小小的荷兰积累起巨大的财富和军事力量，一度成为世界性强国。正是凭借这项伟大的发明，国土狭小、人口有限的荷兰一举成为世界一流贸易强国，被冠以

---

① Edward Peter Stringham, "The Extralegal Development of Securities Trading in Seventeenth Century Amsterdam," *Quarterly Review of Economics and Finance*, Vol. 43, No. 2, 2003, p. 324. Available at SSRN: http://ssrn.com/abstract=1676251.

② P. Dehing, & M. T. Hart, "Linking the fortunes: Currency and banking, 1550–1800," in M. T. Hart, J. Jonker & J. L. van Zanden (eds.), *A financial history of the Netherlands*, Cambridge: Cambridge University Press, 1997, p. 54.

③ 荷兰阿姆斯特丹历史博物馆馆长洛德韦克·瓦赫纳，引自《大国崛起——荷兰篇》解说词。

④ M. C. Ricklefs, *A History of Modern Indonesia Since c. 1300*, London: Macmillan, 1991, 2nd Edition, p. 27.

"海上马车夫"的称号。

金融业崛起,随之而来的是金融风险导致的金融安全问题。荷兰是世界上第一个通过汇集社会分散资本来成就商业传奇的国家,也是世界上第一个遭受金融危机的国家。由于交易时间与空间的分割,依靠信用进行交易的商业活动必然出现商品价值与价格的分离。这既是金融活动的魅力所在,也暗含风险,因为它助长了投机行为。人们不可能每次都准确地判断出未来的收益和风险。荷兰的金融活动获得了巨大的商业成功,也使其一跃成为欧洲一流强国。随着金融业的成功和生活水平的提高,越来越多的人参与到金融活动当中,试图在这场充满诱惑与风险的时间赌博中实现自己的发财梦。人们已经不再满足于投资海外贸易这样费时费力的商业活动中,而是抓住一切可以在短时间内获得收益的方式来进行投资。在此时,一种易于投资的商品偶然进入人们的视野,在荷兰掀起巨大的热潮,最终导致一场波及全国的灾难。这就是来自土耳其的郁金香。来自奥斯曼帝国的郁金香在荷兰受到疯狂吹捧。人们最初只是因为喜欢才开始购买名贵的郁金香球茎,导致郁金香供不应求,价格飞涨,慢慢地,人们对郁金香的欢迎程度引起了投机分子的注意,他们对于栽培或是欣赏郁金香并没有兴趣,只是为了哄抬价格取得利润。郁金香球茎的价格开始疯狂飙升,逐渐泡沫化。这种趋势也逐渐蔓延到全国,围绕郁金香球茎积累的泡沫越来越多、越来越大,有人为此一掷千金。一本1841年出版的书披露:"所有人,包括最底层的人,都从事郁金香贸易。"1635年40个球茎卖到了10万荷兰盾,相比之下,1936年2吨黄油需要192荷兰盾,8只肥猪需要240荷兰盾,12只羊需要120荷兰盾。[①] 泡沫不断变大,最后终于破裂,原有价格高不可攀的郁金香球茎一下子只有高峰时期的百分之一,甚至千分之一。荷兰各大城市纷纷陷入混乱,无数人也因此而破产。

经济学家并不认为金融投机行为可以解释一切,特别是一些经济学家指出货币供给量的增加也是造成金融危机的重要原因。[②] 贸易上的成功使荷

[①] Charles Mackay, *Memoirs of Extraordinary Popular Delusions and the Madness of Crowds*, 1841, London: Richard Bentley, electronic version is available in Economic Library, http://www.econlib.org/library/Mackay/macEx3.html#Ch.3, The Tulipomania.

[②] Doug French, "The Dutch monetary environment during tulipomania," *The Quarterly Journal of Austrian Economics*, Vol. 9, No. 1 (Spring 2006), pp. 11–12, http://www.mises.org/journals/qjae/pdf/qjae9_1_1.pdf.

兰，特别是阿姆斯特丹等大城市，获得了大量的财富，而这些财富大多是以金银等货币为主。这无疑在短时间内增加了当地的货币供应量。大量的货币被存放在阿姆斯特丹银行里，形成了巨大的投资压力和通货膨胀。通货膨胀的出现，使人们更倾向于将货币用来投资以增值保值，整个社会的投资压力越来越大。作为贸易强国的荷兰首当其冲，因为其拥有相对更多的货币供给量。有趣的是，第一次金融危机爆发后，欧洲历史上的"价格革命"也逐渐走向终结。一方面是因为美洲金银矿已经被长期开采，濒临枯竭；另一方面是因为"价格革命"的长期持续和金融危机的出现已经证明，欧洲的货币供给量已经达到饱和，再从美洲开采金银运回欧洲的利润大大降低。

由此可见，国家即便垄断了货币发行权，依然无法摆脱外部带来的金融风险。金银无论是作为货币还是商品，持续大规模的波动输入和输出依然会对一国金融造成破坏性打击。解决这个问题，需要进一步的制度创新。因此，与国家垄断货币发行权相配套的是中央银行的建立。尽管世界上最早的银行并非出现在英国，但1694年成立的英格兰银行是世界上最早的中央银行，也是大多数现代中央银行的基础。作为中央银行，它可以发挥最终借款人的优势，通过调整利率、发行票据和公共债务来为国家提供金融服务和筹集资金。稳定可靠的金融服务成为英国在殖民主义时代走向世界霸权的强大保障。那时，英格兰银行就成为英国乃至全球最大和最负盛名的金融机构，其发行的纸币在世界范围内被接受和流通。这使它成为其他银行的银行，其他银行通过与英格兰银行维持合作，来解决彼此之间的债务问题。尽管在法国大革命和拿破仑战争期间，英格兰银行遭受了巨大的冲击，但它通过发债等行为为英国政府筹集资金的行动也大大提高了其国内和世界地位。通过银行发债，而非直接增加税收的融资行为，大大增强了英国政府的战争能力，特别是持续战争的能力，避免了因为税收竭泽而渔而导致的财政崩溃。

五、美国金融霸权的崛起

英镑在相当长的一段时间内，充当过国际贸易的交换媒介。但是，随着19世纪末国际政治经济发展不平衡的趋势越发严重，德国、日本、美国等新兴国家不断崛起，英国霸权受到严重削弱。随着英国霸权衰落，英镑也随之逐渐失去原有的国际地位。[①] 1929年的世界经济危机对所有资本主义国家都造成了重创。为了恢复经济,英国带头采取货币贬值政策,引发了其他国家竞相贬值的货币战。[②] 与货币战同时展开的是关税战。1930年6月17日,美国通过《斯姆特—霍利关税法》(Smoot-Hawley Tariff Act)将应课税商品的平均关税从1929年的40.1%大幅度提高,其中最高税率高达59.1%,仅次于1830年的61.7%。[③] 其他国家也纷纷采取各种措施,实施贸易保护主义并减少对外国商品的进口,如"提高关税、实施进口配额和外汇管制"[④]。关税战导致世界贸易额在1929年至1934年缩减了约66%。严重的经济危机导致很多国家大量企业破产和严重的工人失业。大规模失业和贫困导致一些国家和地区滋生出各种极端思想,这些极端思想成为法西斯主义崛起的温床。国际关系越发紧张,最终第二次世界大战(简称"二战")爆发。

美国政策制定者从两次世界大战之间那段时期所汲取的教训,决定了他们对战后全球经济的态度。时任总统富兰克林·罗斯福(Franklin D. Roosevelt)和国务卿科德尔·赫尔(Cordell Hull)等官员都是威尔逊总统理念的追随者,即"自由贸易不仅促进了繁荣,也促进了和平"。20世纪30年代的"大萧条"也说明:各国政府为应对大萧条而采取的政策——高关税、竞争性货币贬值、歧视性贸易集团——不但破坏了国际环境的稳定,而且对经济形势没有丝毫改善。这一经验使整个反法西斯联盟的领导人得出结论:经济合作是在国内外实现和平与繁荣的唯一途径。[⑤] 1941年8月,美国总统罗斯福和英国首相温斯顿·丘吉尔(Winston L. S. Churchill)召开大西洋会议,并在结束时发表了历史上著名的《大西洋宪章》,阐明了这一设想。该宪章第四点承诺:美国和英国"努力促使所有国家,不分大小,战胜者或战败者,都有机会在

[①] 查尔斯·P. 金德尔伯格:《世界经济霸权 1500—1990》,高祖贵译,北京:商务印书馆,2003年。
[②] Barry Eichengreen, *Golden Fetters: The Gold Standard and the Great Depression, 1919-1939*, New York: Oxford University Press, 1992.
[③] U. S. Census Bureau, *The Historical Statistics of the United States, Colonial Times to 1970*, Part 2, Bicentennial Edition, Washington DC, 1975, p. 888, digitalized for Fraser, https://fraser.stlouisfed.org/files/docs/publications/histstatus/hstat1970_cen_1975_v2.pdf.
[④] B. Eichengreen and D. A. Irwin, "The Slide to Protectionism in the Great Depression: Who Succumbed and Why?" *Journal of Economic History*, 2010, Vol. 70, pp. 871-897.
[⑤] "Bretton Woods-GATT, 1941-1947", MILESTONES: 1937-1945, Office of The Historian, U. S. Department of State, https://history.state.gov/milestones/1937-1945/bretton-woods.

同等条件下,为了实现它们经济的繁荣,参加世界贸易和获得世界的原料";第五点则表明他们希望"促成所有国家在经济领域内最充分的合作,以促进所有国家的劳动水平提高、经济进步和社会保障"。①

美国意识到,曾经在地理上远离欧亚大陆的美国在经济上已经与欧亚国家紧密地联系在一起。如果再发生类似20世纪初的经济危机,美国无法独善其身。一旦全球经济危机转变成政治和社会危机,进而再次引发战争,同样会对美国的繁荣与安全造成威胁。随着技术的不断进步,各种新型武器层出不穷。德国的V2火箭让美国意识到,如果不能建立稳定的国际政治与经济秩序,美国迟早会受到来自欧亚大陆的直接军事威胁。后来原子弹的发明和应用,以及美苏军备竞赛,也证明了这一点。为了在战后恢复经济,并避免未来重复两次世界大战的悲剧,自由开放的世界市场成为必需的,而实现这一点的关键是建立一个统一而有效的清偿手段。按照霸权稳定论的观点来说,世界需要一个霸权国来承担稳定国际金融秩序的责任,特别是为国家贸易的发展提供所必需的公共产品。传统的经济发达地区——欧洲和亚洲,在两次世界大战中都遭受了巨大破坏,非但不能承担稳定世界秩序的责任,而且自身也面临崩溃的危险,迫切需要来自外部的金融支持。换句话说,只有通过大规模的经济援助,这些地区才能稳定秩序,恢复经济,促进发展。当时能够承担这一责任的只有美国,而布雷顿森林体系是美国实现这一使命的核心制度性工具。

1944年7月,四十四个国家的经济代表齐聚美国新罕布什尔州的布雷顿森林,共同讨论第二次世界大战之后的世界秩序,特别是世界贸易秩序。该会议形成了被后世称为"布雷顿森林体系"的制度性安排:美元与黄金直接挂钩,以黄金为美元背书,35美元等于1盎司黄金,其他国家货币再与美元发生汇兑关系。布雷顿森林体系事实上建立起以美元为核心的国际货币体系,也使美元成为事实上的国际硬通货。为了维持该体系的正常,一个新的国际机构

---

① "The Atlantic Charter," *U. S. Department of State Bulleitin*, August 16, 1941, p. 125, in *1946 - 1947 Part 1*: *The United Nations. Section 1*: *Origin and Evolution Chapter A*: *The Declaration by United Nations*; *Chapter B*: *The Atlantic Charter*, Page 2, in The Year Book of the United Nations, https://www. unmultimedia. org/searchers/yearbook/page. jsp? q = atlantic%20charter&start=0&total=10&srstart=0&volumeFacet=1946-47&searchType=advanced&outline=false.

被创建出来,即国际货币基金组织(IMF)。① 1945 年 12 月 27 日,二十二个国家的代表在《布雷顿森林协定》上签字,使之正式生效。布雷顿森林体系并非应对欧洲与亚洲盟国经济困难的临时举措,实际上具有深远的意义和影响。美国援助的大量美元资本挤占了其他货币的国际市场空间,形成了美元独霸的格局,同时也形成了巨大的购买力,最终将回流美国,用来购买美国的商品和服务,拉动美国经济增长。

布雷顿森林体系本质上是一种国际金汇兑本位制(Gold Exchange Standard),即黄金—美元本位制。经过黄金背书的美元事实上成为黄金的"等价物"。英国国际政治经济学家苏珊·斯特兰奇(Susan Strange)在《国际政治经济学导论:国家与市场》一书中提出一个新的权力概念——货币权力,她认为存在两种货币权力:结构性权力和联系性权力,而前者的重要性超过后者。② 布雷顿森林体系下的美元在全球就是这样一种结构性权力。罗伯特·吉尔平(Robert Gilpin)也同样认为货币霸权是一个霸权国维护其霸权利益的力量源泉。③ 黄金被选择成为美元的等价物并非偶然,一方面是因为黄金自古以来就是最为广泛接受的一般等价物;另一方面,二战后美国的黄金储备量居世界首位,超过全球的一半。由于经济的蓬勃发展和旧金山的淘金热,很长一段时间美国掌握了全球一半以上的黄金储备。早在 1928 年,美国外交关系委员会就曾明确指出:"黄金的价值在于它被普遍认为是合法的货币。美国持有世界上一半的黄金,所以在国际舞台上必须承担起维护金本位制的角色。"④ 30 年代"大萧条"之后,全球的黄金又迅速流向美国。1945 年,美国的

---

① 弗雷德里克·皮尔逊、西蒙·巴亚斯里安:《国际政治经济学》,杨毅、钟飞腾、苗苗译,王正毅校,北京:北京大学出版社,2006 年,第 167—168 页。

② Susan Strange, *States and Markets: An Introduction to International Political Economy*, London: Pinter Publishers, 1988; Susan Strange, "Still an Extraordinary Power: America's Role in a Global Monetary System," in Raymond E. Lombra and Willard E. Witte (eds.), *The Political Economy of International and Domestic Monetary Relations*, Ames: Iowa State University, 1982, pp. 73 - 93; Susan Strange, *Sterling and British Policy: A Political Study of an International Currency in Decline*, London: Oxford University Press, 1971; Susan Strange, "Finance, Information and Power," *Review of International Studies*, Issue 16, 1990, pp. 259 - 274.

③ Robert Gilpin and Jean M. Gilpin, *Global Political Economy: Understanding the International Economic Order*. Princeton University Press, 2001; Robert Gilpin, *The Political Economy of International Relations*. Princeton University Press, 2016.

④ Charles Prentice Howland, ed. *Survey of American Foreign Relations*, New Haven, CT: Yale University Press, published for the Council on Foreign Relations, 1928, p. 218.

黄金储备占世界黄金储备的比例高达59%,且在随后几年依然保持上升趋势,到1948年蹿升到71.8%。① 在美国看来,如果黄金不能成为国际贸易的支付手段,那么它的金融价值为零。如果只考虑黄金的工业价值,那么其实用价值将成倍地降低。因此,继续维持黄金在国际金融和贸易媒介中的地位符合美国利益,也能够维持该地位背后的经济与外交权力。②

但是,如果黄金全部集中于某一个国家,那么这个国家显然无法承担起国际贸易媒介的责任,而且会在金本位制下造成严重的通货紧缩。也正因如此,布雷顿森林体系是一个非常聪明的发明:它通过美元与黄金挂钩,由黄金为美元背书,在国际贸易中输出美元而不是黄金来提供流动性,既兼顾黄金大多集中于美国的现实,又能够给国际贸易提供便利的交换媒介。美元能够获得黄金的信用背书,原因在于美国控制了全球最主要的黄金储备,并且任何国家都可以随时按照35∶1的比例从美联储兑换等值黄金。此前,英镑曾长期担任国际贸易的主要媒介,但是经过两次世界大战的打击,英国已经丧失了在国际贸易中维持英镑币值稳定的能力,"只能接受以美元为核心的布雷顿森林体系"③。从此,美元就成为国际贸易进行清算的主要支付手段和各国必备的主要外汇储备,也正因如此,商品的美元价格成为国际贸易中的基准价格。布雷顿森林体系对二战后国际贸易、经济开发和金融制度等方面的设计与安排,共同构成一个全新的以美国为核心的国际政治与经济格局。④ 这是二战前、战中和战后大量黄金流入美国的结果。

布雷顿森林体系结束了国际金融领域各种货币相互竞争的自然状态,通过美元与黄金挂钩和各国货币与美元之间的固定汇率制度,实现了稳定各国币值的目标,从而创造了一个历史上从未有过的全新国际金融秩序。客观而言,该秩序对二战后的国际贸易和世界经济发展都起到了积极的推动作用。此外,虽然布雷顿森林体系下的固定汇率制形势上依然属于国际金汇兑本位

---

① "Gold reserves, tonnes, 1948-2008, major official gold holders," WGC calculations based on IMF data and national sources, World Gold Council, http://www.gold.org/assets/file/value/stats/statistics/xls/Gold_reserves_main_holders_1948-2008.xls.

② Hudson, Michael. *Super Imperialism: The Origin of Fundamentals of U. S. World Dominance*, 2nd edition. London and Sterling, Virginia: Pluto Press, 2003, p.150.

③ 张振江:《从英镑到美元:国际经济霸权的转移》,北京:人民出版社,2006年,第272页。

④ 卡尔·波兰尼:《大转型——我们时代的政治与经济起源》,冯钢、刘阳译,杭州:浙江人民出版社,2007年,第3页。

制,但它又存在本质的不同。在传统的金本位制下,货币直接由不同比例的黄金铸造,且各国黄金可以在各国间自由输入和输出,因此一国国际收支发生逆差或顺差,就会导致黄金输出点[①]和黄金输入点[②],从而引起该国货币以黄金而非货币的形式流出或流入。但是,因为黄金输入或输出而强行导致的国际贸易平衡非常痛苦,往往伴随着对原有货币的不信任和经济危机。然而,布雷顿森林体系下作为储备货币和国际清偿手段的一般等价物是理论上和技术上可以不断印刷发行的纸币——美元,完全不受开采量等物理条件的限制,因此可以不断向市场提供流动性,从而能够为不断扩大的国际贸易提供金融服务,既可以避免通货紧缩,又能够随着数量增加不断提高全球的购买力,推动国际贸易和跨国投资的不断发展、进步和深化。对美国来说,黄金—美元本位制带来的利益至少有两点:第一,创造出美元作为国际储备货币在世界范围内的需求;第二,使美元处于不断扩大的国际贸易与投资的核心。[③] 其他国家"不得不购买美元,把他们的货币置于美元的基础之上,通过直接或者间接地要求以美元确定商品和服务的价格,使美元控制了世界贸易体系"[④]。

1944年的布雷顿森林协议确立了美国所希望的世界货币体系。美元成为固定汇率体系中的关键货币,成为其他货币的衡量工具和主要"储备货币"。第二次世界大战后,在美国援助的欧洲复兴计划下,美国大规模援助欧洲,美元也大规模流出。资本主义国家受到大量不断增长的生产性投资,经济迅速恢复发展,世界统一市场逐渐恢复。在这一过程中,各国政治经济发展越发不平衡,并产生了深远影响。大部分欧洲银行都存有美元外汇储备,而不是黄金,因为美元储备有利息收入,而黄金没有。经济格局的变化促使世界政治经济格局也相应发生变化。凭借其世界储备货币地位,美元成为世界上最主要的流通手段和国际商业的主要支付手段。随着国际贸易和商业发展,世界对美元的需求也逐渐增加。以美元为储备货币的世界金融体系赋予美国特殊贸易特权,可以不受限制地维持贸易赤字。资本的国际化在资本主义世界经济

---

① 铸币平价加运金费用。
② 铸币平价减运金费用。
③ Armand Van Dormael, *The Bretton Woods: Birth of a Monetary System*, New York: Holmes and Meier, 1978.
④ 瓦西利斯·福斯卡斯、比伦特·格卡伊:《新美帝国主义——布什的反恐战争和以血换石油》,薛颖译,北京:世界知识出版社,2006年,第6页。

的腾飞过程中起到了重要作用。在战后初期,世界资本流动主要由美国官方资本构成,美国官方和私人资本出口在20世纪50年代达到顶峰。1948—1952年大概三分之一的美国出口是靠美国提供的贷款支付的,接受贷款的国家必须同意实行相应的协调政策,以促进生产力提高,支持国际自由贸易,稳定金融,促进地区经济发展。北约组织成立,担负起保卫资本主义世界的责任。到1960年,跨大西洋两岸的政治经济结构已经形成。欧洲在美国的支持下,也逐渐走向经济联合和一体化。关贸总协定开始大规模削减大西洋两岸各国的关税壁垒。货币自由兑换也最终得以实现,布雷顿森林体系顺利运行。美国在西方世界构建霸权的道路上获得了巨大成功,但与此同时,危机也开始显现。

布雷顿森林体系存在着自己无法克服的缺陷,它以一国货币,即美元,作为主要储备资产,具有内在的不稳定性。任何以一国货币作为世界储备货币的金融体系都会给予拥有该货币的国家贸易特权,可以不受限制地维持贸易赤字。这些赤字会在接受国创造投资,而不会大规模减少输出国的资本,因此必然带来世界范围内的货币泛滥。① 一个国家的货币主要服务于该国的经济目标,满足国内需求,而不是国际经济。作为国际储备货币,意味着该国必须大量出口该货币,因此贸易赤字是不可避免的。而且,该国的储备货币依然面临来自其他顺差国家的货币竞争。随着顺差国家的顺差越来越大,其货币地位也会相应加强。原国际储备货币和该货币之间的汇率越来越难以稳定。而如果国际储备货币母国的资本外流停止的话,国际经济将立刻面临流动性不足的情况,造成通货紧缩。布雷顿森林体系下,只有美国的长期贸易逆差能使作为世界储备货币的美元流散到世界各地,使其他国家获得美元供应。但这样一来,必然会影响人们对美元的信心,引起美元危机。如果美国终止贸易赤字,保持国际收支平衡,就会断绝国际储备的供应,世界范围内的货币短缺现象就会出现,导致国际清偿能力不足。这是一个不可克服的矛盾,即"特里芬难题"。② 事实上,美国从来没有准备采取终止贸易赤字的手段,因为如果这样做的话,必然意味着放弃美国霸权理想。因此,美国的贸易赤字一直在继续,而且美元贬值也不可避免。

---

① Jacques Rueff, *The Age of Inflation*, Chicago: Regnery, 1964, p.30.
② 罗伯特·特里芬:《黄金与美元危机:自由兑换的未来》,陈尚霖、雷达译,北京:商务印书馆,1997年。

第二章　从历史看海洋与国家政策的选择

从战后到 1955 年，美国每年长期资本外流量一直在 10 亿美元上下波动，然而在 1956 年至 1962 年增长到 16 亿美元，特别是 1957 年高达 26 亿美元。[①] 美元外流意味着国际流动性增加，有助于更好地服务于国际贸易，特别是对美贸易，毕竟美国是第二次世界大战后最大的市场。无论是作为商品输出国，还是商品输入国，美国都是各国战后进行国际贸易最重要的对象。所以从 1948 年到 1957 年，美国的黄金储备虽然时有波动，但一直维持在 19 300 吨以上，占世界黄金储备总量的比例也一直在 58% 以上，而且比例下降的主要原因是世界黄金储备增多，而不是美国黄金储备减少。但是，在 20 世纪 50 年代后期美国的生产性投资开始出现停滞，相反西欧国家——特别是联邦德国和日本——的资本主义经济迅速恢复，并获得快速发展，生产性投资持续到 20 世纪 60 年代。此外，联邦德国和日本的军费开支负担非常小。西欧和日本的农业领域又为工业发展提供了大量的廉价劳动力。[②] 这导致美国实体经济在与西欧、日本的竞争中逐渐丧失优势，海外市场积累的过量美元资本已经无法为美国出口形成需求。越来越多的资本被欧洲和日本控制，美国官方和私人资本占世界资本的比例开始逐年下降。外国政府和私人企业掌握的美元资本越多就会越担心美元存在的贬值风险，因此就会带来向美联储兑换黄金以回避风险的压力，美国黄金储备也随之开始外流。1958 年美国黄金储备突然从 1957 年的 20 312.3 吨减少到 18 290.6 吨，损失将近 2 022 吨，占世界黄金储备的比例也从 59.31% 下降到 52.46%，降幅将近 7 个百分点。1961 年 1 月，肯尼迪总统第一次向参众两院做演讲时指出："自从 1958 年以来，我们花费或者投资在国外的美元与重新回到我们手中的美元之间的差额大幅度增加。在过去的三年中，我们的贸易赤字总额增加了将近 110 亿美元，国外美元持有把它们转换成了黄金，数目如此之大，将导致我们近 50 亿美元的黄金储备流

[①] Peter B. Kenen, *Giant among Nations: Problems in United States Foreign Economic Policy*, New York: Harcourt, Brace, 1960, pp. 20-21.

[②] Makoto Itoh, "The Inflational Crisis of World Capitalism," in Makoto Itoh, *Value and Crisis*, London: Pluto Press, pp. 156-157.

失。"①自此之后,美国开始长期持续出现大规模的黄金外流。② 这意味着市场上的美元已经开始出现过剩现象。

1959年美国黄金储备继续下降到17 335.1吨,价值195亿美元,而同期外国持有的美元债务则进一步上升到214.72亿美元,超过美国的黄金储备价值。③ 因此,从20世纪60年代起各种各样关于美元的信任危机就开始出现了。④ 实际上外国持有的美元债务在二战后一直在增加,早在1953年美国的黄金储备就已经无法支付其债务,因为美国的黄金储备中有一半左右是不能动用的存款准备金。1953年美国存款准备金为121.51亿美元,同期外国持有的美元短期债务为117.71亿美元,合计239.22亿美元,相当于同期美国220.90亿美元黄金储备价值的108.3%。⑤ 美元贬值已经无可避免,美元与黄金的固定兑换比例也注定会崩溃。

经济学家罗伯特·特里芬(Robert Triffin)则认为特里芬难题的解决方案是在国际货币基金组织下创造一种超国家货币,以满足国际经济发展所需要的稳定货币供给。⑥ 20世纪60年代后期,建立超国家货币的想法开始获得美国政府的好感,因为美国实际上掌控着国际货币基金组织,因此,它不仅可以控制这种货币的发行和运作过程,还可以拥有最大的份额。美国政府因此积极支持国际货币基金组织发行"特别提款权"(Special Drawing Right)以满足国际贸易所需的流动性。然而,这在欧洲获得广泛质疑,尤其是法国表示强

---

① 威廉·恩道尔:《石油战争:石油政治决定世界新秩序》,赵刚、旷野等译,北京:知识产权出版社,2008年,第131页。

② "Gold reserves, tonnes, 1948 – 2008, major official gold holders," WGC calculations based on IMF data and national sources, World Gold Council, http://www.gold.org/assets/file/value/stats/statistics/xls/Gold_reserves_main_holders_1948 – 2008.xls.

③ "Gold reserves, tonnes, 1948 – 2008, major official gold holders," WGC calculations based on IMF data and national sources, World Gold Council, http://www.gold.org/assets/file/value/stats/statistics/xls/Gold_reserves_main_holders_1948 – 2008.xls; B. Barret Griffith, "The Gold Flow," *Financial Analysts Journal*, Vol. 16, No. 6, Nov.-Dec., 1960, pp. 67 – 68.

④ Susan Strange, "International Monetary Relations," in Andrew Shonfield, ed., *International Economic Relations of the Western World, 1959 – 1971*, Vol. II, London: Oxford University Press, 1976, pp. 281 – 299.

⑤ B. Barret Griffith, "The Gold Flow," *Financial Analysts Journal*, Vol. 16, No. 6, Nov.-Dec., 1960, pp. 67 – 68.

⑥ Robert Triffin, *Gold and the Dollar*, New Haven: Yale University Press, 1960; Robert Triffin, *The World Money Maze*, New Haven: Yale University Press, 1966.

烈反对。最终美国获胜,但是条件是欧共体获得一项集体否决权。[1] 1970年特别提款权第一次发行,然而此时美元地位已经急剧恶化,以至于区区几十亿的特别提款权根本无法阻止美元衰落。国际货币基金组织分配的特别提款权与世界存在的流动性相差甚远。

1971年春天,一场针对美元的大规模投机爆发,国际货币危机终于达到高潮。在巨大的压力下,德国马克在7月开始自由浮动,其他货币也纷纷抛弃和美元的固定汇率,美元贬值已成定局。[2] 当时美国官方黄金储备只剩下9 069.7吨,占世界黄金储备总量的比例只有24.8%。尼克松总统再也没有意愿和能力维护美元和黄金之间的兑换比例,8月15日宣布"新经济政策",向全世界宣布美国不再履行布雷顿森林体系下美元和黄金之间的固定汇率和自由兑换义务,提出"浮动"汇率制,即各国货币根据国际需求,也就是国际上对一国经济的信心,浮动汇率。美元开始大幅度贬值,布雷顿森林体系也随之瓦解。1974年年末,黄金价格从原先的每盎司35美元飙升到每盎司195美元。

1973年3月,欧共体9国达成"浮动汇率"协议;1976年国际货币基金组织通过《牙买加协议》实行黄金非货币化和确认实行浮动汇率。全球货币体系进入一个新的时代,该"体系"的核心有两条:一是多元本位币,二是浮动汇率机制。理论上多元本位制是对美元霸权地位的削弱,世界似乎又回到第一次和第二次世界大战之间的各国货币竞争时代。

美元不断贬值必然导致其他国家最终放弃选择美元作为世界贸易的交换媒介和财富储备手段。所以理论上来讲,美元放弃与黄金的固定自由兑换比率、实行浮动汇率是对美元霸权的削弱。国际货币体系下的国际储备开始走向多元化,美元不再是唯一的世界储备货币,其他国家货币,例如英镑、瑞士法郎、德国马克等,都成为世界储备货币,与美元展开竞争。多种货币储备体系

---

[1] *Economic Report of the President 1968*, pp. 185–186, in Federal Reserve Archival System for Economic Research, http://fraser.stlouisfed.org/publications/erp/issue/1162/; Stephen D. Cohen, *International Monetary Reform, 1964–1969: The Political Dimension*, New York: Praeger Publishers, 1970, pp. 50–69; Robert Solomon, *The International Monetary System, 1945–1976: An Insider's View*, New York: Harper and Row, 1977, pp. 114–127.

[2] *Economic Report of the President 1973*, p. 294, in Federal Reserve Archival System for Economic Research, http://fraser.stlouisfed.org/publications/erp/issue/1222/.

出现的"根本原因在于美国和其他国家的相对经济地位发生变化"[①]。由于美国经济实力相对下降,竞争能力被削弱,因而美国的国际收支逆差越来越大,美元连续不断贬值,购买力不断下降,对许多国家的美元外汇储备造成损失。因此,很多国家担心美元储备过多,一旦出现美元贬值就会遭受更大的损失,于是纷纷将本国国际储备中的一部分美元兑换成英镑、德国马克、日元和瑞士法郎等货币,使储备资产多样化、分散化,以分散风险,保持外汇储备价值不受损失。由此看来,美元霸权的崩溃在尼克松总统宣布美元与黄金脱离关系的那一刻开始就已经注定,只要美元不断贬值,剩下的只是时间问题。

在布雷顿森林体系崩溃以后,虽然国际储备货币舞台上不再上演美元独角戏,英镑、日元、德国马克等货币也同样获得了饰演主角的实力和机会,但这些货币仅仅是对美元造成了冲击,并未能取代美元的主角地位。即便是拥有严格纪律约束的欧元诞生也没有取代美元的主角地位。同时,切断了美元与黄金之间的联系,反而合法地使美国放弃了布雷顿森林体系下应尽的国际义务,美元成为一种不再用黄金来衡量的货币,不再是可以与黄金自由兑换的"美金",而是靠美国国家信用支撑发行的货币,这使美国再也不必顾虑美元发行量和黄金储备之间的平衡,最终摆脱了黄金储备对印钞机的束缚,进一步加强了美国对全球经济的控制和剥削能力,因为它可以随时按照自己的意愿通过货币贬值来剥削全世界,获得财富。与黄金的脱钩使美元成为其他货币的唯一标价标准,国际货币体系进入美元本位时代。

美元霸权在布雷顿森林体系崩溃半个世纪以后,不但没有崩溃,反而变得更加桀骜不驯,在全世界各个角落显示出超强的生命力和影响力。以作为世界储备货币的地位为例,根据国际货币基金组织数据,美元占全球储备货币的比例在20世纪70年代急剧下降,从1973年的84.5%下降到1987年的66%[②],然而自此之后除个别年份外,该比例多数时间一直维持在60%以上。[③] 可以说,在布雷顿森林体系崩溃的四十年中,美元的国际储备货币地位实际上从未真正被削弱过。美国一直掌握着跨越大洋的全球货币霸权。

[①] 陶季侃、姜春明主编:《世界经济概论》,天津:天津人民出版社,2003年,第191页。
[②] 参见张纯威:《美元本位、美元环流与美元陷阱》,《国际金融研究》,2008年第6期,第5页。
[③] 2020年为59%。数据见"Appendix I. 2. Share of national currencies in total identified official holdings of foreign exchange, end of year1 (Percent)," *Appendix I. International Reserves*, IMF, page 4, https://www.imf.org/external/pubs/ft/ar/2021/eng/downloads/appendix.pdf。

小结

从近代以来中西方的历史来看,西方国家的强盛与霸权在于其能够积极应对来自金融领域的挑战,而应对挑战的答案直接指向海洋。西方国家通过海洋发现了新大陆,并通过海洋贸易来实现自身的经济发展,并通过一系列金融制度创新和新的海洋扩张来应对新的安全挑战。金银通过海洋媒介的大规模流入或者流出成为影响一个国家或地区金融安全的主要因素之一,甚至可以说,西方对金融霸权的掌控是从征服海洋开始的。亨廷顿在其颇有争议的《文明的冲突与世界秩序的重建》一书中曾引用杰弗里·R.巴奈特(Jeffery R. Barnett)的研究,指出西方国家作为世界经济霸权国家的 14 个战略要点,其中前 5 个都与金融问题相关,涉及经济开发和财富增长:"拥有和操纵着国际金融市场;控制着所有的硬通货;世界上最主要的消费品主顾;提供了世界上绝大部分制成品;主宰着国际的资本市场……"[1]无论是古代还是现在,金融安全问题一直存在,它所涉及的货币供给、资本流动与兑换等问题成为决定一个国家和民族命运越来越重要的因素之一。真正掌握金融主权是现代国家能够在世界政治舞台得以立足的基础和关键。

---

[1] Jeffery R. Barnett, "Exclusion as National Security Policy," Parameters, Vol. 24, (Spring 1994), p. 54,转引自萨缪尔·亨廷顿:《文明冲突与世界秩序的重建》,周琪、刘绯、张立平等译,北京:新华出版社,1998 年,第 75—76 页。

第三章

能源革命、海洋与地缘政治重心的转移

人类对海洋的征服离不开能源革命,而征服海洋则在很大程度上决定了全球地缘政治重心的转移。

能源是指可从其获得热、光和动力之类能量的资源。人类自诞生以来就离不开对自然界能源的开发和利用,但长久以来由于技术的限制,利用方式仅仅停留在取暖或照明。随着科技进步和社会发展,人类对能源索取的广度和深度不断扩大和深化,能源逐渐从木炭扩展到煤炭、石油、天然气,甚至核能等新能源,同时利用方式也扩展到获取动力等更加广泛的领域。对动力的需求逐渐成为人类获取能源的重要原因,甚至是核心原因,对人类历史的进程和政治格局的变动产生了深远影响。一些国家的兴衰可以从能源方面寻找注脚。能源革命,特别是对于革命性新能源的占有或控制,对于地缘政治的变革具有重要意义,也是大国能够建立全球或区域霸权的重要原因。

一、工业革命前的大帆船时代

人类从自然界获取的第一个具有地缘政治意义的动力能源应该是风能,利用方式是帆船。帆船的发明使得人类从海洋获得比陆地上更多的运输和移动能力,对于贸易、交通和战争来说意义重大。早在公元前 5000 年前,波斯湾地区就已经出现帆船。[①] 公元前2000年地中海地区就已经成为帆船贸易的重要场地,希腊人和腓尼基人凭借帆船技术,将军事和贸易力量扩展到整个地中海。公元前100年,罗马帝国的巨型货船和客船可以达到180英尺[②]长、45英尺宽,称霸地中海。公元9世纪左右,可以利用伯努利原理逆风行驶的三角帆船出现,人类摆脱了帆船只能顺风行驶或靠人力拉纤才能逆风行驶的桎梏,获得了更强的航行能力。从此,人类可以离开相对风平浪静的内海,走向更广阔的海洋。公元1000—1200年,北欧海盗横行,维京人制造了80英尺长、17英尺宽的帆船,以桨和帆为混合动力,速度非常快,用来作战、贸易和殖民。同一时期,维京人和不列颠人的帆船船体上开始出现小窗口,用来发射武器。[③]

15世纪,土耳其人攻陷君士坦丁堡,东西方通道被封闭。为了满足到东方去寻找财富的愿望,西班牙和葡萄牙的造船家发明了全装置三桅帆船(Full Rigged Barque)[④],成为造船历史上的一个巨大成就。三桅帆船的船体结构更加合理,能装载大量生活必需品,可以在海上连续待上数月。三桅帆船上至少有五帆在工作:船首斜帆、前帆、主帆和主桅顶帆、船尾帆。主桅帆、前桅帆是驱动帆,较大;船首斜帆、船尾帆是辅助帆,较小。这样设计便于根据风力、风向进行调整,既适合跨洋航行,又适于沿岸航行和岛际航行。此后,欧洲舰船航行得更远,到达北美的纽芬兰岛和圣劳伦斯河口,乃至到达西太平洋地区,甚至环绕地球航行。[⑤] 1492年哥伦布航行时,使用的就是这种三桅帆船。全装置帆船在16世纪基本定型。此后几个世纪西欧帆船的标准装置多为3桅26帆。桅、帆的多样化,使布帆技术达到了顶点,成为16至18世纪欧洲大帆船时代的主要标志。

15世纪的战舰已经装备众多的火炮,不仅表明其吨位增加,船体加大,而

[①] Robert Carter, "Boat remains and maritime trade in the Persian Gulf during the sixth and fifth millennia BC," *Antiquity*, Vol. 80, No. 307, March 2006.

[②] 1英尺=0.3048米。

[③] 关于帆船的发展史,可以参阅 Anderson Romola, *The Sailing-Ship: Six Thousand Years of History*, London: George G. Harrap, 1927; Richard Unger, *The Ship in the Medieval Economy: 600—1600*, Montreal: McGill-Queen's University Press, 1980。

[④] 后来也逐渐出现五桅帆船,但统称为"Barque",即三桅帆船。

[⑤] "Transportation and Maps," in Library and Archives Canada, http://www.collectionscanada.gc.ca/virtual-vault/026018-119.01-e.php? q1=Transportation+and+Maps&PHPSESSID=709io6475tfesngi2m7226o454.

且也表明船体更加坚固,承受火炮发射产生后坐力的能力增大。[1] 这些新式帆船适合探险航程:船体大,可载更多的人和生活品;桅和帆可做调整,有利于在陌生的海域安全航行,也经得住远洋航行。多桅多帆的技术,比单桅单帆的东方船具有明显的优越性:速度更快,转向更有效率。[2]

郑和下西洋所用的"宝船"与西方的三桅帆船大致出现在同一时间,同样可以进行大规模长期远洋航行,而且技术上应该更加成熟。因为郑和下西洋远远早于西方达伽马等航海家的远洋航行。前英国皇家海军潜水艇指挥官加文·孟席斯甚至提出"郑和船队的分队曾经实现环球航行,并早在西方所谓的大航海时代之前便已发现美洲和大洋洲"的论点。[3] 但遗憾的是当时的造船技术和相关记录并没能留下来。因此,学术界对"宝船"的实际大小和样式一直存在争议。但是,可以肯定的是,郑和之后东方的造船技术逐渐落后于西方。[4]

凭借高超的造船技术和航海技术,以及优越的地理位置,西班牙人和葡萄牙人娴熟地掌握了自然风的运用能力,开辟了新航线,发现了"新大陆",建立起全球帝国。[5] 人类历史上最伟大的"地理大发现"得以实现。从此,历史的天平开始出现严重倾斜,欧洲成为世界地缘政治的重心,拉开了东方从属于西方的国际政治变革序幕。先是葡萄牙和西班牙,接着是被誉为"海上马车夫"的荷兰,然后是英国、法国,凭借坚船利炮带来的军事优势,欧洲列强在全球范

---

[1] Gillian Hutchinson, *Medieval ships and shipping*, Britain: Fairleigh Dickinson University Press, 1994, p.160.

[2] 刘景华:《大航海时代的西欧造船和航海术》,《长沙理工大学学报(社会科学版)》,第20卷第4期,第93—94页。

[3] 参见加文·孟席斯:《1421:中国发现世界》,师研群译,北京:京华出版社,2005。但该书争议颇大,参阅黄振翔撰,王慧玲译:《〈1421〉的大谎言》,《郑和研究與活動簡訊》第十七期,2004年3月31日。

[4] 250年后中西战船的一场恶战充分表现出双方造船技术的差异。1661年郑成功收复台湾时,曾以60艘战船迎战荷兰两艘战舰,采用自杀爆破方式,在付出巨大牺牲的情况下,才摧毁战舰赫克托耳号,逼走玛利亚号。此战中的赫克托耳号,船长100米,宽20米,船板厚75厘米,桅杆5根,指挥塔有三层楼高,船帆可八面受风,航速达到40节,可逆风行驶,甲板上可放6米长海军红夷大炮20门。而参战的郑军战舰高度只及赫克托耳号三分之一,船上也只有两门小炮,战斗中往往被荷军撞翻(可能依然采用平底船)或压沉。参阅李晓光:《台湾记忆:郑成功的"忠臣"情节》,《中华遗产》,2010年第12期总第62期,第110—111页。

[5] 1493年5月在罗马教皇亚历山大六世仲裁下,西班牙和葡萄牙以亚速尔群岛和佛得角群岛以西100里格的子午线为分界线,瓜分全球殖民地。1494年,两国又缔结托德西拉斯条约,把这条线向西移动270里格。这条线也称"教皇子午线"。

围内推行殖民扩张,分别建立起各自的跨洋殖民体系。工业革命前,欧洲的远洋航行是三桅帆船带来的成果,也是工业革命前支撑各欧洲帝国的关键力量。[1]

二、第一次工业革命开启煤炭时代

工业革命是人类历史上一次划时代的革命。毫无疑问,它的发生取决于科学技术的进步,但关键的表现形式是能源的革命性变化。工业革命前,人类获取的热能主要来源于木炭等生物燃料,获取的动能主要来源于流水、风力以及人力和畜力。然而,工业革命彻底改变了这种能源消费格局。煤炭成为新时代的主导能源,无论是在获取热能领域还是在获取动能领域。

荷兰在16、17世纪取得了经济上的巨大成就,除了在造船技术上的优势[2],其中一个重要原因在于对大量泥炭的使用,年产量达到150万吨,成为"海上马车夫"。但是,工业革命并没有发生在荷兰,原因之一是荷兰的泥炭枯竭。[3] 相反,英国却凭借丰富的煤炭资源,最终成为工业革命的执牛耳者。18世纪前后,英格兰每年的煤炭产量已经达到250万吨,英格兰煤矿开采的热能是荷兰泥炭生产的热能的3至3.5倍。丰富的煤炭资源成为英国经济比荷兰经济能更长久、更持续发展的原因。[4]

英国大规模开发和利用煤炭源于17世纪的能源危机。随着牧业、采矿业、农业的发展和人口的增长,可供做燃料的森林面积大规模缩减。从1500年到1700年,英格兰的物价总体上涨了5倍,而用作燃料的木柴价格却上涨

---

[1] K. G. Davis, *The North Atlantic World in the Seventeenth Century*, Minnesota University Press, 1974, p. 32.

[2] 荷兰飞船造价低廉,更符合商业化设计,拥有强大的商业竞争力。16、17世纪的两百年里,荷兰人船运总量增长了将近10倍。1670年,荷兰拥有的船只总吨位达到56.8万吨,超过了西班牙、葡萄牙、法国、英国和德国等国船只吨位总和。即使到17世纪后期英国的船运业已经十分发达,但英国拥有的船只吨位只及荷兰船只总吨位的三分之一到二分之一,并且有四分之一以上的英国船是由荷兰建造的。参见E. E. Rich and C. H. Wilson edited, "Vol. 4, The Economy of Expanding Europe in the Sixteenth and Seventeenth Centuries," *Cambridge Economic History of Europe*, Cambridge: Cambridge University Press, 1967, pp. 210-211。

[3] F. A. Wrigley, *Poverty, Progress, and Population*, Cambridge: Cambridge University Press, 2004, pp. 31, 32, 35, 67.

[4] 俞金尧:《近代早期英国经济增长与煤的使用》,《科学文化评论》,2006年第4期,第49—63页。

了10倍。① 因为受制于燃料匮乏,尽管英国有丰富的铁矿,但是直到18世纪其冶铁业一直没有发展起来。为了满足钢铁需求,英国甚至不得不从其他国家进口钢铁。② 能源短缺使英国注重利用热能的发明创新,煤炭行业对需求做出了反应。煤炭的优势在于获取同样的热值,挖掘煤炭所消耗的人力要远远低于砍伐树木。无烟煤的人力成本大概是每吨2.5美元,同期木炭的人力成本是每吨15.5美元。③ 因此,冶炼行业使用煤炭的成本远远低于使用木炭。④ 同时,由于长期过度砍伐,煤炭的储量也远远超过木材。反射炉的应用使燃料和铁可以分离,最终使煤炭或焦炭成为冶炼行业中的主导能源,不用担心会将煤炭中的硫黄过多转移到钢铁里面。⑤ 煤炭,特别是焦炭在冶炼行业的使用,大大提高了高炉热值和生产效率,同时降低了成本,炼钢业在现代意义上也蓬勃发展起来。⑥ 以煤炭冶炼钢铁的技术进步对英国钢铁工业的扩张来说意义非凡,摆脱了高价木炭的桎梏,迅速成长起来。1720年,英国还是钢铁进口国,但到18世纪末就成为纯出口国了。⑦

随着蒸汽机的发明和改良,蒸汽成为人类所需动力的主要来源。从能源的表现形式来看,蒸汽机将煤炭的热能转换为前进的动能,第一次使人类获得了可控的高效率能源。煤炭是一种比人力或者畜力更为强大的能源,相对于风力和水力更加稳定持续且不受地理条件和气候变化限制,相对于木炭也能够提供更多的热能,随时随地都可以利用。以煤炭为燃料的蒸汽机广泛应用于工业革命的各个标志性产业:纺织业、钢铁冶炼业和采矿业等行业。不仅使

---

① 詹姆斯·E. 麦克莱伦第三、哈罗德·多恩:《世界科学技术通史》,王鸣阳译,上海:上海科技教育出版社,2005年,第382页。

② J. Thirsk, *The Agrarian History of England and Wales*, Vol. 4, Cambridge: Cambridge University Press, 1967, p. 862.

③ Robert B. Gordon, *American Iron 1607 – 1900*, Baltimore and London: Johns Hopkins University Press, 1996, p. 156.

④ 煤火冶炼矿法的发明使冶炼成本大规模降低,"一个高炉每年花在木炭上是五百镑,用煤就可能把这项费用减到十分之一"。巨大的利益潜力使更多的人投入对煤炭的研究中来。参阅曹洁:《简述煤炭在英国工业革命中的作用》,《工会博览:理论研究》,2010年第3期,第69页。

⑤ G. R. Morton & N. Mutton, "The transition to Cort's puddling process," *Journal of the Iron and Steel Institute*, No. 205, 1967, pp. 722 – 728.

⑥ 目前已知最早的钢出现在4000年前,但是现代意义上的大规模炼钢则是工业革命的结果。参见 C. K. Hyde, *Technological Change and the British Iron Industry*, Princeton University Press, December 1977; K. C. Barraclough, *Steel before Bessemer: II Crucible Steel: the growth of technology*, The Metals Society, London, 1984。

⑦ 参见 R. F. Tylecote, *A History of Metallurgy*, London: Metals Society, 1976。

第三章　能源革命、海洋与地缘政治重心的转移

生产效率得到大规模提高,而且再也不受制于自然地理条件,同时使机器制造机器成为可能。煤炭成为现代工业文明存在和发展的"粮食",其重要性不言而喻。

英国是最早大规模开发和使用煤炭的国家,"1700年的煤产量大约是1550年产量的10倍。煤已成为城市家庭中必不可少的燃料……英国的工业也靠煤来提供动力……1700年,英国的煤产量是世界其他国家煤产量总和的大约5倍"[1]。1750—1755年英国煤炭产量为423万吨,1801—1805年为1296万吨,1846—1850年为5096.8万吨。[2] 1813—1843年伦敦煤炭消费年均增长2.4%,1843—1875年年均增长3.4%。[3] 1860年,占世界总人口2%的英国,生产了占世界总量50%的工业品,成了名副其实的"世界工厂",为英国在19世纪称霸世界提供了强大的物质基础。新技术也逐渐扩散到比利时、法国和德国,通过采用现代节能技术和手段大规模提高钢铁冶炼生产力。[4] 从整体上增强了欧洲国家的工业实力,为对外扩张奠定了物质基础。煤炭作为主导型能源一直贯穿第一次工业革命,第二次工业革命中后期才逐渐衰落,但直到现在依然是世界上最主要的三大能源之一。

在国际政治领域,煤炭带来的能源革命进一步加强了欧洲列强的实力。相对于工业革命前的风能,以煤炭为燃料的新动能更加高效、速度更快、投放距离更远、动员能力更强,突出表现在蒸汽机船和火车的发明与应用。欧洲是工业革命的起源地,也是煤炭资源最早得到大规模开发利用的地区。19世纪初,利用蒸汽推动的木船在美国和英国被制造出来。1807年,第一艘下水试航成功的载客汽轮由美国人富尔顿建成。1812年,英国建造了第一艘汽轮"彗星号",凭借汽船很快成为世界运输业的先驱国家。以煤炭为燃料、以蒸汽为动力的蒸汽机船取代过去的木质帆船,成为当时海洋上的霸主。19世纪的各大洋是蒸汽机船的天下,最终使帆船"驶"进了船舶博物馆。如果说三桅帆船使欧洲向外殖民成为可能,在全球建立起殖民据点和贸易商站,那么蒸汽

---

[1] 弗里兹:《煤的历史》,时娜译,北京:中信出版社,2005年,第50页。

[2] B. R. Mitchell, *British Historical Statistics*, Cambridge: Cambridge University Press, 1989, p. 247.

[3] A. J. Taylor, "The Coal Industry", in R. A. Church ed., *The Dynamics of Victorian Business: Problems and Perspectives to the 1870'*, London: Routledge, 1980, p. 47.

[4] Rainer Fremdling, "Transfer patterns of British technology to the Continent: The case of the iron industry," *European Review of Economic History*, 4 (2), 2000, pp. 195 – 222.

机船则使这种殖民扩张最终完成。1850年,法国建造出世界第一艘以蒸汽机为辅助动力的战列舰——拿破仑号。1853年11月30日,是人类历史上风帆战舰的最后一次辉煌,俄军黑海舰队在锡诺普港口围歼了土耳其舰队。但是,随后当英法联军的采用蒸汽动力的军舰投入战争后,俄军缅希科夫亲王料到没有胜算,便命令将黑海舰队船只自沉于塞瓦斯托波尔的港口航道。可以说,克里米亚战争,奠定了蒸汽动力战舰在近代海军舰队中的统治地位。1859年11月,由法国海军领衔的全球第一艘主力铁甲战舰"光荣号"首度启航。① 蒸汽动力既是铁甲舰得以运行的核心技术,也是铁甲舰的三大特征之一。② 也正因此,在海洋上,欧洲帝国凭借坚船利炮,在19世纪末几乎将全球瓜分殆尽。时任美国国务卿威廉·亨利·西沃德(William H. Seward)在1850年预示美国必将崛起时,也曾特别指出了煤炭的重要意义。他说总会有一天,"美国将凭借强大的经济生产和世界供给实力,海军以及在全球战略要地的煤炭补给站,对世界货币体系的主导能力,成为世界上最为伟大的国家"③。

由于火车的发明,煤炭的政治与军事意义同样显现在陆地上。1814年,英国工程师乔治·斯蒂芬森(George Stephenson)推出了他的第一台蒸汽机车。1830年,铁路时代来临,兴起"铁路热",铁路网开始渐渐布满全世界的陆地。④ 一方面,火车可以帮助国家快速动员军事力量,另外一方面还可以将势力范围沿着铁路线延伸。在1853—1856年的克里米亚战争中,火车也第一次被用来运送补给和增援。⑤ 在普奥战争、第一次世界大战和第二次世界大战中,如何利用火车来运输部队,集中优势兵力作战,一直是德国作战计划中的要素。此外,在殖民扩张中,铁路的修建权也一直是帝国主义国家相互争夺的重要内容。1888年德国制定了《巴格达铁路方案》,试图用铁路将柏林、拜占庭(伊斯坦布尔)和巴格达连接起来。该计划具有深远的地缘政治考量,一方

---

① Ian V. Hogg, *The British Army in the 20th Century*, London: Ian Allan, 1985, p. 11.
② 铁甲舰的三大特征是:使用蒸汽动力、钢铁护甲和开花弹。
③ Ernest N. Paolino, *The Foundations of the American Empire: William Henry Seward and US Foreign Policy*, Ithaca, NY: Cornell University Press, 1973, p. 40.
④ 詹姆斯·E. 麦克莱伦第三、哈罗德·多恩:《世界科学技术通史》,王鸣阳译,上海:上海科技教育出版社,2005年,第388、389页。
⑤ 大克里米亚中央铁路(Grand Crimean Central Railway)是1855年克里米亚战争期间由英国修建的一条军用铁路。其目的是为参加塞瓦斯托波尔围城战的英法联军士兵提供弹药和给养。它还搭载了世界上第一列医院列车。这条7英里(11千米)的铁路是围城成功的一个主要因素。

面可以让德国势力进入波斯湾,获得伊拉克石油;另外一方面还可以使德国的舰队和商船绕过苏伊士运河,从地理上突破英国的封锁。同时,土耳其政府之所以愿意支持该计划,是因为可以利用铁路来加强对阿拉伯地区的控制,增强对埃及的影响。

煤炭是18—19世纪工业革命的必要条件,英国当时拥有丰富并且便于开采的煤炭资源,因此走在了工业革命的前列。[1] 换句话说,煤炭开发和蒸汽机利用产生了工业革命。[2] 与此同时,在19世纪,煤炭对于大国进行军事投射能力建设和对外势力扩张方面具有重要意义。世界地缘政治的重心牢牢掌握在欧洲人手里,因为欧洲控制了当时世界上最主要的煤炭开发和利用能力。其中的佼佼者是英国。可以毫不夸张地说,工业革命后,煤炭是支撑英国世界霸权蓬勃发展的血液。

三、第二次工业革命开启石油时代

第二次工业革命紧跟着18世纪末的第一次工业革命,以电力的大规模应用为代表,以电灯的发明为标志。然而作为二次能源,电能的产生强烈依赖煤炭,所以在第二次工业革命中,煤炭依然是最主要的能源。即使到今天,很多国家的电能依然主要来源于煤炭燃烧产生的热能。"贝塞麦转炉炼钢法"和"西门子平炉炼钢法"的发明,使生产钢铁变得更便宜,使蒸汽机运输更加便宜和快捷。煤炭的重要作用进一步加强。然而随着内燃机的发明,煤炭在能源领域的地位逐渐被石油所取代,特别是在提供动能领域。这带来地缘政治重心的大转移,从欧洲转移到北美。对石油资源的充分利用成为美国建立霸权的关键支柱。

1. 石油的经济与战略意义

自从1876年内燃机发明,现代社会的发展就与石油紧紧绑在一起。石油的重要性不仅仅在于促进了交通运输的划时代变革,更在于它促使了资本主义与现代工业的发达,成为现代经济发展的"血液"。石油的重要意义主要体

---

[1] 奇波拉主编:《欧洲经济史》第1卷,贝昱、张菁译,北京:商务印书馆1988年,第Ⅲ—Ⅳ页。
[2] 关于煤炭在工业革命中的地位,参阅克罗潭:"18世纪英法经济的比较",载王觉非编:《英国政治经济和社会现代化》,第369页;张卫良:"英国'工业革命'问题评述",《现代化研究》第2辑,商务印书馆,2003年,第367页;李伯重:"英国模式、江南道路与资本主义萌芽",《历史研究》,2001年第1期。

现在以下几个方面。

第一,石油是现代社会最重要的动力燃料。以石油产品作为燃料的内燃机广泛应用于汽车、轮船、飞机等各种交通工具,以煤炭为动力的蒸汽机几乎被完全取代,极大地改变了世界交通运输方式,促进了交通运输业的飞速发展。在现代国防方面,新型武器、超声速飞机、导弹和火箭所用的燃料也都是从石油中提炼出来的。此外,石油和天然气成为石油化工业的重要原料。从石油中可提取几百种有用物质,其经济价值远远超过石油作为燃料燃烧的经济价值,是现代化学工业的基础原料。石油无论是作为能源,还是作为原材料,都与现代国民经济息息相关。可以说,石油市场的动荡对于国民经济而言是"牵一发而动全身"。

第二,石油与国家战略、全球政治和权力格局密切相关。第一次世界大战之前,英国年轻的内政大臣丘吉尔注意到石油对军舰的战略意义:更快的速度和更高的效率。于是,他力排众议,促使英国海军率先更新军舰的动力系统,用以燃油驱动的内燃机取代以燃煤驱动的蒸汽机,石油的战略意义迅速凸显。[1] 从技术层面来说,燃油驱动的军舰拥有的优势远胜于燃煤驱动的军舰,"它不仅更加干净,(相对于产生同样动力的煤炭)重量更轻,而且提供的速度更快、行程更远,还可以在海上重新加油"[2]。第一次世界大战中,以石油为动力的军舰充分显示出其优越性,奠定了石油在现代社会的战略重要性。在第一次世界大战期间,各帝国主义国家之间的竞争深深地烙上了石油竞争的印记,石油成为国际竞争的关键因素。在这一时期,各国的石油工业纷纷受到本国政策的干涉和影响。[3] 同样的重要性随着汽车工业的发展也降临到陆军身上,并且在第二次世界大战得到了充分的检验。第二次世界大战中是人类历史上一次彻底的机械化战争![4]

2. 美国石油在两次世界大战中的意义

石油对现代国际关系的影响与美国霸权紧紧联系在一起。1914 年美国

---

[1] Daniel Yergin, *The Prize: the Epic Quest for Oil, Money, and Power*, New York: Simon & Schuster, 1991, p.12.

[2] Fiona Venn, *Oil Diplomacy in the Twentieth Century*, Basingstoke: Macmillan, 1986, p.3.

[3] Fiona Venn, *Oil Diplomacy in the Twentieth Century*, Basingstoke: Macmillan, 1986, p.9.

[4] Ernest Mandela, *The Meaning of the Second World War*, London: Verso, 1986, p.72.

第三章 能源革命、海洋与地缘政治重心的转移

生产了全球 60％的石油，1917 年该比例达到 67％，其中四分之一供出口。[①] 在第一次世界大战中，协约国 80％的战时石油需求由美国供应，而战时德国则遭受了前所未有的石油禁运。在第二次世界大战中，美国生产了全球石油量的三分之二，盟军战时每天消耗石油 70 万桶，其中 60 万桶来自美国。[②] 对石油的垄断地位奠定了美国染指世界霸权的实力。世界地缘政治的重心也因此从欧洲转移到北美。

为了争夺对世界石油的控制权，特别是确保本国石油供给安全，早在一战之前，各帝国主义国家就纷纷在全世界范围内展开外交和商业斗争。经过几十年的残酷争夺，特别是第二次世界大战严重削弱了英、法等老牌殖民帝国实力，美国逐步取得了对国际石油资源的控制权。截至 1940 年年底，美国五家大石油公司——新泽西标准石油公司[③]、纽约标准石油公司（Socony-Vacuum）[④]、加利福尼亚标准石油公司[⑤]、得克萨斯石油公司[⑥]和海湾石油公司，加上英国的英伊石油公司[⑦]和英、荷共有的壳牌石油集团[⑧]，控制了除美国、墨西哥和共产主义国家以外全世界 90％的石油资源储备和大约 90％的石油产量，以及全世界 75％的冶炼能力，国际市场上 90％的石油由这七家公司提供。[⑨]

二战之后，世界石油资源的重心逐渐从美国转移到中东地区。控制中东地区石油资源和确保运输路线，成为美国在战后谋划全局的重要目标之一。因此，美国通过一系列政治、经济、军事安排，将中东地区纳入美国的势力范围。1956 年的苏伊士运河危机使美国迅速取代英、法成为中东地区最为主要的外部力量，标志着英、法在中东地区的势力衰退和美国势力的崛起。与此同

[①] 丹尼尔·耶金：《石油·金钱·权力》，钟菲译，北京：新华出版社，1992 年，第 178 页。
[②] 张建新：《美国霸权与国际石油政治》，《上海交通大学学报（哲学社会科学版）》，2006 年第 2 期，第 14 卷（总 48 期），第 27 页。
[③] 后来的埃克森公司。
[④] 后来的美孚石油公司（Mobil）。
[⑤] 后来的雪佛龙公司。
[⑥] 后来的德士古石油公司。
[⑦] 后来的英国石油公司。
[⑧] 荷兰拥有 60％股份，英国拥有 40％股份。
[⑨] US Congress, Senate, Select Committee on Small Business, *The International Petroleum Cartel: Staff Report to the Federal Trade Commission*, Washington, DC: US Government Printing Office, 1952, pp. 21-33; Edith T. Penrose, *The Large International Firm in Developing Countries: The International Petroleum Industry*, London: George Allen and Unwin Ltd., 1968, pp. 150-72.

时,美国通过与沙特阿拉伯和伊朗建立同盟关系,确立了美国在中东地区的军事存在,同时也巩固了对中东石油的控制权。这为美国打造以美元计价的石油贸易体系打下了坚实的政治基础。

3. 石油与马歇尔计划

尽管布雷顿森林体系早在1944年就已经确立,但是如果没有随后的马歇尔计划,那么该体系在多大程度上能够发挥作用将大打折扣。马歇尔计划是二战后美国最成功的外交政策之一,石油在该计划中扮演了关键角色。换句话说,全球以美元计价的贸易体系的建立和巩固,是从马歇尔计划的石油援助开始的。这不仅稳固并扩大了美国石油公司在世界上的市场份额,影响了西欧国家的能源消费格局,并且塑造了它们与美国、产油国——特别是中东地区产油国——之间的关系。[1]

第二次世界大战前,西欧90%的能源需求来自煤炭。二战期间欧洲的煤炭生产遭到严重破坏。[2] 鉴于石油的各种优势,欧洲的能源消费结构逐渐转向石油。截至1947年,西欧所需石油总量中有一半来自美国的石油公司,因此都要求用美元支付。[3] 对大多数西欧国家来说,石油是最大宗的进口商品,从美国的石油公司进口石油带来巨额美元需求。所以当二战后世界油价从1945年的每桶1.05美元涨到1948年的每桶2.22美元时,这些国家纷纷陷入严重的美元荒。即使从非美国石油公司控制的国家和地区进口石油,依然无法避免使用美元,因为这些国家和地区往往需要美元来购买美国的商品和服务,所以也愿意使用美元来结算石油交易。例如在伊朗,英国政府就被要求使用美元来结算石油贸易,以满足伊朗对美国商品和服务的需求。此外,当时世界上大部分运输油轮都是在美国或者巴拿马注册,也需要使用美元来支付

---

[1] David S. Painter, "The Marshall Plan and oil," *Cold War History*, Vol. 9, No. 2, May 2009, pp. 159 – 175.

[2] Ethan B. Kapstein, *Insecure Alliance: Energy Crises and Western Politics since 1944*, New York: Oxford University Press, 1989, pp. 19 – 46.

[3] David S. Painter, "Oil and the Marshall Plan," *Business History Review*, No. 58, Autumn 1984, p. 361; E. Groen, "The Significance of the Marshall Plan for the Petroleum Industry in Europe: Historical Review of the Period 1947 – 1950," in *The Third World Petroleum Congress*, edited by United States Congress, Senate and House, Select Committees on Small Business, Washington, DC: US Government Printing Office, 1952, p. 42.

租金。[1]

能否获取足够的美元及其对石油进口带来的影响,对欧洲经济恢复具有不可忽视的重要作用,同时关系到马歇尔计划的成败。如果欧洲的经济无法恢复,社会动荡将继续加剧。支持共产党的势力将越来越壮大,很有可能成为主导力量,最终导致西欧国家倒向苏联阵营。如果这成为现实,东西方世界的均势必然会被打破。因此,能否获得足够的石油,特别是中东地区的石油,已经成为实现马歇尔计划的关键。[2]在1948年4月至1951年12月之间,马歇尔计划提供了12亿美元专门用来购买原油和其他精炼石油制品,大约占整个欧洲复兴计划总援助额的10%。[3] 美国石油公司运往马歇尔计划受援国家的石油当中,大约56%是由经济合作署(Economic Cooperation Administration)及其后继部门共同安全署(Mutual Security Agency)实施。[4] 在美国政府的帮助下,经济合作署迫使石油公司将原油价格在1949年夏季降到每桶1.75美元。波斯湾不断增长的石油产量和西欧所代表的巨大消费市场是实现这一目标的重要原因。[5] 马歇尔计划中的石油资金援助和政治安排使西欧国家获得了经济恢复所需的能源,稳定了欧洲经济和社会,确保了马歇尔计划的成功实施。西欧能源消费构成中,石油的比例从1947年的10%增长到1951年的15%,进而达到1960年的32.3%。[6] 这一比例在随后的几十年中依然在迅速

---

[1] Horst Mendershausen, *Dollar Shortage and Oil Surplus in 1949 – 1950*, Princeton, New Jersey: Princeton University Press, 1950; Elliott Zupnick, *Britain's Postwar Dollar Problem*, New York: Columbia University Press, 1957; J. H. Bamberg, *The History of the British Petroleum Company*, Cambridge: Cambridge University Press, 1994, pp. 315 – 21; Catherine R. Schenk, "Exchange Controls and Multinational Enterprise: The Sterling-Dollar Oil Controversy in the 1950s," *Business History*, Vol. 38, No. 4, 1996, pp. 21 – 40.

[2] Melvyn P. Leffler, *A Preponderance of Power: National Security, the Truman Administration, and the Cold War, 1945 – 1952*, Stanford, CA: Stanford University Press, 1992, pp. 153 – 64.

[3] John Killick, *The United States and European Reconstruction, 1945 – 1960*, Edinburgh: Keele University Press, 1997, p. 91.

[4] Mutual Security Agency, "ECA and MSA Relations with International Oil Companies Concerning Petroleum Prices," 15 August 1952, in Senate Select Committee on Small Business, The Impact of Monopoly and Cartel Practices on Small Business, 82nd Congress, 2nd session, 1952, p. 140.

[5] David S. Painter, "Oil and the Marshall Plan," *Business History Review*, Vol. 58, Iss. 3, Autumn 1984, pp. 359 – 383.

[6] David S. Painter, "Marshall Plan and Oil," *Cold War History*, Vol. 9, No. 2, May 2009, p. 164.

增加。石油在西欧国家的经济恢复和发展中的作用越来越重要,直到取代煤炭成为西欧国家最主要的能源来源。欧洲的汽车工业也随之迅速发展起来。

马歇尔计划彻底改变了欧洲的石油进口来源。与马歇尔计划当中的其他援助物资不同,石油并不来自美国,而是来自美国公司控制的海外油田。这样的目的是在确保满足欧洲石油需求的同时,不会减少美国本土的石油资源储备和国内石油供给。经济合作署资助的石油供给中75%来自美国以外的油田,只有只能从美国进口的必要石油产品才来自美国本土。[1] 石油运输业也主要由美国公司控制。受到经济合作署资助的石油运输业务中,由新泽西标准石油公司、纽约标准石油公司和得克萨斯石油公司三家控制的比例高达72%。[2] 第二次世界大战前,西欧的石油进口主要来自西半球,只有大概20%来自中东。到1947年时,来自中东的石油进口已经达到西欧石油进口总量的43%,1950年该数字达到85%。[3] 因此,西欧国家的命运牢牢地与中东地区捆绑在一起。美国为了确保对欧洲的影响,也不得不大规模介入中东地区事务。这成为美国外交政策的重要一环。大规模增加来自中东地区的石油进口,增加了西欧国家对中东地区的依赖。同时,相对于从美国进口石油,中东地区的政局动荡增加了石油供给的脆弱性。然而,以中东石油取代西半球石油来供给欧洲,是美国1944年以来的战略目标。[4] 通过这种安排,美国一方面确保本国石油供给不会减少,另一方面也能够确保欧洲经济恢复所需的石油供给。

稳定和可靠的石油供给是第二次世界大战后西方世界的经济恢复、开放自由的世界贸易体系得以建立的基础,也因此成为美国霸权得以建立和维持的基础。时任美国国务卿威廉·西沃德在1850年的预言最终得以实现,只不

---

[1] David S. Painter, "Marshall Plan and Oil," Cold War History, Vol. 9, No. 2, May 2009, p. 165.

[2] Mutual Security Agency, "ECA and MSA Relations with International Oil Companies Concerning Petroleum Prices," 15 August 1952, in Senate Select Committee on Small Business, *The Impact of Monopoly and Cartel Practices on Small Business*, 82nd Congress, 2nd session, 1952, p. 140.

[3] Steven A. Schneider, *The Oil Price Revolution*, Baltimore, MD: Johns Hopkins University Press, 1983, p. 53.

[4] Inter-Divisional Petroleum Committee of the Department of State, "Foreign Petroleum Policy of the United States," 11 April 1944, in US Department of State, *Foreign Relations of the United States*, 1944, Vol. 5, Washington, DC: US Government Printing Office, 1965, pp. 27–33.

过煤炭变成了石油。① 基欧汉认为:"美国建立的开放、非歧视性的金融和贸易体系取决于其他资本主义国家的经济增长和繁荣,而后者又取决于稳定可靠和价格适度的进口石油,特别是来自中东的进口石油。从物质主义的角度来看,石油是美国霸权再分配体系的核心。在沙特阿拉伯和波斯湾其他地区,美国主要的石油公司得益于美国和产油国之间的特殊关系,以及美国政府提供的保护和支持。大多数中东石油并没有流向美国,但是以低于可能导致替代产品出现的机会成本,甚至低于美国国内的保护价格的价格流向欧洲和日本。尽管美国没有建立一个正式的国际石油机制,但是石油对世界政治经济来说具有核心的重要意义。"②

4. 石油危机与美国霸权的维持

第二次世界大战后,随着民族解放运动和反殖民主义潮流高涨,各殖民地要求独立的愿望越来越强烈,这不仅仅表现在政治领域,同样表现在经济领域。在石油行业领域,越来越多的产油国开始建立国家石油公司,以掌控本国的石油资源。③ 同时,新兴独立国家也开始将本国境内的石油工业国有化。④ 不断增长的民族主义情绪要求国家控制石油行业,拒绝对国际石油巨鳄开刀往往被视为政治上软弱,威胁到本国政权。

获得本国石油控制权的产油国试图将这种权力转化成国家政治权力,以石油为武器与西方发达国家做斗争。1960 年由伊朗、伊拉克、科威特、沙特阿拉伯和委内瑞拉宣告成立石油输出国组织(Organization of Petroleum Exporting Countries,OPEC),简称"欧佩克"。它们试图以石油为武器,逐渐在全球扩大其影响力。1973 年的石油危机标志着欧佩克与西方国家的斗争达到高潮。美国政府支持以色列的行为激怒了阿拉伯国家,它们开始以石油作为报复手段。10 月 16 日,石油输出国组织单方面决定将石油价格从每桶 3.01

---

① 西沃德的预言是:"美国将凭借强大的经济生产和世界供给实力,海军以及在全球战略要地的煤炭补给站,对世界货币体系的主导能力,成为世界上最为伟大的国家。"
② Robert Keohane, *After Hegemony: Cooperation and Discord in the World Political Economy*, Princeton, New Jersey: Princeton University Press, 1984, p.140.
③ 伊朗在1951年、科威特在1960年、沙特阿拉伯在1962年、伊拉克在1964年纷纷成立了本国国有石油公司。
④ 1956年埃及国有化了壳牌石油公司在该国的资产;1958年叙利亚将卡拉朝克(Karatchok)油田收归国有;1963年阿拉伯复兴社会党(Ba'th Party)完全控制了该国的石油行业;1967年阿尔及利亚也开始将美国在该国的资产国有化,1971年扩大到法国资产。

美元提高到每桶 5.11 美元,涨幅高达 70%,同时宣布停止对美国和荷兰出口石油。1973 年 12 月 23 日,标价达到每桶 11.65 美元。[1] 看上去,美国对石油的控制权似乎已经松动,与此同时,有关美国霸权衰落的议论也逐渐增多。

石油危机带来的问题与导致 20 世纪 30 年代大萧条的问题一样,政府财政危机,社会消费不足,物价急剧上涨,失业率迅速攀升,工厂倒闭,银行破产。尽管油价飞涨,但是这并不意味着美国真正丧失了对石油的控制权。且不说美国本国还有较大数量的石油储备,在关键时刻可以依靠国内石油生产维持经济需要,就算对中东石油,美国的影响力依然强大。尽管石油禁运迫使美国加大了对中东地区的外交努力,但是并没有完全实现其既定目标。它没能分化欧洲和美国在中东问题上的立场和政策,没能改变美国对以色列和阿以冲突的传统政策。在这种情况下,沙特阿拉伯开始改变阿拉伯产油国对西方国家的石油政策,以避免破坏沙美关系,带头起草终止石油禁运的正式宣言。[2]

石油危机最终在美国强大的军事和政治压力下通过协议化解,"欧佩克被剥夺了政治伪装,屈从于美国的经济和政治利益"[3]。针对美国的石油禁运不仅取消,而且石油涨价的问题也被解决。沙特阿拉伯带头将石油出口盈余用来购买美国国债[4],弥补美国的财政不足,从而换取美国的政治与军事支持。1974 年 4 月美国和沙特阿拉伯联合发表声明,沙特王储将访问华盛顿。该声

---

[1] Simon Bromley, *American Hegemony and World Oil: The Industry, the State System and the World Economy*, The Pennsylvania State University Press, 1991, p. 153.

[2] Keith Crane, Andreas Goldthau, Michael Toman, Thomas Light, Stuart E. Johnson, Alireza Nader, Angel Rabasa, Harun Dogo, *Imported Oil and U. S. National Security*, Santa Monica, Arlington, Pittsburgh: Rand Corporation, 2009, pp. 26-28.

[3] 瓦西利斯·福斯卡斯、比伦特·格卡伊:《新美帝国主义——布什的反恐战争和以血换石油》,薛颖译,北京:世界知识出版社,2006 年 7 月第 1 版,第 8 页。

[4] 6 月 8 日沙特王储访美期间宣布建立沙特阿拉伯与美国经济合作联合委员会(Saudi Arabian-United States Joint Commission)。7 月美国财政部部长威廉姆·赛门(William Simon)访问中东,与沙特阿拉伯货币局(Saudi Arabian Monetary Agency)达成协议,美国政府开始在纽约联邦储备银行公开出售方式之外向沙特出售财政债券,后者不需要与其他国家竞价。1974 年 12 月两国正式协议出台。根据财政部档案,沙特阿拉伯货币局将从美联储新购买 250 亿美元的一年期和多年期债券。这 250 亿美元债券不包括沙特政府另外希望从官方或私人渠道购买的美国债券。如果沙特阿拉伯货币局任何时候希望出售这些债券,它必须提前通知美联储,并且美国政府有优先以市场价格回购的权利。参见 U. S. Congress, House, Committee on Government Operations, *Federal Response to OPEC*, part 1, Washington D. C.: U. S. G. P. O., pp. 467-68; David E. Spiro, *The Hidden Hand of American Hegemony: Petrodollar Recycling and International Markets*, Ithaca and London: Cornell University Press, 1999, p. 107.

明提到:"两国准备扩大并加强经济领域的合作……以及为王国提供必要的防卫。"①毫无疑问这是一场政治合作,因为在经济上无法解释为什么私人资本市场愿意将钱借给受到高油价重创的欠发达国家。该协议的意义在于沙特阿拉伯带头将石油换回的美元以购买美国国债的方式投入美国,促成石油美元循环的关键一步,即产油国愿意将贸易顺差转为美元金融资产。据说两国达成另外一项秘密协议,沙特阿拉伯承诺只接受美元作为本国石油的标价和交易货币,以换取美国对沙特王室政权的支持和保护。② 石油美元循环不仅使美国暂时摆脱了财政危机,而且稳固了因为布雷顿森林体系崩溃而危机重重的美元霸权,甚至使挣脱黄金束缚的美元更加"桀骜不驯"。美国可以凭借美元的霸权地位,更加肆意地通过金融手段掠夺世界财富。③

沙特阿拉伯是美国在中东地区重要的盟友之一,也是美国控制中东石油的关键棋子。美国选择沙特阿拉伯的原因在于沙特阿拉伯不仅是全球重要的产油大国之一,而且作为石油输出国组织的重要成员国,发挥着领导角色。同时,沙特阿拉伯也是产油国垄断集团中唯一不受配额限制的国家,是一个"无约束产油国"(Swing Producer)。所以,沙特阿拉伯可以通过自身增加或者减少石油生产来调控世界市场上的石油总量。也正因为如此,沙特阿拉伯在现实中可以在很大程度上影响世界油价。④ 该协议达成后不久,石油输出国组织也接受了类似安排,从此石油贸易必须使用美元结算。事实上,在20世纪80年代,沙特阿拉伯还在美国的秘密授意下加大石油产量,降低油价。这导

---

① "United States and Saudi Arabia to Expand Cooperation," *State Department Press Release*, No. 133, 5 April 1974.
② 该协议在很多书籍中都有所提及,例如威廉·恩道尔:《石油战争:石油政治决定世界新秩序》,赵刚、旷野等译,北京:知识产权出版社,2008年,第166页。尽管无论是美国还是欧佩克国家,都没有官方文件或声明公开承认存在这样一份协议,但现实情况跟传说中的协议所规定的条款完全一样。2002年沙特金融与国家经济部长易卜拉辛·阿萨夫与美国财政部长保罗·奥尼尔有一次深度对话,回顾了1974年以来两国之间的经济合作,特别提到了当时建立的"经济合作联合委员会"。见Department of Treasury, "Jeddah, Saudi Arabia, Joint Statement: US-Saudi Arabian Economic Dialogue," press release, 6 March 2002, www.ustreas.gov/press/releases/po1074.htm.
③ 参见梁亚滨:《称霸密码:美国霸权的金融逻辑》,北京:新华出版社,2012年。
④ Bulent Gokay, "The Beginning of the End of the Petrodollar: What Connects Iraq to Iran," *Alternatives: Turkish Journal of International Relations*, Vol. 4, No. 4, Winter 2005, pp. 44–45.

致苏联出口能源收入急剧下跌,最终走向毁灭。①

5. 页岩气和页岩油助推美国重新实现能源独立

相对于石油,天然气受制于高额的运输成本一直只能局限于地区贸易,而无法实现类似石油一样的大规模全球贸易,因此也不存在什么国际天然气价格。② 然而页岩气革命的出现也对地缘政治产生了影响。③

由于开采技术的突破,美国页岩气产量在十年间突飞猛进,占天然气总产量的比例从 2000 年的 2% 迅速增加到 2010 年的 23%。美国能源部能源信息署(EIA)预测,到 2035 年页岩气的比重有可能提高到 49%。在页岩气的带动下,美国国内天然气产量自 2006 年以来增加了 24%。美国国内普遍认为,美国天然气产量的增加很有可能持续相当长时间。美国能源信息署的数据显示,美国天然气产量可能超过 2 200 万亿立方英尺,其中约四分之一为页岩油气。④ 时任总统奥巴马在 2012 年 1 月发表的国情咨文中指出,美国将进入一个天然气供应充足且价格低廉的时代,可能会持续一个世纪。甚至有更乐观的估计认为,页岩气和新探明的常规天然气可供美国消费 200 年以上。⑤ 同时,页岩油的开采带动美国国内石油产量自 2008 年以来增长了 20% 以上,进口石油占美国石油消费总量的比例从 2005 年的 60% 减少到 2012 年的大概 42%。⑥ 快速增长的页岩气和页岩油产量帮助美国再次实现能源独立。美国能源信息署表示,2019 年 9 月,美国原油和石油产品的出口量超过了进口量,这是美国自 1973 年开始月度记录以来首次成为石油净出口国。

---

① 直到许多年过后,美国人自己披露出当时的这段经济战与沙美之间达成的秘密协议后,人们才真正意识到沙特当时为什么要扩大石油生产。参见丁一凡:《美国批判——自由帝国扩张的悖论》,北京:北京大学出版社,2005 年版,第 125—127 页、144—147 页。

② 相对于石油,天然气是一种高容量、低价值(High-Volume and Low Value)商品。每立方英尺原油平均含有 101 万英热量单位(British thermal unit, BTU),而低压管道天然气每立方英尺只含有 18 万 BTU。而在常温常压天然气中,每立方英尺只有不到 0.1 万 BTU。参见 Paul Steven, "The 'Shale Gas Revolution': Hype and Reality," *Chatham House Report*, September 2010, p. 2.

③ S. Crompton, "European LNG Pricing Uncertainty's Threat to Investment," *Petroleum Economist*, July, 2010; J. Dempsey, "Eastern Europe, Seeking Energy Security, Turns to Shale Gas," *New York Times*, 11 May, 2010; M. Hulbert, "Unconventional Gas: Producer Pickle or consumer Curse?" *CSS Analysis in Security Policy*, No. 76, Zurich: CSS ETH, June 2010.

④ "Annual Energy Outlook 2012," *DOE/EIA-0383*, June 2012, Table 19.

⑤ Special Report, "An Unconventional Bonanza," *The Economics*, July 14, 2012, p. 4.

⑥ "Point of Light," *The Economics*, July 14, 2012.

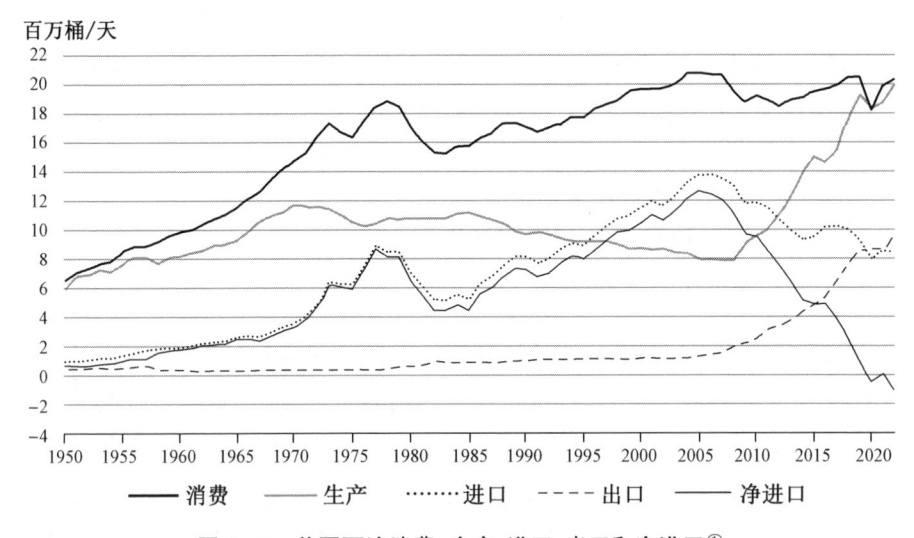

图 3-1　美国石油消费、生产、进口、出口和净进口[1]

资料来源：U. S. Energy Information Administration, *Monthly Energy Review*, Table 3.1, Mard 2023.

美国重塑历史上的能源出口地位,直接对欧洲和日本等盟友输出能源,更加有利于其霸权体系下的能源供给安全和能源市场稳定。美国的霸权地位毫无疑问得到进一步巩固。在2022年爆发的俄乌冲突中,欧洲国家并未因为对俄罗斯能源的高度依赖而拒绝对其实施极限制裁。俄罗斯曾经设想的"投鼠忌器"并未在欧洲国家中出现。尽管石油和天然气价格曾在2022年一度飙升,但很快就被市场力量所平息。背后的重要原因之一就是俄罗斯的油气资源并非不可替代。2022年国际能源署公布的相关数据显示,2022年6月,美国对欧洲供应的液化天然气,在历史上第一次超越俄罗斯通过管道输送到欧洲的天然气,美国已成为欧洲第一大天然气供应商[2]。

一百年来,无论是作为净出口国还是净进口国,美国一直保持世界第一大石油消费国地位。目前,美国的石油消费量占全球的五分之一。维持自身及

---

[1] 引自"Oil and petroleum products explained: Oil imports and exports," US Energy Information Administration, August 9, 2023, https://www.eia.gov/energyexplained/oil-and-petroleum-products/imports-and-exports.php.

[2] "US overtakes Russia in gas exports to EU: Volumes of liquefied natural gas (LNG) from the US were higher than Russian piped gas in June," RT, July 1, 2022, https://www.rt.com/business/558208-us-lng-russia-gas-eu/.

其盟友的石油供给,确保其军事力量在全球范围内处于机动状态,特别是游弋在世界各大洋的海军舰队,既是美国霸权的责任,也是支撑霸权体系的关键因素。换句话说,在石油时代,对全球石油资源的掌控成就了美国霸权,而这种掌控是通过跨越海洋来实现的。

四、第三次科技革命开启核能时代

核能是第三次科技革命的伟大产物,将人类带进核能时代。

核能是指通过核反应从原子核释放的能量。目前人类掌握的核能技术主要有两种:一种是核裂变,一种是核聚变。前者依靠铀、钚等放射性物质裂变产生能量,是制造原子弹的基本理论;后者依靠氢的同位素氕、氘、氚等物质聚变产生能量,是制造氢弹的基本原理。到目前为止,人类尚未掌握将聚变可控化的技术,只掌握了将裂变可控化的技术,目前所有核电站利用的都是核裂变技术。核燃料能量密度比化石燃料高上几百万倍。1千克铀可供利用的能量相当于燃烧2 050吨优质煤。核能的发现与利用是人类历史上一次伟大的技术进步,但鉴于其明显的军民两用性质甫一出现就引发持续道德争议和技术恐惧。本书无意针对核能的道德问题展开讨论,因此主要分析核能应用对国际地缘政治的影响。

核能的出现并未影响石油的重要性,但仍然在两个方面展示出非凡的能力:一是核武器作为人类社会的终极武器出现,成为影响国际政治格局变动的关键因素;二是核能动力赋予国家更加强大和持久的机动能力。

美国作为核武器的发明国,一度获得了巨大的战略性军事优势。但是这种优势并未维持多久。美国的核垄断地位在成功试爆核武器的四年后,即1949年,就被苏联打破。之后,英国、法国和中国也先后完成自己的核试验项目。鉴于核武器的巨大破坏力量,核威慑战略开始出现。根据《美国国防部军事及相关术语词典》,威慑的定义为:"通过施加使对方不可承受之可信威胁,或使之相信其采取行动的成本超过可能获取的收益,来阻止对方采取行动。"[①]威慑的出现说明敌手之间保持着高度的军事戒备状态,发生战争的可能性很大。但是核武器的存在,基于进攻的代价和可能获益之间的权衡,使得

---

① "Deterrence," DOD Dictionary of Military and Associated Terms, November 2021, p. 63, https://irp.fas.org/doddir/dod/dictionary.pdf.

发动战争的机会和意愿降低。核威慑即通过威胁使用核武器作为报复手段,迫使敌方放弃发动核进攻,从而实现国家间的关系稳定或和平。核威慑进一步强化了核武器作为战略工具在提升威慑的可信性和能力当中的作用。因为一旦核战争爆发,其巨大的破坏力很可能摧毁一切,任何一个参战国都不会幸免,甚至导致全人类的灭亡。在这种情况下,发动核战的结局只有一种,就是同归于尽,没有任何一方能够获益。因此,对于核武国家来说,维持现状的收益远远大于改变现状的收益,以此遏制潜在入侵者的贸然行动,维持核大国之间的稳定状态。核威慑不是二战结束后的世界进入两极格局的原因,但是是两极格局能够大体维持长达半个多世纪和平的关键因素,并且塑造出二战后的国际政治格局。

二战结束后,出于意识形态、社会制度差异和地缘政治的竞争,美苏两国很快就结束了战时同盟关系,建立起相互对抗的两大阵营。经典的两极格局下,两极之间充满了敏感的敌意。极与极首要运行规则是尽力削弱对方,有可能的话就进行诋毁,有必要且风险可接受的话,就发动战争。[①] 历史上的两极体系,比如古希腊世界的雅典与斯巴达,罗马时代的罗马帝国与迦太基帝国,都连续发动长达数十年的战争,最终以一方被彻底打败为止。毫无疑问,社会主义阵营和资本主义阵营之间存在你死我活的意识形态斗争和剑拔弩张的直接武力威胁,并且伴随着对对方的各种诋毁和污蔑。彻底摧毁对方一直是双方的军事、外交与政治目标,并为此制定了相应的系统性战略。在 1962 年的古巴导弹危机期间,美苏几乎走上了核战争的边缘,但最终在最危急关头实现妥协,使危机化解。其中最关键的变量就在于核武器的出现,其强大的毁灭力量在两大阵营当中形成了巨大的威慑。凭借各自的洲际导弹和远程轰炸机,美苏两国在各自的阵营中建立起强大的核武库和二次打击能力,确保在遭到对方核武攻击的时候依然能够实现对对方的核报复。这种基于"相互确保摧毁"(MAD)的极端战略确保了两大阵营之间的任何试图彻底摧毁对方的努力都是"零和游戏",反而实现了长达半个世纪的"长和平"。[②]

鉴于核武器的毁灭性,美苏双方甚至采取制度性和法律性安排将双方的

[①] 约翰·罗尔克编著:《世界舞台上的国际政治》(第 9 版),宋伟等译,北京:北京大学出版社,2005 年,第 78 页。

[②] 参见 John L. Gaddis, *The Long Peace*, New York: Oxford University Press, 1987.

全面竞争限制在一定程度和范围内。1963年《美苏关于建立直接通信联络的谅解备忘录》达成,力图缓和并协调双方在一些重大问题上的立场和矛盾,避免战略误判和擦枪走火,成为"冷战"而不是"热战"的制度性保障。紧接着美苏双方就开始展开一系列核裁军谈判,试图限制部分核武器的开发与部署,并尽可能削减彼此的核武库,维持最低限度的"相互确保摧毁"能力,例如1963年的《部分禁止核试验条约》和1969年开始举行定期的限制战略武器会谈。在这一过程中,美苏利用自己的优势试图建立核能开发的国际规制,垄断核武器,客观上在防止核武器扩散方面也有很大的积极作用。总体来说,这一套机制是有效的。拥有核武器的国家被限制在少数几个大国,尽管有能力研发核武器的国家远远不限于此。

总体上来看,美国是核时代最大优势国的受益者。首先,美国依然保持唯一实战使用核武器国家的地位。1945年,美国向日本广岛和长崎投下两枚原子弹。这是到目前为止,人类历史上原子弹在实战中仅有的两次被使用的案例。数十万人,主要是平民,瞬间被杀死。此外,还有数以万计的人虽然在原子弹爆炸中幸免于难,但依然长期饱受核辐射产生的后遗症之苦。保持唯一实战使用核武器的地位,增强了一种印象:只有美国真的敢于使用核武器,哪怕针对平民。这大大强化了美国核威慑的力量和可信性。为了保持这种优势地位,美国反对其他国家发出核武器使用的威胁。在1969年珍宝岛自卫反击战爆发后,中苏对抗达到顶点,苏军强硬派扬言对华进行"核打击"。对此,苏联在华盛顿的外交官就这一计划试探性地征求美国政府的意见,遭到强烈反对。美国认为苏联对华实施惩罚性核打击会大大增强苏联的威慑力量,破坏美苏之间的核威慑平衡。[1] 美国政府还巧妙地通过报纸将苏联的计划公之于众,向中国传递信息,使中国免受毫无准备的突然核打击。中国二炮部队随即进入临战状态。这是到目前为止中国核作战部队第一次也是唯一一次处于如此高级别的警备状态。[2]

其次,美国在核能开放领域的优势地位大大强化和巩固了其同盟体系。核武器是构成美国超强军事地位的重要力量,也强化了军事同盟的可信性。

---

[1] 刘梆山:《1969年珍宝岛冲突 苏联欲进行外科手术式核打击》,《国家人文历史》,2010年08期,第45—47页;Jung Chang and Jon Halliday, *Mao the Unknown Story*, London:Jonathon Cape, 2005, p.572.

[2] 夏立平:《论中国核战略的演进与构成》,《当代亚太》,2010年第4期,第124—125页。

事实证明,二战后,除了法国曾退出又加入北约,没有其他盟国主动退出美国的同盟体系或结束与美国的同盟关系。很多国家依赖美国提供的延伸核威慑来维持自身的国家安全。

最后,美国在核动力应用方面也拥有优势。核动力驱动的潜艇和航空母舰是构成美国全球军事打击能力的关键支撑力量。相对于常规动力潜艇,核动力潜艇的噪声更低、续航能力更强,因此隐蔽性和破坏力更加强大。2021年9月15日,美国总统拜登、英国首相约翰逊和澳大利亚总理莫里森发表联合声明,宣布成立英美澳三边伙伴关系——"奥库斯"(AUKUS),以实现国防安全领域更加紧密的合作关系。随后,三国签署《海军核动力信息交换协议》,首次允许美国、英国与第三国分享其核潜艇机密。澳大利亚将借助美、英两国技术打造核动力潜艇舰队,为此还终止了与法国的常规动力潜艇合同。此外,目前世界上只有美国和法国拥有核动力航空母舰。依靠核动力航空母舰,国家可以在远离其国土的地方、不依靠当地机场的情况下对别国施加更加持久、隐蔽和快速的军事打击。目前,美国海军拥有的11艘航空母舰,全部为核动力。法国只有一艘核动力航空母舰。这两个国家也是目前世界上仅有的两个掌握核动力航空母舰技术的国家。

总而言之,从能量密度来看,煤炭大于自然风,石油大于煤炭,核燃料更是远远大于石油。对能源的掌握和利用,是不同时代不同国家崛起的重要推动因素,往往也能够决定一个国家在全球政治经济格局中的地位和实力,也决定着国际政治重心的变动。而对能源的掌握和利用则取决于该国的科技实力。催生能源革命背后的力量是科技革命。从这个角度来看,科技进步是人类不断征服海洋、深化利用海洋的原动力。

第四章

中国建设海洋强国的目标与路径

中国提出建设海洋强国寄托着百年来的"强国梦"。然而,在世界海洋强国兴衰交替的历史长河中,大国追求海权的命运截然不同。很多国家一度非常强大的海军力量最终都消失在历史的长河中,成为今天追忆的对象。其中最为关键的一个问题是如何在实现利益和避免安全困境之间维持平衡。中共十八大提出"建设海洋强国"反映出中国在 21 世纪的海洋利益诉求,同时也对未来中国和平发展战略的继续实施提出了更高要求。

一、21 世纪中国的海洋利益与安全

现实主义大师汉斯·摩根索在现实主义六原则中提出以权力界定利益的概念。[1] 历史上,实力的快速增长往往成为国家重新定义或扩展海外利益的重要动力。[2] 近年来,随着中国实力的崛起、海外贸易的扩张,以及周边外交关系的变化,海洋问题越来越成为影响中国经济繁荣与安全稳定的关键性因素。涉及海洋领土主权与权益归属、通航原则等问题的争端,正在把中国推向

---

[1] Hans J. Morgenthau, *Politics Among Nations: The Struggle for Power and Peace*, Peking University Press and Mc Graw Hill, 2006, pp. 5-12.

[2] Robert Gilpin, *War and Change in World Politics*, Cambridge: Cambridge University Press, 1981.

国际政治舞台的聚光灯下。海洋问题实际上已经成为检验中国外交实力、智慧与毅力的关键因素。

第一,海外贸易经济构成国家的主要经济内容。随着中国经济融入世界经济一体化的进程,对外贸易快速增长,对外贸易依存度也不断提高。1985年,中国对外贸易依存度为22.8%,其中出口依存度为9%,进口依存度为13.8%。1990年中国出口依存度为16%,首次超过进口依存度13.8%。此后,中国对外贸易发展速度逐渐超过年均国内生产总值的增长速度,对外贸易依存度快速增加。2000年加入世界贸易组织以来,我国对外贸易对经济增长的贡献更加明显。2006年对外贸易依存度曾一度到达67%的高点。[1] 虽然此后受经济转型、内外需结构调整以及国际金融危机的影响,对外贸易依存度从2007年开始逐步回落,但依然处于较高水平。2012年中国进出口贸易总额超过日本,跃居世界第二位,成为当之无愧的贸易大国。这也意味着中国的经济发展已经与世界牢牢绑定在一起。对外贸易已经成为中国国家利益的重要组成部分。

第二,经济发展越来越依赖于海洋通道,突出体现在能源对外依存度的快速上升上。中国石油进口量由1994年的290万吨上升到2000年的2.82亿吨,上升了90多倍。石油进口依存度大幅度提高,由1994年的1.9%上升到2013年的58.1%。[2] 2013年中国成为全球最大石油净进口国。[3] 即使是拥有最大潜力的煤炭资源领域,我国也在2009年成为净进口国。据国家统计局数据,2021年中国原油对外依存度达72%,天然气对外依存度达到46%。[4]

石油和煤炭进口主要依赖海路运输。持续的大规模海运构成了中国经济发展的"海上生命线"。霍尔木兹海峡、马六甲海峡等关键海峡被认为是扼住中国发展前途的"咽喉"。2012年,90%的中东石油出口都经过霍尔木兹海

---

[1] 所有数据来自统计学会:《1985—2006年中国对外贸易依存度》,引自中华人民共和国商务部,http://tjxh.mofcom.gov.cn/aarticle/tongjiziliao/huiyuan/200711/20071105212692.html。

[2] 1994年数据转引自刘新华、秦仪:《中国的石油安全及其战略选择》,《现代国际关系》,2002年第12期,第37页;2013年数据引自《2013年我国石油天然气对外依存度达58.1%和31.6%》,中央政府网站,http://www.gov.cn/zhuanti/2014-01/20/content_2596911.htm。

[3] 艾德·克鲁克斯:《中国成为全球最大石油净进口国》,《金融时报》,转载于FT中文网,2013年10月10日,http://www.ftchinese.com/story/001052824。

[4] 转引自《中国原油年产量时隔六年重返2亿吨,油气对外依存度双降》,澎湃新闻,2022年12月16日。

峡。① 同年,中国石油对外依赖高达57.84%,2013年增长到58.2%,②其中一半左右来自中东地区。③ 这使很多人开始担心中国能源供给的安全问题。④ 贸易大国的地位,也决定了中国海上航道安全的重要性。

第三,海外投资与海外华人的增加使中国的利益进一步扩展,对中国外交提出了新要求。随着中国企业"走出去"战略的实施,对外投资逐年快速增长。2013年,我国境内投资者共对全球156个国家和地区的5 090家境外企业进行了直接投资,累计实现非金融类直接投资901.7亿美元,同比增长16.8%。⑤ 2014年,中国对外投资额首次超过外来投资。考虑到中国拥有的庞大可投资额度,这种趋势在很大程度上重塑世界贸易格局。⑥ 2022年,克服中美经贸摩擦等外部环境的不利影响,我国对外投资依然平稳发展,稳中有进,全行业对外直接投资9 853.7亿元人民币,增长5.2%,折合1 465亿美元,增长0.9%。⑦ 与此同时,大量的中国人也走出国门,在海外生活和工作,给我国外交工作带来前所未有的挑战。海湾战争、伊拉克战争、利比亚战争以及叙利亚危机,都导致我国实施大规模撤侨工作。中国资本和中国人"走出去",要求中国必须具备足够的能力,来保护自己的海外利益。二十大报告明确提出:"加强海外安全保障能力建设,维护我国公民、法人在海外合法权益,维护海洋权益,坚定捍卫国家主权、安全、发展利益。"

第四,也是最为严重的挑战:中国岛礁主权和海洋权益遭受严重侵蚀。海洋争端的兴起与国际海洋法、科技进步息息相关。二战后国际社会在海洋法领域的努力使沿岸国家不断扩展历史上从未享有过的海洋权益,最终形成了

---

① 数据来自BP Statistical Review of Word Energy 2013,经计算得出。
② 数据来自国土资源部:《2013年中国国土资源公报》,2014年4月,第11页,经计算得出。
③ 《中国石油对中东国家过度依赖》,中国行业研究网,2013年9月2日,http://www.chinairn.com/news/20130902/100802116.html。
④ 例如张文木:《中国能源安全与政策选择》,《世界经济与政治》,2003年第5期,第11—16页;刘磊:《对我国石油能源战略和安全体系的探讨》,《国际技术经济研究》,2003年第1期,第36—42页;罗乐勤:《浅析中国能源安全》,《统计与预测》,2003年第3期,第16—19页;张雷:《中国能源安全问题探讨》,《中国软科学》,2001年第4期,第7—12页。
⑤ 《2013年中国对外投资和经济合作情况》,中华人民共和国商务部,2014年1月17日,http://www.mofcom.gov.cn/article/i/jyjl/k/201401/20140100465014.shtml。
⑥ 刘洪:《2014:中国对外投资转折年》,《经济参考报》,2014年8月15日,转载于中国债券信息网,http://www.chinabond.com.cn/Info/18850665。
⑦ 《商务部合作司负责人谈2022年我国对外投资合作情况》,中华人民共和国商务部,2023年2月10日,http://hzs.mofcom.gov.cn/article/aa/202302/20230203392312.shtml。

《联合国海洋法公约》：根据以陆定海原则，拥有岛屿主权不仅意味着可以享受12海里领海，还可以额外享受12海里毗连区以及从领海基线算起200海里的专属经济区，甚至再多150海里外大陆架。[①] 与此同时，技术进步也使得深海钻探和商业开采成为可能，使海洋成为巨大的财富来源。因此，即使很多岛礁本身并无多大经济价值，但它们代表着巨大的经济价值。虽然缺乏详细的确切数据，但根据美国能源信息署的评估结果，有学者认为，南海储有110亿桶石油和190万亿立方米的天然气，使之有可能成为"第二个波斯湾"。[②] 在钓鱼岛区域，1969年也有联合国报告认为海底拥有巨大的石油和天然气田。[③] 亚洲地区快速增长的经济以及不断扩大的人口总量带来巨大的能源需求，对岛礁主权归属和海洋划界争端产生了巨大影响。[④] 1973年12月3日第三次联合国海洋法会议在美国纽约拉开序幕。在1982年12月10日《联合国海洋法公约》签字前长达9年的谈判期间，菲律宾、越南、马来西亚等国家开始抢占中国南沙群岛诸岛，将几乎所有水面以上的岛、礁、沙洲等瓜分殆尽。

邓小平曾提出"搁置争议，共同开发"的多赢方案。1979年5月31日，邓小平同志会见来华访问的自民党众议员铃木善幸时表示，可考虑在不涉及领土主权情况下，共同开发钓鱼岛附近资源。同年6月，中方通过外交渠道正式向日方提出共同开发钓鱼岛附近资源的设想，首次公开表明了中方愿以"搁置争议，共同开发"模式解决同周边邻国间领土和海洋权益争端的立场。1986

[①] 《联合国海洋法公约》第二、四、五、六条，联合国官网，http://www.un.org/zh/law/sea/los/index.shtml。

[②] 卢雪梅、张抗：《南海油气资源：中国未来石油安全的重要保障》，中国石化新闻，http://monthly.sinopecnews.com.cn/shzz/content/2013-06/25/content_1309057.htm。

[③] 该勘探报告以联合国亚洲暨远东经济委员会（United Nations Economic Commission for Asia and the Far East，简称 ECAFE）成立的"联合勘探亚洲海底矿产资源协调委员会"（Committee for Coordination of Joint Prospecting for Mineral Resources in Asian Off-shore Areas，CCOP）的名义发表，但其实是一位叫埃默里（K. O. Emery）的美国海洋学教授和日本东海大学新野弘教授联合中国台湾和韩国的学者一起所做，因此也被称为"埃默里报告"。他们在1968年10月到11月在东海海域进行了为期49天的科考，用科研仪器探测海底地质结构，1969年发布考察成果：《黄海及中国东海地质构造及海水性质测勘》。这份报告提到一个关键点：在中国台湾和日本之间的浅海区域可能蕴藏着非常丰富的油气储备。最关键的是，报告原文有一句话："最有可能的区域是台湾东北部20万平方公里的海域。"而人们普遍认为这指的是钓鱼岛附近海域。但是所有的数据都仅限于科学推测，并未得到实证检验。参见吴辉：《从国际法论中日钓鱼岛争端及其解决前景》，《中国边疆史地研究》，2001年3月第10卷第1期，第75页脚注1。

[④] Clive Schofield and Ian Storey, "Energy Security and Southeast Asia: The Impact on Maritime Boundary and Territorial Disputes," *Harvard Asia Quarterly*, Vol. Ⅸ, No. 4, Fall 2005.

年6月,菲律宾副总统劳雷尔访华时,邓小平同志向他提出,"南沙问题可以先搁置一下,先放一放,我们不会让这个问题妨碍与菲律宾和其他国家的友好关系"。1988年4月,阿基诺总统访华,邓小平同志会见她时再次阐述了这一主张。① 但遗憾的是,这一方案在实践中并未被其他争议国家接受。越南、马来西亚、文莱等国已经对南海地区的油气田进行商业化开采,甚至成为这些国家的支柱性产业,例如文莱90%左右的石油生产以及全部的天然气生产都来自南海地区的离岸油田。2005年中国、菲律宾和越南的石油公司曾经签署一份三方协议,联合考察南海协议区内石油资源储量。② 然而,该合作协议最终由于菲律宾和越南的国内政治斗争而破裂。③ 目前中国每天都在遭受大规模的海洋权益被侵犯。

  2012年4月10日,12艘中国渔船在黄岩岛潟湖内例行作业,突然遭到菲律宾军舰的堵截和干扰。为了保护我国渔民和合法的海洋权益,中国政府紧急向菲律宾发起外交交涉,并第一时间派出海监和渔政船只进行干预,与菲律宾军舰爆发紧张的海上对峙。为了更加有效地维护国家主权和主权权益,防止菲律宾发动新的挑衅行为,中国公务船只留守黄岩岛附近海域,开始实施实际管控。当年的6月21日,中国政府宣布建立地级市三沙市,管辖范围包括西沙群岛、南沙群岛和中沙群岛及其附近海域,并在随后数月间采取了落实三沙设市的一系列行政、司法、军事举措。2013年1月22日,菲律宾共和国外交部照会中华人民共和国驻菲律宾大使馆称,菲律宾依据1982年《联合国海洋法公约》第二百八十七条和附件七的规定,就中菲有关南海"海洋管辖权"的争端递交仲裁通知,提起强制仲裁。所谓的"南海仲裁案(菲律宾共和国诉中华人民共和国)"(The South China Sea Arbitration: The Republic of Philippines v. The People's Republic of China)拉开帷幕。④ 2013年2月19

---

① 参见外交部网站:"搁置争议,共同开发",2000年11月7日,http://www.fmprc.gov.cn/mfa_chn/ziliao_611306/wjs_611318/t8958.shtml。
② 王薇:《中菲越三国石油公司签署南海联合地震勘探协议》,新华网,2005年3月14日,http://news.xinhuanet.com/world/2005-03/14/content_2697227.htm。
③ Aileen S. P. Baviera, "The Influence of Domestic Politics on Philippine Foreign Policy: The case of Philippines-China relations since 2004," *The RSIS Working Paper No. 241*, June 5, 2012 http://www.rsis.edu.sg/publications/WorkingPapers/WP241.pdf.
④ "The South China Sea Arbitration (The Republic of Philippines v. The People's Republic of China)," Permanent Court of Arbitration, https://pca-cpa.org/home/.

日,中国政府郑重声明,中国不接受、不参与菲律宾提起的仲裁,并退回菲律宾政府的照会及所附仲裁通知。2014年12月7日,中国外交部公布了《中华人民共和国政府关于菲律宾共和国所提南海仲裁案管辖权问题的立场文件》,表示仲裁庭对菲律宾提起的仲裁明显没有管辖权,因为:(a)"菲律宾提请仲裁事项的实质是南海部分岛礁的领土主权问题";(b)"以谈判方式解决有关争端是中菲两国通过双边文件和《南海各方行为宣言》所达成的协议";以及(c)菲律宾提交的争端"构成中菲两国海域划界不可分割的组成部分"。[①]

尽管遭到中国政府的反对,但所谓的南海仲裁案还是开始了相关流程,并在2016年7月12日做出了所谓的"裁决"(Award),包括:"中国关于所谓'九段线'内南海海域的主权权利和管辖权以及'历史性权利'主张,如果超出《公约》[②]明文允许的对中国海洋权利地理范围和实体内容的限制,超出部分违反《公约》,没有法律效力""美济礁和仁爱礁是低潮高地,由此,没有资格产生自身的海洋区域""作为低潮高地,渚碧礁、南薰礁(南)和东门礁不产生领海、专属经济区或大陆架,不是可被据为领土的地物,但可作为测算距其不超过领海宽度的高潮地物的领海宽度的基线""黄岩岛、南薰礁(北)、西门礁、赤瓜礁、华阳礁和永暑礁,在其自然状态下,属于《公约》第121(3)条规定含义中的不能维持人类居住或其本身的经济生活的岩礁,因此黄岩岛、南薰礁(北)、西门礁、赤瓜礁、华阳礁和永暑礁不产生专属经济区或大陆架""中国通过官方船只2012年5月以来在黄岩岛的操作,非法阻止菲律宾渔民在黄岩岛从事传统捕鱼活动"。[③]

当天,中国外交部发布《中华人民共和国政府关于在南海的领土主权和海洋权益的声明》,明确宣布:"基于中国人民和中国政府的长期历史实践及历届中国政府的一贯立场,根据中国国内法以及包括《联合国海洋法公约》在内的国际法,中国在南海的领土主权和海洋权益包括:

(一)中国对南海诸岛,包括东沙群岛、西沙群岛、中沙群岛和南沙群岛拥有主权;

(二)中国南海诸岛拥有内水、领海和毗连区;

[①] 《中华人民共和国政府关于菲律宾共和国所提南海仲裁案管辖权问题的立场文件》,中华人民共和国外交部,2014年12月7日,www.fmprc.gov.cn。

[②] 指《联合国海洋法公约》。

[③] 中国国际法学会:《南海仲裁案裁决之批判》,第155、12—16页。

(三) 中国南海诸岛拥有专属经济区和大陆架;

(四) 中国在南海拥有历史性权利。"[1]

中国政府的声明对所谓的"南海仲裁"做出了针锋相对的反驳,并明确指出了中国在南海地区享有的主权和主权权益。在我们的认知中,南海问题并不会因为所谓的"南海仲裁案"裁决而发生本质性变化,但是不可否认的是南海问题确实复杂化了。总之,不断融入现代国际体系的中国已经成为世界全球化体系中的一员,其利益已经遍布全球,而且随着中国实力和影响力的扩大而持续增长。

二、中国海洋利益的维护

1. 中国海外利益与海权的关系

在马汉的理解中,海权与两个因素密切相关:海军与商业利益。马汉认为,由于"人们认识到海上商业对于国家的财富及其实力的深远影响""利益的冲突所产生的愤怒情绪,必然导致战争""能否控制海洋成为决定胜负的关键"[2],所以,"通过海洋商业和海军优势控制海洋意味着举世无双的影响力……(以及)是国家权力的繁荣的首要物质因素"[3]。全球化有赖于畅通无阻的海洋航运,"随着交通速度的大幅度提高,国家之间的利益紧紧交织在一起,直至形成了与往昔相比甚为庞大的体系,它相当活跃且极度脆弱"[4]。商业敌对、弱势者的不满和不断增长的民族主义很容易导致这种体系崩溃,战争亦由此而来。[5] 正是在这个意义上,中国的一些学者认为海洋关系到国家的安全和发展,海权的最终目的就是制海,而其必要的工具就是强大的舰队。因此,中国建设海洋强国必须大力支持发展航空母舰、建设世界一流海军,目标

---

[1] 《中华人民共和国政府关于在南海的领土主权和海洋权益的声明》,中华人民共和国外交部,2016年7月12日,www.fmprc.gov.cn。

[2] A. T. Mahan, *The Influence of Sea Power Upon History 1660 – 1783*, Create Space Independent Publishing Platform, August 20, 2014, p. 1.

[3] William E. Livezey, *Mahan On Sea Power*, Norman, OK: University of Oklahoma Press, 1981, pp. 281 – 282.

[4] A. T. Mahan, *Retrospect and Prospect*, London: Sampson, Low, Marston & Co. Led, 1902, p. 144.

[5] Jeffrey A. Frieden, *Global Capitalism: Its Fall and Rise in the Twentieth Century*, New York: WW Norton, 2006, pp. ⅩⅥ-ⅩⅦ.

是成为海权国家。①

然而马汉认为,"拥有海军的必要性在于和平海运与其休戚与共,除非一个国家野心勃勃,仅将海军看作一种军事力量"②。换句话说,海军保卫的是促成贸易的条件,而非贸易本身。在马汉生活的时代,帝国主义扩张和殖民主义统治是大国博弈的主题。尽管全球化由于西方列强对东方世界的征服而快速推进,但殖民帝国之间依然存在敏感的敌意和严重的贸易壁垒。阻止别国商品进入本国市场(包括殖民地)和劫掠他国商船一直是现实生活中的常态。因此,跨国性商业利益必须也只能依靠海军来维护。正是在这个意义上,在19世纪末,商业扩张主义成为美国的社会主流。支持增加海军拨款的观点认为海军和商业之间存在着天然的同盟关系,"每一艘军舰都应该成为一个商业代理商,宣传这个国家的资源,商品的价格和价值,以及国家的优势,使外国商人愿意和我们做生意"③。美国海军准将罗伯特·舒斐特(Robert W. Shufeldt)在进行全球巡弋任务(1878—1881年)出发前应一位国会议员要求发表了一封公开信:"军舰要走在商人前面,用实力征服野蛮民族,将军旗插遍世界每一个角落。"④

但是今天,时代的变迁已经令现实与19世纪、20世纪完全不同,和平与发展成为时代的主题。⑤ 改革开放四十多年来的实践证明,中国实力快速发展并不是扩张海权争夺世界霸权的结果,而是积极融入国际体系的结果。在这一过程中,中国充分利用了当今国际体系的开放性和和平性。换句话说,二

---

① 刘新华、秦仪:《现代海权与国家海洋战略》,《社会科学》,2004年第3期,第75页;倪乐雄:《航母与中国的海权战略》,《南方都市报》,2007年3月21日;《从陆权到海权的历史必然——兼与叶自成教授商榷》,《世界经济与政治》,2007年第11期,第22—32页。类似观点广泛见于中国学术界和媒体界关于中国建设航母和海军"走向深蓝"的文章和书籍中,例如张召忠:《走向深蓝》,广州:广东经济出版社,2011年。

② A. T. Mahan, The Influence of Sea Power Upon History, 1660 - 1783, Boston: Little, Brown and Company, 1890, p. 23.

③ James Douglas Jerrold Kelley, *The Question of Ships*: *The Navy and the Merchant Marine*, New York: Charles Scribners' Sons, 1884, p. 109.

④ Robert W. Shufeldt, *The Relation of the Navy to the Commerce of the United States*, March 23, Washington DC, 1878, cited from David M. Pletcher, "Economic Growth and Diplomatic Adjustment," in William H. Becker, Jr., and Samuel F. Wells, Jr., eds., *Economic and World Power*: *An Assessment of American Diplomacy since* 1789, New York: Columbia University Press, 1984, p. 141.

⑤ 《和平和发展是当代世界的两大问题》,《邓小平文选》第三卷,求是理论网,http://www.qstheory.cn/zl/llzz/dxpwjd3j/200906/t20090630_4800.htm。

战后建立的全球自由贸易体系是中国和平发展得以实现的外部条件。促成国际贸易的条件,包括航行自由和市场开放,在二战后并未受到实质性威胁,反而由于国际制度的建立与国际社会的参与越来越制度化和法治化。这一点可以从关贸总协定的建立以及到世界贸易组织的转变清楚地看到。英帝国特惠制和社会主义阵营的经济互助委员会则从反面提供了例证。

尽管中国的海外利益急剧增长,但这种利益不是中国海权创造的,必然无法通过扩张海权——特别是狭义理解上的制海权——得到维护。因此,通过建立全球海军、寻求制海权的路径来维护海外利益,在自由贸易理念与制度如此完善的21世纪既没有必要也行不通。难以想象中国今天需要或能够依靠强大的海军来要求其他国家开放市场。这本身就与中国的和平外交理念严重不符。

2. 海洋通道的困境迷思

航海自由,特别是关键海峡和运河的自由通行,对于维护国际贸易的重要性和战略意义不言而喻,但也因此成为国际海洋法发展的主要驱动力。无论是习惯法还是条约法,都致力于实现商船的畅通无阻以及削弱地理上的咽喉要道在国际贸易体系中的地位。早在1608年,格劳修斯就论述了公海航行自由(mare liberum)的重要性,从此公海航行自由成为国际海洋习惯法的核心原则。[①] 该原则被所有贸易国家和海权强国所继承,包括荷兰、英国和美国,他们认为限制沿岸国和岛屿国的海洋权利,包括他们自己的,允许所有国家的船只自由航行,包括商船和军舰,符合其国家利益。美国海军的使命之一就是维护海洋自由(maintaining freedom of the seas)。[②] 早在1941年9月11日,罗斯福总统就曾在著名的"炉边讲话"中宣称:"凭借我们的海上和空中巡逻……有责任维护美国的海洋自由政策,就是现在。"(Upon our naval and air patrol... falls the duty of maintaining the American policy of freedom of the seas, now.)[③]虽然美国所谓的"航行自由"(Freedom of Navigation)行动被很

[①] Natalie Klein, *Maritime Security and the Law of the Sea*, Oxford: Oxford University Press, 2010.

[②] "Mission of the Navy," America's Navy, http://www.navy.mil/navydata/organization/org-top.asp.

[③] Franklin D. Roosevelt, "Fireside Chat," September 11, 1941, The American Presidency Project, http://www.presidency.ucsb.edu/ws/?pid=16012.

多国家诟病,但是它确实保障了关键海峡的自由通过。因此,几乎没有任何地理上的咽喉要道完全被置于某一国或数国的领海管辖内。即使在一些非常狭窄的海峡或人工运河案例中,依然会有一整套国际制度或机制来规范通行,确保商船自由通行。

以中国最为忧虑的马六甲海峡为例,由于其最窄处只有 10 海里,所以二战后马来西亚、新加坡和印度尼西亚扩张领海范围,使其由公海变为沿岸国的领海,引发世界性争议。最终,联合国国际海洋法会议上确立了马六甲海峡作为用于国际航行的海峡的法律地位。根据海洋法公约,马六甲海峡属于"在公海或专属经济区的一个部分和公海或专属经济区的另一部分之间的用于国际航行的海峡",因此适用过境通行制度:"船舶和飞机均享有过境通行的权利,过境通行不应受阻碍。"[①]至于运河,1888 年的《康斯坦丁堡公约》规定苏伊士运河"在战时也可像和平时期一样,可以被任何商用或军用船只使用而无须悬挂区别旗帜"[②]。该条约目前仍然有效。[③] 1977 年美国与巴拿马签订的《巴拿马运河条约》则规定了巴拿马运河的中立地位,对所有国家的航运开放。这种中立地位即使在运河区的主权回归巴拿马之后依然有效。[④]

对于贸易路线,特别是能源供给路线被截断的担心,一直是中国发展海权的重要考虑。尽管中国一直担心所谓的"马六甲困境",但在现实中并未发生沿岸国采取行动终止航行自由的事情。一方面,通行制度已经得到国际法的确认,并被包括沿岸国在内的国际社会所认可。另一方面,海峡通行制度同样受到海权强国的保护。海上运输通道的战略意义几乎对所有国家有效,所以一般情况下(无论是和平时期还是爆发地区性危机时期),航线的安全往往由包括最大海权国家在内的国际社会负责,并不需要某一国家(当然不是最大海

[①] 《联合国海洋法公约》第 37、38 条,联合国官网,http://www.un.org/zh/law/sea/los/article3.shtml;同时有关海峡沿岸国与美国、苏联在海峡地位上的矛盾、斗争与妥协,特别是最终如何确立马六甲海峡的国际法地位,参阅 Yaacov Vertzberger," The Malacca/Singapore Straits," *Asian Survey*, Vol. 22, No. 7, July 1982, pp. 609 - 62; Yaacov Y. I. Vertzberger, *Coastal States*, *Regional Powers*, *Superpowers and the Malacca-Singapore Straits*, Institution of East Asia Studies, University of California, Berkeley, August 1984.

[②] Article I, *Constantinople Convention*, Suez Cannel Authority, http://www.suezcanal.gov.eg/sc.aspx? show=37.

[③] 尽管运河事实上曾于 1967—1975 年被关闭,但那是特殊时期导致的结果。

[④] Mark P. Sullivan, "Panama: Political and Economic Conditions and U. S. Relations," *Congressional Research Service*, May 2011.

权国)用自己的海军去单打独斗。① 在冷战期间,虽然美苏分属两大对抗的阵营,但在维护国际海峡航行自由方面基本一致。② 在某种程度上甚至可以认为,正是海权强国的压力迫使海峡沿岸国愿意接受自由通航的国际制度安排。实际上,马六甲海峡只是中国海上贸易路线和能源供给路线"脆弱性"的一个缩影。在更广阔的世界视野中,即使中国有可能通过军事、外交或寻找替代路线等方法摆脱"马六甲困境",但这种脆弱性依然存在于霍尔木兹海峡、苏伊士运河、宫古海峡等咽喉要道。中国不可能通过扩张海军力量来根除这些脆弱性,即使强大如美国也不可能做到。

事实上,在 21 世纪,对海峡等地理咽喉要道的威胁已经不再是传统安全领域的国家问题,而是海盗、恐怖主义袭击、事故等非传统安全。对这些问题的解决只有依靠国际合作。在马六甲海峡,2004 年,印尼、马来西亚和新加坡加大了在海域巡逻上的力度,共同打击海盗。2006 年印度海军和海岸警卫队也加入马六甲海峡的多国海盗巡逻队。③ 在索马里,包括中国在内的国际社会纷纷派出军舰对商船进行护航。2014 年国际商会的国际海洋局报告指出,由于国际社会的通力合作,2007 年以来海盗行为连续 7 年减少。④ 然而,这种国际合作必须获得沿岸国的同意。2005 年 6 月,美国国防部长拉姆斯菲尔德在新加坡出席第四届亚洲安全会议期间,提及沿岸国海军力量难以应付海盗和恐怖袭击,并称美国愿意与沿海国家组成联合巡逻队,确保马六甲海峡安全,但是遭到马来西亚与印尼的拒绝。⑤ 可见,即使拥有强大的海军力量,在没有沿岸国同意的情况下,依然无法解决海盗等非传统安全威胁。

3. 岛礁主权和海洋权益争议本质与解决途径

岛礁主权与海洋权益争端本质上是一个法律问题,即岛礁主权归属和海洋划界问题。2012 年 2 月 29 日,外交部发言人洪磊在例行记者会上表示:

---

① 徐弃郁:《海权的误区与反思》,《战略与管理》,2003 年第 5 期,第 15—23 页。

② Yaacov Vertzberger, "The Malacca/Singapore Straits," *Asian Survey*, Vol. 22, No. 7, July 1982, p. 609.

③ "Sea Transportation: India Joins Piracy Patrol," StrategyPage, March 2, 2006, http://www.strategypage.com/htmw/htseamo/articles/20060302.aspx.

④ "Piracy Drops to Seven-Year Low Journal of Commerce Online," JOC, May 2, 2014, http://www.joc.com/maritime-news/maritime-piracy/atlantic-ocean/piracy-drops-seven-year-low_20140502.html.

⑤ "Rumsfeld seeks unity in fight against piracy," *New York Times*, June 7, 2005, www.nytimes.com/2005/06/06/world/asia/06iht-rumsfeld.html.

"南海争议的核心是部分南沙岛礁领土主权争议和南海部分海域的划界争议。需要指出的是,没有任何国家包括中国对整个南海提出主权声索。"[1]事实上,早在1955年的万隆会议上,周恩来就曾表示,中国"同有些国家的一部分边界尚未确定。我们准备同邻邦确定这些边界,在此以前我们同意维持现状,对于未确定的边界承认它们尚未确定"[2]。《联合国海洋法公约》将岛屿所享有的海洋权益扩展到200海里,使原本不相邻的国家出现重叠海域。尽管周恩来的讲话主要针对陆地边界,但其讲话精神同样可以在海洋边界划界中进行借鉴。

岛礁主权和海洋权益争议无法通过武力方式解决,只能通过和平谈判。第一,1945年联合国宪章终止了国际关系中使用武力或武力威胁的法律效力。[3] 因此,武力变更边界或获取领土为非法。第二,二战后的国际关系实践证明,通过武力改变边界现状的成功案例几乎没有。以中国为例,在1949年以后中国与邻国之间的23块领土争议,有18块基本上都是通过和平谈判的方式解决的,只有5块发生战争或武装冲突,也没有运用武力获得更多的领土。[4] 例如,边界争议曾经是中越、中印关系恶化和发生军事冲突的主要原因之一,但是战争并未解决边界问题,只是进一步恶化了双边关系。中越陆地和北部湾划界最终是在两国关系改善的大背景下,通过谈判和平解决的。所有这些边界处理经验对于未来解决海洋边界具有指导意义。[5] 从历史经验来看,以实际控制线为基础划界是我国以往解决边界问题的主要政策。[6] 第三,国际法和实践为领土主权归属和海洋划界提供了和平解决的途径和规范。依靠国际法院、通过国际司法仲裁的方式来解决领土主权问题很早就已经成为一种有效途径,而且越来越完善。早在1925年,美国和荷兰就曾将帕尔马斯

---

① 《外交部:中国未对整个南海提出主权声索》,中国新闻网,2012年2月29日,http://www.chinanews.com/gj/2012/02-29/3708779.shtml。

② 韩念龙主编:《当代中国外交》,北京:中国社会科学出版社,1987年,第144页。

③ 《联合国宪章》第二条第三、四款,http://www.un.org/zh/documents/charter/chapter1.shtml。

④ Taylor Fravel, *Strong Borders, Secure Nation: Cooperation and Conflict in China's Territorial Disputes*, Princton and Oxford: Princeton University Press, 2008.

⑤ 张清敏:《中国解决陆地边界经验对解决海洋边界的启示》,《外交评论》,2013年第4期,第1—16页。

⑥ 徐焰:《解放后我国处理边界冲突危机的回顾和总结》,《世界经济与政治》,2005年第3期,第21页。

岛的归属问题提交位于海牙的常设仲裁法院进行仲裁。《联合国海洋法公约》生效后,新加坡和马来西亚也曾将白礁岛的归属提交联合国国际法院进行审理。国际法院在解决边界与领土争端中的作用日益受到重视。有资料显示,国际法院从1947年到2003年审理的102个案件中,有13个涉及国家领土主权的归属问题,占法院所有案件的12%以上。[①] 我国在2006年依《联合国海洋法公约》第298条规定提交排除性声明,不接受任何国际司法或仲裁对于海洋划界、军事活动、渔业和科研执法等重要领域的争端仲裁。这也是我国不承认、不参与和不接受所谓的"南海仲裁案"裁决的法理依据和权利。但是,相关国际法的具体条款与实践可以作为我国未来解决相关争端的重要参考。

过去70多年来,中国在陆地边界划界问题上取得了巨大的成就,已先后与14个陆地邻国其中的12个划定了陆地边界,分别是缅甸(1960年)、尼泊尔(1961年)、蒙古(1962年)、朝鲜(1962年)、阿富汗(1963年)、巴基斯坦(1963年)、老挝(1991年)、哈萨克斯坦(1998年)、越南(陆地边界1999年)、吉尔吉斯斯坦(2002年)、塔吉克斯坦(2002年)和俄罗斯(2005年)。这成为我国今天稳定周边外交局面的基石。目前只剩下印度和不丹两个国家尚未与我国完成划界工作。陆地划界工作的成就表明中国政府有意愿也有能力完成历史上晚清政府和国民政府尚未完成的与周边国家的划界工作。以此推之,在时机成熟时,中国政府同样有意愿和能力在未来解决与海洋邻国的划界问题。在这一天到来之前,维持现状既是明智也是现实的选择。但是,维持现状并不意味着什么都不做,而是要对现有控制范围内的岛礁主权和主权权益加强管控,避免进一步被蚕食。进入新时代以来,中国先后对南沙群岛多个岛礁进行填海造陆工程,这既是维护既有岛礁主权和海洋权益的合理之举,也是推动构建海洋命运共同体的重要手段。正如我国外交部发言人华春莹在记者招待会上所指出的那样:"中国政府对南沙部分驻守岛礁进行了相关建设和设施维护,主要是为了完善岛礁的相关功能,改善驻守人员的工作和生活条件,更好地维护国家领土主权和海洋权益,更好地履行中方在海上搜寻与救助、防灾减灾、海洋科研、气象观察、环境保护、航行安全、渔业生产服务等方面承担的

---

① 朱利江:《试论解决领土争端国际法的发展与问题——最新案例剖析》,《现代国际关系》,2003年第10期,第25—29页。

国际责任和义务。有关建设是中方主权范围内的事情,合情、合理、合法,不影响也不针对任何国家,无可非议。南沙岛礁扩建后,岛礁上的功能是多方面的、综合性的,除满足必要的军事防卫需求外,更多的是为了各类民事需求服务。南海海区远离大陆,航线密集,渔场众多,受台风和季风影响突出,海难事故频发。本次岛礁扩建,我们将建设包括避风、助航、搜救、海洋气象观测预报、渔业服务及行政管理等民事方面的功能和设施,为中国、周边国家以及航行于南海的各国船只提供必要的服务。"[1]中华人民共和国外交部边界与海洋事务司原司长欧阳玉靖在接受新华社和《中国日报》的书面采访中也表示:中国在南沙岛礁建设的一个主要目的就是更好地履行中方承担的相关国际责任和义务。中方愿在将来条件成熟时邀请有关国家和国际组织利用相关设施开展海上搜救等方面的合作。[2] 由此可见,中国在南海地区的"填海造岛"将维护国家海洋主权、主权权益同为地区提供公共产品统一了起来,是构建海洋命运共同体的重要体现。这一行为虽然暂时遭到一些国家的"非议",但随着时间的推移,中国在南海人工岛礁上的公共设施逐渐切实发挥作为国际公共产品的作用,相信一定能够改变这些国家的看法。

三、中国发展海权的地理局限

虽然中国建设海洋强国深深地蕴含着中国人的"强国梦",但中国能否通过扩张海权来实现这一强国梦不得不考虑地理位置这一因素。实际上,马汉早就谨慎地指出海权的重要性可能会被夸大,因为它"只是国家兴衰的一个因素"[3]。就海权发展战略而言,地理因素对于海权发展的影响非常重要,是构成海权六大要素中的第一位。[4]莫德尔斯基也指出构成"世界大国"的第一个条件就是地理上必须是有"安全盈余"(Surplus Security)的岛国或半岛国

---

[1] 《外交部:南沙岛礁扩建更多服务民事 环保标准严格》,中新网 2015 年 4 月 9 日电,转载于新华网,http://www.xinhuanet.com//mil/2015-04/10/c_127674503.htm。

[2] 《中方在南沙岛礁建设是为更好履行相关国际责任和义务》,新华社北京 2015 年 5 月 26 日电,转载于人民网,http://world.people.com.cn/n/2015/0527/c1002-27060846.html。

[3] A. T. Mahan, *The Influence of Sea Power Upon History, 1660 – 1783*, CreateSpace Independent Publishing Platform, August 20, 2014, p. 91.

[4] A. T. Mahan, *The Influence of Sea Power Upon History, 1660 – 1783*, Boston: Little, Brown and Company, 1890, pp. 30 – 34.

家。① 对于英美等海洋国家来说，发展海权具有天然的优势；而对于兼具海洋与大陆属性的陆海复合国家如法国、德国、中国等国来说，发展海权则十分困难。原因就在于陆海复合国家的国家战略始终深受其地缘环境双重属性的制约。②

陆海复合国家面临的首要难题是战略选择方向上的两难。面对来自海上和陆上的双重威胁，服务于国家战略目标的资源分配非常容易分散化，无法形成强大的军事力量。这种情况使海陆复合型国家虽然有可能一时建立起强大的海军力量，但陆地威胁的存在使其永远无法像海洋国家那样倾尽全力发展海军。然而，不同于陆地上的攻防战，狭义理解上的制海权无法被分享。从海军的战略目标和战略任务角度看，"在与'世界第一'的海军较量时，'世界第二'的海军与'世界第二十''第五十'的海军在最终结果上并没有什么本质差别"③。历史上，法国和德意志帝国都先后拥有过"世界第二"的海军，但一旦与作为第一海军强国的英国开战，仍摆脱不了被封锁的命运。一百多年前的1914年，第一次世界大战爆发。在这场大战中，德国世界排名第二强的战列舰舰队却在大部分时间成了旁观者，直到最终由德国人自己动手凿沉。在缺乏"安全盈余"的地理环境中，陆地的威胁也仍然会重创海陆复合型国家的海军。1918年的苏俄海军，1937年的中国海军，甚至1940年世界排名第四的法国海军都曾选择凿舰自沉。④ 其中的原因就在于一个国家无法同时发展陆权与海权。⑤ 冷战期间，苏联也曾建立起能够与美国海军抗衡的全球海军，军事基地遍布全球，核潜艇徜徉四海。但在与美国的对抗中，海军并未起到决定性作用，最终随着苏联解体被先淘汰。

仅从地理上来看，中国是一个陆海复合型国家，即"濒临开放性海洋并且背靠较少自然障碍陆地的国家"⑥。历史上，虽然东南海上的安全问题曾以倭

---

① 王逸舟：《西方国际政治学：历史与理论》，上海：上海人民出版社，1998年，第433—434页。
② 邵永灵、时殷弘：《近代欧洲陆海复合国家的命运与当代中国的选择》，《世界经济与政治》，2000年第10期，第47—52页。
③ 徐弃郁：《海权的误区与反思》，《战略与管理》，2003年第5期，第15—23页。
④ 参见《舰亡旗在：海军史上悲壮的舰队自沉》，新华网，http://news.xinhuanet.com/mil/2009-07/23/content_11748717.htm。
⑤ A. T. Mahan, *The Influence of Sea Power Upon History 1660－1783*, Boston: Little, Brown and Company, 12th Edition, 1918, p. 29.
⑥ 吴征宇：《海权与陆海复合型强国》，《世界经济与政治》，2012年第2期，第38—50页。

第四章　中国建设海洋强国的目标与路径

寇的形式在明朝时期一度出现,但远未对国家形成致命打击。因此中国长期以来是典型的陆权国家,战略防御重点一直在西北部。但清末以来随着西方列强的侵略行为的增加,中国开始面临东西两部、海陆两种安全压力。此后,中国作为陆海复合型国家的特色逐渐凸显,也正是在这时出现了"塞防"与"海防"之争。原因不仅在于两者孰重孰轻[1],还在于财政困难,两者不能同时兼顾[2]。左宗棠虽然极力主张"东则海防,西则塞防,二者并重,决不能扶起东边倒却西边"[3],但其本质是重塞防,因为他将"西北用兵乏饷"的财政困难寄希望于"沿海各省协济"[4]。虽然朝廷最终采纳了两防并重的政策,但实际上是"两防并轻",因为任何一方都没有得到足够的支持。两防的最终结果也大相径庭。一方面,海军发展受到极大掣肘,一度排名东亚第一、世界第九的北洋水师经甲午一战全军覆没,海防前功尽弃。另一方面,塞防因此稳固了新疆,并收回被沙俄吞并的伊犁,取得了相对较为成功的结果。

中华人民共和国成立后,来自东部海洋地区的安全压力一度成为国家面临的主要威胁,但随着中苏决裂,北部地区的地缘安全压力再次成为主要威胁,甚至迫使中国彻底修改外交战略,寻求与美国和解,共同对抗苏联。[5] 在与基辛格的对话中,苏联始终是毛泽东关心的主要问题。在基辛格回国给总统的报告中,特别指出了这一点:毛泽东和周恩来"一直在敦促我们在所有地方反击苏联人——与我们在欧洲和日本的盟友紧密合作,采取更加积极的行动阻止苏联在中东、波斯湾、近东和印度洋等地填补真空或扩展影响力"[6]。1975 年为了给福特总统访华做准备,10 月 20 日至 22 日,邓小平与基辛格举

---

[1] 《李鸿章全集:第 2 卷》,合肥:安徽教育出版社,2008 年,第 1067 页;《宝鋆·筹办夷务始末·同治朝:第 99 卷》,台北:文海出版社,1971 年,第 9210—9211 页。

[2] 《李鸿章全集:第 2 卷》,合肥:安徽教育出版社,2008 年,第 1070 页。

[3] 《左宗棠全集:第 9 卷》,上海:上海书店,1986 年,第 7224 页。

[4] 《左宗棠全集:第 9 卷》,上海:上海书店,1986 年,第 7231—7232 页。

[5] 根据毛泽东的指示,陈毅、叶剑英、徐向前和聂荣臻等四位老帅在 1969 年 4 月,即中共九届一中全会结束后,接受了"研究国际形势"的任务。在提交中共中央的报告中指出苏修对我国安全的威胁比美帝大;万一苏联对我国发动大规模战争,我国可以从战略上打美国牌,学习诸葛亮"东联孙吴,北拒曹操"。熊向晖:《历史的注脚——回忆毛泽东、周恩来及四位老帅》,北京:中共中央党校出版社,1995 年,第 173—204 页。

[6] "3. Memorandum From the President's Assistant for National Security Affairs (Kissinger) to President Nixon," Foreign Relations of the United States, 1969 – 1976, Volume XXXVIII, Part 1, Foundations of Foreign Policy, 1973 – 1976, Document 3, US Department of State Office of the Historian, http://history.state.gov/historicaldocuments/frus1969-76v38p1/d3.

行了3天漫长的会谈,就国际局势交换意见。其间,邓小平不断重提美国从越南撤军后苏联形成的威胁,一再向基辛格施压,让美国对苏联的威胁做出更强硬的反应,甚至将苏联与希特勒时期的德国做类比。①

今天,中美在西太平洋的竞争势态是两种"再平衡"战略的结果。一方面,中国实力崛起试图通过扩张海权来"平衡"美国从二战后就已形成的压倒性海权,同时收回被邻国侵犯的国家主权和主权权益;另一方面,美国试图通过加强同盟关系和展示决心与肌肉来重申在亚太地区的海权存在,平衡中国崛起带来的权力结构变化。无论是理论还是历史都告诉我们,中国通过过度扩张海权来解决争端的努力必然会引发西太平洋地区的安全困境。无视这一点的人要么是对历史经验淡漠,要么是对自身实力存在不切实际的自负。② 中国在东部海域的安全局势已经引起有识之士的担忧。王缉思教授认为"中美与中日关系同时滑坡并非有利局面","我们应当克服这样一种想法:只要中国的经济实力和军事实力发展到足以压制对手,我们就可以让日本甚至美国服气,我们今天遇到的这些问题就可以迎刃而解"③。

作为陆海复合型国家,尽管中国目前面临的安全压力似乎更多凸显于东部海洋,但"塞防"的重要性并未因此而消失。一方面,在中国目前依然拥有陆权优势的前提下,面对来自东部海洋的战略压力,向西寻求陆权的突破也不失为一个化解办法。④ 另一方面,中亚地区的宗教极端势力、民族分裂势力和暴力恐怖势力依然对我国西北地区的公共安全、民族团结和社会稳定构成威胁。美国在推翻萨达姆政权后,并未顺利实现其所谓的"大中东民主计划"。相反,2010年掀起的"阿拉伯之春"在推翻多个政权之后,反而催生出更加极端和恐怖的"伊拉克和沙姆伊斯兰国"(ISIS)组织,试图重建哈里发政权。该组织在中东地区的势力扩张,也曾经一度深刻影响中亚地区的宗教势力,

---

① 傅高义:《邓小平时代》,北京:生活·读书·新知三联书店,2013年,第159页。
② 最典型的历史案例来自一战前的德国海军扩张。第二帝国对海权的追求牺牲了国家的总体安全。丘吉尔曾总结道:"基尔和威廉港铿锵作响的铁锤打造出的竟是将来抵抗德国的国家联盟,而德国最终也被这个联盟所颠覆。"引自 James R. Holmes, Toshi Yoshihara, "History Rhymes: The German Precedent for Chinese Seapower," *Orbis*, Vol. 54, No. 1, 2010, pp. 14–34.
③ 王缉思、刘洋:《王缉思:中美与中日关系同时滑坡并非有利局面》,原载《环球财经》,转载于共识网,2014年9月1日,http://www.21ccom.net/plus/view.php? aid=112316。
④ 《王缉思:中国应该"向西看"》,《财经》杂志,2012年9月2日,http://magazine.caijing.com.cn/2012-09-02/112099101.html。

对我国西北地区形成巨大的直接威胁。在国际社会的联合努力下,"伊斯兰国"已经被摧毁,巴格达迪也被击毙。但是,作为一个恐怖主义组织,其在国际社会的持续打击下并未彻底消亡,而是依然维持着一定程度的活动能力。换句话说,从中东到西亚和南亚,宗教极端势力和思想依然拥有潜在的巨大影响力。我国西北地区打击三股势力和维护国家长治久安的压力依然存在,难以彻底放松。

另外,与印度的领土纠纷也大大牵制了中国的战略注意力。2013 年发生的中印士兵"帐篷对峙"虽然最后得到了解决,但也提醒我们领土纠纷依然有可能在未来恶化成冲突。2017 年 6 月 18 日,中印双方军队在洞朗地区发生武装对峙。2020 年 6 月 15 日,中印双方军队在边境加勒万河谷地区发生激烈的肢体冲突,导致中方牺牲四人,印方二十多人死亡。在中美战略博弈加剧的背景下,印度加强与美国等西方国家之间的军事、安全、情报和经贸合作,试图在中西方之间实现纵横捭阖,提高自己的国际战略地位,并在美西方试图重建全球供给链中拿到最为丰厚的"蛋糕",承接从中国转移出来的产业。一方面,美日印澳"四边安全对话"机制已经实现军事上的深度合作,包括四国"马拉巴尔"军事演习。另一方面,一个直观现象就是,包括苹果、富士康等在内的跨国企业已经不断加大对印度的投资和产业转移,建立独立于中国的全球供给链。

由上可见,中国在寻求国家安全战略中,陆权与海权的考量交替成为主导因素。这是由中国的地理位置所决定的。在 19 世纪,英国海军的威慑力来源之一就在于它向世界证明了它比任何潜在敌人都能对海军进行更大的投资。[1] 1889 年英国政府通过《海军防御法案》,正式确立海军"两强标准",即英国海军规模不弱于其他两个最强海军国家的海军加起来的规模。事实上,在此前的两百年间,这一标准成为英国海军的战略传统。[2] 继承英国霸权的美国,则将海军力量发展到时代的极致。美国海军舰只的吨位比排在其后的 17 国海军舰只吨位之和还要大。其中 14 支海军还属于美国的盟国和友邦,1 支

---

[1] Andrew Lambert, *The Foundations of Naval History*: *John Knox Laughton*, *The Royal Navy and the Historical Profession*, London: Chatham Publishing, 1998, p.137.

[2] "British Naval Policy-1890 – 1920," Global Security, http://www.globalsecurity.org/military/world/europe/uk-rn-policy2.htm.

属于"战略伙伴"印度。① 对于中国来说,即使有足够的经济实力,也会由于陆地安全威胁的存在,不可能做到在海军力量上进行类似英美那样大比例的投入。因此,中国只能定位于区域性防御型有限海权国家。

所以,中国建设海洋强国既是基于现实需要,也是中国实力发展的自然结果,但是对于其目标和路径必须有清醒的认识。在这一过程中,如何规划中国海上力量的发展以及实现海洋权利的维护,取决于中国的战略选择。中国作为新兴海权国家和陆海复合型国家,面临"修昔底德陷阱"和地缘两难选择的双重挑战。因此,中国建设海洋强国的目标应该是具有中等地区军事投放能力的海权国家,任务是进行近海防御与维护我国海洋权益,同时参与国际社会的维权和警察行动。对于海洋权益的维护,以现有国际法为准则逐步通过谈判来解决岛礁争端和海洋划界问题,是唯一既能缓解他国疑虑、避免战争或武力冲突,又能安抚国内民族主义情绪的有效方式。对国际法的重视和遵守不仅可以提升一个国家的国际信誉,还可以促使其他国家对其形成理性预判,减少安全困境的发生。中国的国际关系研究大多沉浸于现实主义理论逻辑和解释,"进攻性现实主义与防御性现实主义交替出现""以不变应万变解释变化多端的世界形势",无视时代变迁带来的法律与制度的规训力量。② 这样的逻辑结果只能是现实主义的现实政治,即"修昔底德陷阱"。对中国来说,扩张海权的努力应该也必须以现有的国际法为基本准则,而且现有的综合实力以及学术水平也不足以让我们能够创造出新的国际法或国际准则。

---

① Robert O. Work, "Winning the Race: A Naval Fleet Platform Architecture for Enduring Maritime Supremacy," *Center for Strategic and Budgetary Assessments*, March 1, 2005, p. 16.
② 牛春新:《集体性失明:反思中国学界对伊战、阿战的预测》,《现代国际关系》,2014 年第 4 期,第 1—9 页。

第五章

中国建设海洋强国的地缘政治挑战

第二次世界大战结束后,国际市场不断开放,国际贸易也空前发展,成为各个国家发展经济的重要手段。尽管布雷顿森林体系在20世纪70年代曾遭遇严峻挑战,黄金与美元之间的硬性联系也被迫放弃,但是以美元为核心的国际货币体系、开放市场以及国际货币基金组织、关贸总协定等制度性安排依然保持了下来。美国在战后也依然保持了长期的经济增长,综合国力持续上升。冷战结束后,越来越多的国家加入美国所主导的、脱胎于布雷顿森林体系的国际体系。2001年中国加入世界贸易组织,意味着经济全球化进入了一个更加深度融合和快速发展的阶段。在21世纪之初,从经济总量、军费开支、同盟关系、外交影响力以及美元在国际经贸中的核心地位等各个指标上来看,美国实力甚至得到了空前巩固。曾经在经济领域对美国形成巨大挑战的日本也已经陷入长期停滞。美国政治学者约翰·伊肯伯里(G. John Ikenberry)甚至认为"美国无可匹敌"。[1] 但是,美国霸权相对衰落的各种因素仍然在发挥作用。经济全球化导致不同国家的发展速度和体系内的收益差别越发明显。这种差别开始引发国际政治的结构性变化,突出表现为国际政治权力与财富分配结

---

[1] G. John Ikenberry, ed., *America Unrivaled: The Future of the Balance of Power*, Ithaca: Cornell University Press, 2002.

构开始朝着"东升西降"的方向发展。在美国看来,中国的和平崛起形成了对其霸权秩序最为严肃的挑战。

一、西太平洋地区的权力竞争加剧

中美两国是最为重要的两个大国。进入 21 世纪以来,中美关系跌宕起伏,接连发生一系列对峙事件,例如南海撞机事件(2001 年)、"无暇"号事件(2009 年)、"考本斯"号事件(2013 年)等。[①] 但是,两国总体上依然保持了以合作为主流的互动关系。如何实现"战略互信与地区合作",为"中美关系的发展寻找出路,突破安全困境,探索良性发展",积极谋求与美国在亚太地区的"共处之道",成为当时中国学术界的一个重要任务。[②] 经贸领域的合作更是逐年加深,长期被誉为中美两国关系的"压舱石"。随着中国实力不断上升,美国与中国在西太平洋地区的战略博弈逐渐加剧。

20 世纪最后一位美国总统克林顿曾经将中国的身份定位为"具有全球性影响的亚太大国",认为"中国的未来对亚太地区和全世界的安全与繁荣产生深刻影响"。[③] 所以,美国提出"接触战略",认为"只有使中国进一步融入国际体系,才能够保证它成为国际社会强大而负责任的成员",因此美国需要"与太平洋地区过去的对手进行合作,以建立新的关系","这既有利于中国利益,也有利于美国利益"。[④] 2001 年乔治·沃克·布什总统上任,一改克林顿政府的接触战略,认为克林顿政府在推行"绥靖政策",进而将中国定义为"战略竞争者"(strategic competitor)。但是,"9·11"事件和中国加入世界贸易组织扭转了这一趋势,为中美合作开创了空间。2005 年 9 月,美国副国务卿佐利克就中美关系发表演讲时提到,美国和中国是国际体系中两个重要的利益攸关

[①] 2001 年在海南岛附近海域上空美国侦察机与中国战斗机相撞,造成中国战斗机坠毁,飞行员牺牲;2009 年美海军"无暇"号(USNS Impeccable)在南海进行情报搜集工作,与我国五艘船只发生对峙;2013 年美海军"考本斯"号(USS Cowpens)在南海海域监视我国海军"辽宁"舰航母时,与一艘我国两栖战舰"迎面遭遇",双方最近距离时仅为 457 米。

[②] 中国现代国际关系研究院美国研究所:《中美亚太共处之道:中国·美国与第三方》,北京:时事出版社,2013 年,第 2 页。

[③] 转引自沃伦·克里斯托弗:《美国新外交:经济、防务、民主——美国前国务卿克里斯托弗回忆录》,北京:新华出版社,1999 年,第 407 页。

[④] 同上,第 408 页。

第五章　中国建设海洋强国的地缘政治挑战

的参与者。① 2007年中共十七大报告指出:"我们将继续积极参与多边事务,承担相应国际义务,发挥建设性作用,推动国际秩序朝着更加公正合理的方向发展。"②这一表态,改变了中国共产党自20世纪80年代以来长期坚持的"建立国际政治新秩序和建立国际经济新秩序的主张",表明中国政府已经认为自身是当前国际秩序的一员,不再寻求建立新的国际秩序。2015年,习近平主席访美期间更是明确指出:"中国是现行国际体系的参与者、建设者、贡献者,同时也是受益者。"③与苏联不同,中国改革开放后,逐渐承认并且主动选择进入美国在战后建立的国际秩序。

但是,对中国的不满和警惕并未因为中美在经贸领域合作的加强而消失,相反一直存在,并发挥影响力。这种观点认为,中美之间经济上的"共生"关系并不能弥补政治上的分歧,不同的安全利益和战略目标使中美两国共同治理的构想不过是"白日梦"。④ 虽然美国需要与中国合作以应对全球挑战,但是承认中国的重要性无法掩盖双方利益、价值观和能力的错位,进一步提升双边关系而不解决两国的实际分歧不会有什么结果,最终将形成互相责备而不是成功的伙伴关系。⑤ 次贷危机以来,世界政治经济发展不平衡的现象越来越严重。⑥ 一大批发展中国家群体性崛起和以美国为首的西方发达资本主义国家实力相对下降,成为21世纪初的鲜明特色。就目前来看,中国越来越被认为是对美国霸权造成最大挑战的国家。2001年约翰·米尔斯海默(John Mearsheimer)在《大国政治的悲剧》中就指出中美在未来走向冲突的可能

---

① Robert B. Zoellick, "Whither China: From Membership to Responsibility?" Remarks to National Committee on U.S.-China Relations, New York City, September 21, 2005, US Department of State Archive, https://2001-2009.state.gov/s/d/former/zoellick/rem/53682.htm.

② 胡锦涛:《高举中国特色社会主义伟大旗帜 为夺取全面建设小康社会新胜利而奋斗——在中国共产党第十七次全国代表大会上的报告》,中央政府门户网站,2007年10月15日,http://www.gov.cn/ldhd/2007-10/24/content_785431.htm.

③ 《习近平同美国总统奥巴马会晤》,新华网,2015年9月25日,转载于人民网:习近平系列重要讲话数据库,http://jhsjk.people.cn/article/27635897。

④ 克利斯朵夫·M.克拉克(Christopher M. Clarke):《中美共治只是白日梦》,YaleGlobal Online, archive-yaleglobal.yale.edu/node/59991。

⑤ Elizabeth C. Economy and Adam Segal, "The G-2 Mirage," in *Foreign Affairs*, May/June 2009, Vol. 88, Iss. 3, pp. 14-23.

⑥ 参见林利民:《2012年国际战略形势评析》,《现代国际关系》,2012年第12期,第1—9页。

性。① 2012年,哈佛大学的格雷厄姆·艾利森(Graham Allison)教授提出:"修昔底德陷阱已凸显于太平洋",并认为"中国与美国就是今天的雅典和斯巴达"。② 2015年12月18日习近平主席在中央经济工作会议上指出:"我多次讲,我们要注意跨越'修昔底德陷阱'、'中等收入陷阱'。前一个是政治层面的,就是要处理好同美国等大国的关系。"③这表明,中国政府也注意到中美两国可能存在的竞争关系。西太平洋地区正在形成某种类似两极格局的区域权力格局。

改革开放政策,已经使中国取得了40多年经济高速发展的成果,年均增长速度曾一度高达10%以上。中国国内生产总值(GDP)与美国GDP的比值逐渐提高,2022年超过历史上日本与美国的比值达到的最高值71%。但是,单纯从数字来看,中美两国在军事开支方面的差距依然非常大。中国到目前为止依然是一个崛起中的世界强国,其军事投入主要是为了本国国防,因此主要力量集中于西太平洋地区,而不是全球扩张。但是,在现实中,霸权国家对国际体系中权力分配的变化往往比其他国家更加敏感。21世纪以来,中国快速崛起无疑加剧了美方的不安和猜测。在美国看来,中国不仅仅是个经济竞争者,还是个潜在的军事竞争者,很有可能带来全球权力结构的变化。④ 中国作为世界上最大的发展中国家快速崛起,而作为霸权国的美国实力相对下降,两国之间的实力越来越接近,特别是在西太平洋地区。美国对华经济与军事实力的持续增长越发警惕。

实际上,早在奥巴马政府时期美国就已经对华展开战略博弈。美国"亚太再平衡战略"在中国被普遍解释为针对中国。⑤ 美国不但在地缘政治领域加

---

① 约翰·米尔斯海默:《大国政治的悲剧》,王义桅、唐小松译,上海:上海人民出版社,2008年,第519—522页。

② Graham Allison, "Thucydides's Trap Has Been Sprung in the Pacific," *Financial Times*, August 21, 2012, https://www.ft.com/content/5d695b5a-ead3-11e1-984b-00144feab49a.

③ 《对新常态怎么看,新常态怎么干》(2015年12月18日),习近平:《论坚持全面深化改革》,北京:中央文献出版社,2018年,第220页。

④ G. John Ikenberry, "The Rise of China and the Future of the West: Can the Liberal System Survive?" *Foreign Affairs*, No. 87(1), 2008, pp. 23-37. Retrieved April 27, 2010, from ABI/INFORM Global. (Document ID: 1432821701).

⑤ 参见金灿荣、刘宣佑、黄达:《"美国亚太再平衡战略"对中美关系的影响》,《东北亚论坛》,2013年第5期,第3—12页;杨毅:《美国亚太联盟体系与中国周边战略》,《国际安全研究》,2013年第3期,第127—138页;马燕坤:《地区安全困境与安全所有权——美国重返亚太的可能性分析》,《国际展望》,2013年第3期,第77—92页;公为明:《美国重返亚太与中国安全环境——基于"威慑理论"的视角》,《亚非纵横》,2013年第2期,第28—32页。

强对第二岛链的军事投入,例如在关岛和澳大利亚达尔文港增加军事部署,而且在经济上高调推销"跨太平洋伙伴关系协定"(TPP)和"跨大西洋贸易与投资伙伴关系协定"(TTIP),试图在经济上削弱中国在地区一体化当中不断崛起的主导地位,重新稳固美国与同盟国、伙伴国之间全面的政治、军事和经济关系。尽管中国持续表达与美国建立基于"不冲突,不对抗,相互尊重,合作共赢"原则的新型大国关系的愿望,并在十九大提出"推动构建人类命运共同体",但是认为中国对美国霸权形成挑战的声音并未消失。在这期间,中国与邻国的关系也开始出现微妙的变化,与日本、菲律宾、越南等国先后发生较为严重的海上军事对峙以及外交斗争。中韩关系也因为美国执意在韩国部署萨德导弹防御系统而转冷。这些问题出现的背后,都或多或少可以看到美国因素的影响。

直到特朗普上台前,中美关系的主流依然是合作,美国依然在延续对华"接触"政策。2009—2016年,中美进行了八次战略与经济对话和七轮中美人文交流高层磋商,都取得了丰硕成果。特朗普上台后,中美关系急转直下,竞争开始取代合作逐渐成为两国关系的关键词。2017年12月18日,美国白宫公布了总统特朗普任内国家安全战略报告,高调突出大国竞争及其对美国的影响。这份报告对中国的定位更趋消极,虽然也谈到"美国愿意与中俄在多个拥有共同利益的领域合作",但更多的用词是竞争者(competitor),甚至是对手(rival),特别是把中国和俄罗斯定义为"修正主义者",成为对美国及其盟友安全构成威胁的头号挑战力量。[1] 2018年年初美国国防战略报告更加明确地提出,"国家间的战略竞争现在是美国国家安全的首要问题",把中国定义为美国长期的"战略竞争对手"。[2] 2018年9月30日,中美两国之间发生了自2001年南海撞机事件以来最为危险的一次海上相遇事件。美导弹驱逐舰"迪凯特"号在南沙海域行使所谓的"航行自由行动",驶入我国南薰礁和赤瓜礁12海里内海域。中国海军170舰立即行动,依法依规对美舰进行识别查证,并予以警告驱离。两国军舰最近距离48码,约合41米。与此同时,美国对华展开以对

---

[1] *National Security Strategy of the United States of America*, White House, Dec 18, 2017, p.25.

[2] "2018 National Defense Strategy of The United States of America," Department of Defense, page 1, https://dod.defense.gov/Portals/1/Documents/pubs/2018-National-Defense-Strategy-Summary.pdf.

华输美商品加征惩罚性关税为主要特征的"贸易战",并极力推动中美之间的经贸脱钩。

二、滞后于实力变化的偏好变化

现实主义通常不太关注国家的偏好,认为偏好既不可测量,也容易改变,因此更愿意相信实力或者权力决定利益,而利益往往就能够直接代表国家的意愿。但事实上,国家实力和偏好往往并不匹配。美国建立霸权过程中,偏好明显落后于其实力;目前在美国霸权衰落过程中,偏好变化同样落后于实力变化。

进入21世纪以来,随着世界多极化趋势加剧,美国霸权衰落的观点也随之增加。① 这些研究主要基于美国实力的变化,即美国实力衰落导致其无法再维持霸权,而几乎不涉及美国的意愿,即是否愿意继续承担霸权责任。中外学术界似乎一致认为,维持霸权符合美国的利益,所以美国没有放弃霸权的意愿。中美之间实力的变化,特别是经济实力上的快速接近,被很多人认为是导致两国关系逐渐恶化的本质原因,并且倾向于用苏联和日本遭遇美国打压的案例来解释这种现象,即世界第一强国会自动对第二强国采取打压措施。

但是,苏联和日本的案例并不能充分说明这一点。首先,尽管二战后苏联是另外一个可以与美国相匹敌的超级大国,但其经济实力远远落后于美国,其GDP占美国GDP的比例最高也只有1975年的44%。② 美国针对苏联展开的遏制战略却从二战结束不久就已经开始。其次,虽然1985年的《广场协议》被广泛认为是美国打压日本的一个重要手段,但当年日本GDP占美国GDP的比重也只有32.24%,反而是在日本泡沫经济崩溃的1995年才达到

---

① 参见卢凌宇、鲍家政:《从制造者到索取者:霸权衰落的逻辑》,《世界经济与政治》,2019年第9期,第74—106页;余丽:《构建中国和平发展战略,应对美国霸权衰落》,《世界社会主义研究》,2017年第2期,第43—47页;金灿荣、王浩:《衰落—变革—更生:美国霸权的内在韧性与未来走向——基于二战后两轮战略调整的比较研究》,《当代亚太》,2015年第6期,第4—36页;屠新泉、苏骁、姚远:《从结构性权力视角看美国霸权衰落与多哈回合困境》,《现代国际关系》,2015年第8期,第29—35页;刘建华、邓彪:《美国霸权:衰落还是延续》,《太平洋学报》,2010年第1期,第26—35页;理查德·B. 杜波夫、王宏伟:《美国霸权的衰落》,《国外理论动态》,2004年第5期,第12—16页;郭学堂:《霸权周期论的贫困——兼析美国霸权是否走向衰落》,《美国研究》,2003年第3期,第42—51页。

② 参见安格斯·麦迪森:《世界经济千年史》,吴晓鹰、许宪春、叶燕斐等译,北京:北京大学出版社,2003年,第273、276页,经计算得出。

71.33%。① 换句话说，数据显示，《广场协议》给日本带来了长达十年的经济高速增长，获得了进一步比肩美国的实力。事实上，关于日本泡沫经济崩溃的原因，越来越多的学术研究更倾向于日本自身政策问题，而非美国的刻意"打压"。② 相比之下，中国 GDP 在 2010 年就超过日本，成为世界第二，占美国 GDP 的比例达到 40.6%，并且随后一直持续增加。尽管"中国威胁论"自 20 世纪 90 年代就一直存在，约翰·米尔斯海默和格雷厄姆·艾利森等政治学家早在 2001 年和 2012 年就分别以"大国政治的悲剧"和"修昔底德陷阱"等概念来警告中美之间可能存在的冲突，但如果以 2017 年美国国家安全战略报告把中国定义为战略竞争对手为时间点，美国对华竞争战略至少延后了 7 年之久。

为什么会这样？这显然不能简单地归因于实力变化。哈佛大学肯尼迪政府学院前副院长、美国驻印度前大使罗伯特·布莱克威尔（Robert D. Blackwill）认为，在过去 20 年中，美国历届政府一直在误判中国的意图和战略。③ 这样的战略误判为什么能够持续 20 年？

这主要是因为美国对建立霸权和维持霸权的偏好和方式发生了变化。70 年前美国建立布雷顿森林体系时，希望通过经济合作来实现和平是当时应对国内外反对力量的一个重要手段。但是，经济相互依赖是否会降低冲突，依然在学术界存在争议。④ 更多的研究表明，贸易与相互依赖既可能导致战争，也

---

① 数据来自国际货币基金组织，经计算得出。
② 参见肖河、潘蓉：《大国竞争视角下的日美贸易冲突——对"广场协议叙事"的再审视》，《国际经济评论》，2020 年第 4 期，第 98—115 页；王新生：《日本模式的成功与衰败》，《中国改革》，2006 年第 9 期，第 67 页；王允贵：《"广场协议"对日本经济的影响及启示》，《国际经济评论》，2004 年第 1 期，第 48 页；徐奇渊：《"广场协议"之后日本经济泡沫化原因再谈——基于泰勒规则的日德比较分析》，《日本学刊》，2015 年第 1 期，第 109 页；野口悠纪雄：《战后日本经济史：从喧嚣到沉寂的 70 年》，张玲译，北京：民主与建设出版社，2018 年，第 293 页；池田信夫：《失去的二十年》，胡文静译，北京：机械工业出版社，2019 年，第 11—12 页。
③ 参见罗伯特·布莱克威尔：《给特朗普外交政策打分》，北京大学国际战略研究院"北阁论衡"系列讲座第 34 讲，2019 年 5 月 18 日，https：//mp.weixin.qq.com/s/hPNo7JcmNd04E-2couWrOg。
④ 自由主义理论家通常认为贸易能够带来和平。例如：Beth Simmons, "Pax Mercatoria and the Theory of the State," in *Economic Inter Interdependence and International Conflict*, edited by Edward D. Mansfield and Brian M. Pollins, Ann Arbor: University of Michigan Press, 2003; Jonathan Kirshner, *Appeasing Bankers: Financial Cautious on the Road to War*, Princeton: Princeton University Press, 2007. 但现实主义理论家则持相反的意见，认为到了紧要关头，商业利益显然没有直接的权力变量那么重要。例如：Kenneth Waltz, *Theory of International Politics*, New York: Random House, 1979, p.106; John Mearsheimer, *The Tragedy of Great Power Politics*, New York: w. w. Norton, 2001。

可能导致和平,关键取决于预期。① 冷战结束后,中美两国能够继续维持并深化在经贸领域的合作,并使之成为维护两国关系的"压舱石",很重要的一个原因是双方都对这种合作怀有良好的预期。

罗伯特·基欧汉相信,美国在国力衰落之后依然可以利用其主导下建立的国际制度维系其地位,维护现行的霸权秩序。② 其逻辑方法,就是将所有国家特别是挑战国家吸收到当前的国际体系中,依靠制度的约束力和合作带来的利益来安抚挑战国。约翰·伊肯伯里也认为,美国必须致力于加强和维护西方世界体系以及一系列与之相伴的国际制度、规制和法律。确保中国崛起不会走向战争、不会推翻美国霸权的关键,在于将中国的发展置于西方世界体系之内,利用现行国际制度、规制和法律约束中国的行为,使中国别无选择,只能成为其中一员。"美国无法阻止中国崛起,但是它能够确保中国在美国及其盟友制定的国际制度和规则中行事。……美国的全球地位可能会削弱,但是美国领导的国际体系仍将是 21 世纪的主导。"③

回顾中国实力快速增长的历史,2001 年加入世贸组织是一个明显的分界点,中美之间曾经不断加大的经济差距开始缩小(如图 5-1)。从这个角度来看,中国崛起是典型的"体系内"崛起,与美国共处同一个国际政治经济体系,相互之间的经贸、科技、文化等各种交流不断加深加强。这与美苏关系形成了鲜明对比,后者分别处于不同的两个世界体系。所以,面对中国实力的增长,美国并未从一开始就表现出焦虑和恐惧,反而在一定程度上认可中国这种"体系内"崛起。2011 年奥巴马在白宫记者会上公开表示:"我们欢迎中国的崛起……我绝对相信,中国的和平崛起对世界有利,对美国也有利。……我们只是希望确保这种崛起能够加强国际规范和国际规则,增强安全与和平,而不是成为该地区或世界各地冲突的根源。"④

---

① 参见戴尔·科普兰:《经济相互依赖于战争》,金宝译,北京:社会科学文献出版社,2018 年,第 1—7 页。

② Robert Keohane, *After Hegemony: Cooperation and Discord in the World Political Economy*, Princeton, New Jersey: Princeton University Press, 1984.

③ G. John Ikenberry, "The Rise of China and the Future of the West: Can the Liberal System Survive?" *Foreign Affairs*, No. 87(1), 2008, pp. 23-37.

④ Stephanie Condon, "Obama: 'We Welcome China's Rise'", CBS News, Jan. 20, 2011, https://www.cbsnews.com/news/obama-we-welcome-chinas-rise/ [2021-04-05].

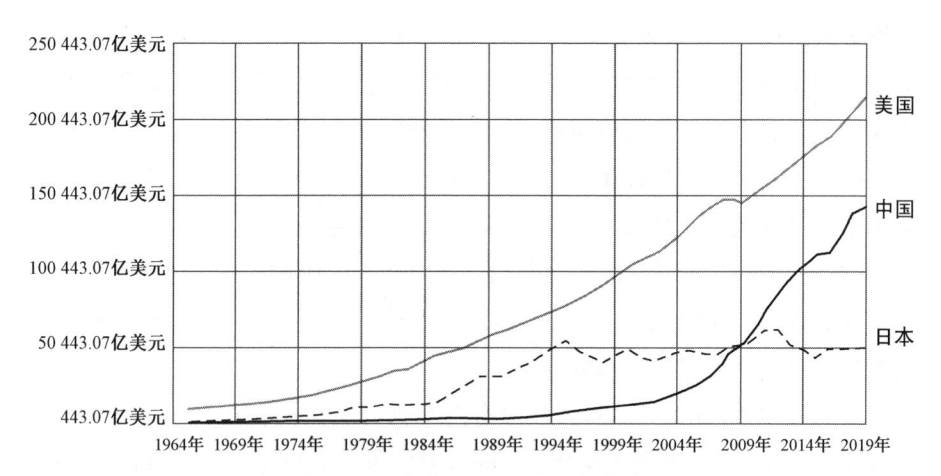

图 5-1 中美日三国 GDP 走势图

资料来源：国际货币基金组织。

美国已经认识到自身维持世界霸权的能力在下降，也注意到崛起中的中国对现行国际体系的冲击，而且美国试图拉拢中国并将其变为"自由民主"阵营中一员的策略是失败的。2017 年美国国家安全战略报告指出："几十年来，美国的政策根植于一个信念，即支持中国崛起并融入战后国际秩序将使中国自由化。"而中国的变化"与此恰恰相反"。[1] 2019 年沈大伟（David Shambaugh）就认为，小布什政府同意中国入世基于两个考虑，一是在全球秩序下控制中国经济，二是经济能够影响政治，"如果中国的经济市场化，政治体制就有可能自由化，甚至民主化。目前这显然没有发生。但那是小布什政府的设想之一"。中美教育基金主席张之香女士也曾公开指出，对华接触政策已经在美国失去信誉，因为"接触已不再被认可为通往更加安全的世界及更加自由的中国之路"。[2] 从这个角度来看，美国对华"和平演变"失败，是导致美国对华政策转变的一个关键因素。因为中国没有按照美国所希望的方式进行政治变化，所以导致美国政府希望将中国纳入其霸权秩序的偏好发生了变化。

此外，美国民众对于是否以及如何承担国际责任的偏好也开始出现变化。21 世纪以来，美国全球领导力不断遭遇挫折。这种挫折并不仅仅源自中国崛

---

[1] "National Security Strategy of the United States of America," Dec. 2017, p. 25, https://trumpwhitehouse.archives.gov/wp-content/uploads/2017/12/NSS-Final-12-18-2017-0905.pdf.

[2] 参见张之香：《美国对华政策根本性转变的原因和中国的认知盲点及误判》，钝角网，2018 年 11 月 7 日，http://m.dunjiaodu.com/top/2018-11-07/3697.html。

起所带来的挑战,更为重要的是美国政策傲慢和失误所导致的失序,例如在阿富汗和伊拉克连续发动两场战争,不但催生出更为极端的"伊斯兰国",而且再次使美国背负上沉重的战略包袱。2016 年皮尤中心的民调显示,57%的受访民众认为美国应该首先处理自身问题,少管其他国家的"闲事";41%的人认为美国已经过度地介入世界事务,而且 49%的人认为美国介入全球经济也不是好事。① 一两次民意调查并不能说明什么,但是美国国内对其对外政策的日益不满是现实。可以相信,正是这种不满成为 2016 年将特朗普这位非建制派人物送上美国总统宝座的重要力量。

回顾特朗普执政的四年,其政策有两个格外突出的特征。一是把中国定义为战略竞争对手,对华展开全方位的战略竞争。无论是 2017 年的国家安全战略报告,还是 2018 年的国防战略报告,都明确地表明了这一点。更为重要的是,特朗普的对华政策改变了美国社会的对华态度。尽管美国民众对华不友好态度在 2011 年开始超过友好态度,但是一直到 2019 年才突破 50%的比例,2020 年更是达到 77%。② 这种民意变化成为美国两党在诸多涉华问题上达成跨党派共识并采取越来越一致的立场的重要原因。多个涉华法案都在参众两院以绝对多数票数通过。

二是不断放弃多个国际承诺,不愿意承担相应的责任。特朗普政府退出多个重要的国际组织和国际协议,例如联合国教科文组织、世界卫生组织、《中导条约》《伊核协议》《维也纳外交关系公约》等。诸多"退群"的理由,主要集中于"节省资金""敦促改革""损害或限制美国主权"等。特朗普对这些国际协议和国际组织采取了一种极为现实主义的态度。他认为,这些协议和国际组织不仅没有给美国带来好处,反而增加了美国的负担。所以,他希望国际组织和多边条约朝着有利于美国利益的方向改革,进而实现美国利益的最大化,否则就退出。③ 此外,特朗普政府还不断对盟友施加压力,要求他们承担更多的在

---

① "Public Uncertain, Divided Over America's Place in the World," *Pew Research Center*, May 5, 2016, http://www.people-pres.org/2016/05/05/public-uncertain-divided-over-americas-place-in-the-world/.

② Laura Silver, Kate Devlin and Christine Huang, "Unfavorable Views of China Reach Historic Highs in Many Countries," *Pew Research Center*, October 6, 2020, https://www.pewresearch.org/global/2020/10/06/unfavorable-views-of-china-reach-historic-highs-in-many-countries/.

③ 参见邱昌情:《特朗普政府"退群"对多边主义秩序的影响及应对》,《湖北社会科学》,2019 年第 12 期,第 23—30 页。

当地驻军军费,而且在经贸领域寻求更加"公平"的贸易条件,要求"对等"原则,不愿意再给予其他国家"优惠"待遇。这种"有利则用,不利则废"的态度,表现出典型的单边主义或孤立主义行为特征。

在很多学者看来,特朗普政府的鲁莽政策和行为,不仅破坏了国际社会的多边合作,而且使以国际组织和相关协议为特征的战后国际秩序遭受到了严重的破坏,导致其约束力和权威性不断下降。

疫情下美国全球领导力的缺失和单边主义行为,显示出"美国优先"外交政策下的自私自利和无所作为。从这个角度来看,"美国优先"体现出来的是美国政治文化传统中与自由主义相对立的另外一个传统——孤立主义。美国人不再愿意为彰显美国价值观、输出意识形态以及维护全球秩序而付出代价,因为实现这一目标的成本和难度越来越大。在这一背景下,美国正在放弃自由主义世界观,转向传统的"孤立主义"。① 其他国家也越来越难以继续搭乘美国霸权的便车。转向"孤立主义"的美国越来越没有意愿继续承担维护世界秩序的责任。

三、拜登政府对华外交政策调整

拜登的竞选口号是"重建更美好未来"(build back better)。其中的一个关键词是"back",表明拜登阵营希望把特朗普总统上任四年带偏的美国纠正回来。2020年11月7日,《今日美国》公开喊出《欢迎回来,美国!》。② 在胜选演说中,拜登也指出其目的是要"让美国再次得到世界的尊重"③,表现出重新承担霸权责任的强烈意愿。但是,中美之间的战略竞争并未终止。在对华问

---

① Xenia Wickett edited, "America's International Role Under Donald Trump," *Chatham House Report*, US and the Americas Programme, January 2017; Sonya Sceats, "Trumpian Isolationism Could Help China Become a Leader in International Law," *Chatham House*, 19 January 2017, https://www.chathamhouse.org/expert/comment/trumpian-isolationism-could-help-china-become-leader-international-law [2021-04-24].

② Kim Hjelmgaard, "Welcome back, America: World congratulates Joe Biden, allies and adversaries look ahead," *USA Today*, Nov 07, 2020, https://www.usatoday.com/story/news/politics/elections/2020/11/07/joe-biden-wins-world-allies-send-congratulations-and-look-future/6170979002/.

③ Joe Biden, "President-elect Joe Biden's full victory speech," *NBC News*, Nov 8, 2020, https://www.msn.com/en-us/news/politics/read-president-elect-joe-biden-s-full-victory-speech-ar-BB1aNEyZ.

题上,美国对中国的态度已经成为跨党派、跨领域的共识。前国务卿安东尼·布林肯(Antony Blinken)在国会听证会上指出:"我认为特朗普总统对中国强硬,在取向上是正确的……我不同意他的很多具体措施,但是(他)在基本原则上是正确的,实际上对今后美国的对外政策是有帮助的。"① 所以,尽管拜登领导下的美国政府愿意重新担负起霸权责任,维护国际秩序,但该秩序意图将中国排挤出体系,不再愿意遵循建立布雷顿森林体系的逻辑:通过经贸合作来弥合国家间的冲突。特朗普在四年的执政期间,对中美关系造成的最大破坏是改变了美国社会对华预期和偏好。2021年3月4日,美国拜登政府打破常规,上台仅仅40天就在正式报告出台之前,抢先发布《更新美国优势:临时国家安全指南》(以下简称《指南》),提出本届政府的国家安全基本立场,并将中国视作唯一能够综合运用经济、外交、军事和技术实力,对稳定、开放的国际秩序构成持久性挑战的国家。② 美国将重新强调同盟体系,对华展开体系性竞争,迫使中国从美国所主导的体系中退出。中国承受的竞争压力将不只是美国一个国家,而是整个大西方体系。

1. 切断或转移在华产业链,将中国排挤出西方体系

特朗普政府对华经贸脱钩除了关税战,还包括打造所谓的"经济繁荣网络""清洁网络"。但是,在拜登政府看来,特朗普的对华竞争战略是无效或者失败的,因为中国的实力崛起是与美国在同一个国际政治经济体系内的竞争。这种体系内竞争使中美两国的利益和安全在很大程度上捆绑在一起。作为体系内的竞争者,特朗普政府在军事上的高投入并不会给中国带来致命的威胁,反而会继续增加自身的成本,因为中国没有与美国展开军备竞赛的意愿。此外,对华经贸脱钩遭到市场基于比较优势进行资源配置的强烈抵制,加征的关税很快就被市场消化。根据美国商务部数据,2019年美国贸易逆差较2018年仅仅减少约100亿美元,降幅为1.7%,2020年却又激增17.7%,高达6 787亿美元,创2008年全球金融危机以来新高。③ 因此,拜登政府对华政策在继

---

① Steven Nelson, "Blinken says 'Trump was right in taking a tougher approach to China'," *NY Post*, January 19, 2021, https://nypost.com/2021/01/19/tony-blinken-trump-was-right-to-take-tougher-china-approach/.

② "Renewing America's Advantages: Interim National Security Strategic Guidance," *White House*, March 2021, https://www.whitehouse.gov/wp-content/uploads/2021/03/NSC-1v2.pdf.

③ 数据来源于美国商务部。

承特朗普政府对华战略博弈的同时，在具体手法上做出调整。

近年来，中美关系濒临冷战边缘，尤其是意识形态领域的竞争越发激烈，但是中美贸易依然呈现增长态势。因为，尽管中美两国在意识形态、政治制度方面不在一个阵营，但同处于一个开放的世界市场体系之中，而不是分处两个平行市场。换言之，同一市场体系是中美关系的牢固纽带，产业链是延续该同一市场的关键链条。①《指南》提出，"我们的贸易和国际经济政策必须服务所有的美国人，而不仅仅是少数特权阶层"，"公司在中国做生意时不能牺牲美国的价值观"，对只注重经济利益而忽视政治利益的华尔街和跨国资本提出警告。同时，拜登政府维持了特朗普对华加征的关税，继续作为向中国施压的工具，但是不再将贸易平衡作为目标，明确提出"确保关键国家安全技术和医疗用品的供应链安全"②。"美国回来"取代"美国优先"，焦点是美国实力的建设，核心就是重建美国的产业。2021年3月24日，美国证券交易委员会（SEC）通过了《外国公司问责法案》修正案，上市公司被强制要求披露自己与本国政府的关系，证明不受政府控制。这一法案不仅极大地增加了中国企业赴美上市的难度，而且对目前已在美上市的中概股也意味着更加严厉且缺乏先例的监管。这与70年前布雷顿森林体系形成鲜明对比，美国正在对华关闭其国内融资市场。

2. 强化中美意识形态对峙与斗争

对任何大国来说，承担国际责任都是一个艰难的选择，同时面临着来自国内和国际层面的阻力，而且也必须考虑成本与收益。在国内层面，尽管精英阶层的高瞻远瞩或者好大喜功在一些情况下确实能够成为某些国家积极主动承担国际责任的强大动力，但是如果这种行为并不符合国内民众的期待，即便这种责任符合本国国家利益，那么依然会遭到强大的反对，甚至因此导致政权合法性危机。在国际层面，一国主动承担国际责任——提供公共产品——的行为，也并不一定会天然地被其他国家所接受，因为这种行为往往被其他大国怀有敌意地解读为争夺势力范围和改变现状。今天，针对中国的意识形态斗争

---

① 参见孙兴杰：《中美产业链之战与体系性大国竞争的未来》，FT中文网，2021年3月12日，http://www.ftchinese.com/story/001091761?full=y&archive&exclusive。

② "Renewing America's Advantages: Interim National Security Strategic Guidance," *White house*, March 2021, p. 20, https://www.whitehouse.gov/wp-content/uploads/2021/03/NSC-1v2.pdf.

被用来对抗市场的力量。中美经贸脱钩违背市场规律,遭到来自市场主体的强烈反对。2019年,美国政府拟对3000亿美元中国输美商品加征关税的系列听证会被一片反对之声所淹没,变成了"反对大会"。① 但是,围绕中国新疆棉花的争议,却得到多个西方大企业的支持,尽管这将导致它们巨大的商业损失。可以预见,未来中美之间的意识形态斗争将继续加剧,并向各个领域扩展。

3. 外交重新受到重视,拉拢同盟和伙伴国,试图联合对华施压

《指南》根据对美安全的重要性,对一些国家和地区进行了排序:第一序列被认定为"美国最大的战略资产",包括北约、澳大利亚、日本和韩国;第二序列涵盖了印太、欧洲和西半球,通过"共同应对挑战、分担费用和扩大合作范围"来实现"力量倍增",被点名的国家和组织包括印度、新西兰、新加坡、越南及其他东盟国家,还有欧盟和英国;第三序列是美洲邻国,加拿大和墨西哥;第四序列是中东,特别提到了以色列;第五序列是非洲。② 第一、二序列具有明显针对中国的潜在意味,其中被点名的多个国家在过去几年中与中国的关系发生了较大变化,试图打造一个对华联合发声和行动的"统一战线"。越来越多的国家开始面临在中美之间选边站队的压力。在过去的两年中,美日印澳"四国安全对话"在从司局级别提升到外长级别的基础上,再次提升到国家首脑级别,不断加强军事、产业链、网络治理等各个方面的合作。"四国安全对话"和"五眼联盟"作为美国推动对外竞争战略的主要工具,近期不断传出增加新成员的消息。

4. 将对华战略竞争纳入法律层面,着眼于长期竞争

美国处理中美关系长期是由行政部门主导,以行政政策为主要方式。例如对中美关系至关重要的法律基础是三个联合公报,但该公报性质并不属于美国的法律范畴,因此其核心内容并不一定会被下届政府自动继承。这也是美国每届新政府上台,中国都会要求对方重申一个中国原则的关键原因。特朗普执政后期,国会开始高度介入中美关系,开始大量提案、讨论乃至通过多

---

① 参见辛识平:《加征关税听证会为何成为"反对大会"》,新华网,2019年6月21日,http://www.xinhuanet.com/world/2019-06/21/c_1124653765.htm。

② "Renewing America's Advantages: Interim National Security Strategic Guidance," *White House*, March 2021, pp. 10 - 11, https://www.whitehouse.gov/wp-content/uploads/2021/03/NSC-1v2.pdf.

部涉华法案，开始直接指导政府的对华政策。2020年4月21日，美国参议院外交关系委员会(Senate Foreign Relations Committee)批准《2021年战略竞争法案》(Strategic Competition Act of 2021)，旨在对华展开全面竞争。尽管该提案距离成为正式法律还有很长一段程序要走，但明显地表露出国会希望以法律方式将中美竞争长期化的目的，并且试图主导行政部门的对华政策调整。该提案一旦成为正式法律，将大大缩小未来行政部门在中美关系上的腾挪空间。

美国霸权当然建立在其超强的实力基础上，但是其建立和维持霸权的意愿并非与实力变化同步。因为要承担提供公共产品的成本，所以美国社会对霸权的偏好在很大程度上是逐渐被塑造出来的。在这一过程中，实现和平的意愿和特殊的意识形态是将这种成本在美国国内实现合理化和合法化的重要手段。其他国家愿意加入该秩序，主要基于利益计算，是自我选择的结果，而非被迫。

美国以提供援助、开放国内市场和便利国际经贸合作等吸引和接纳的方式，建立起二战后的国际秩序。该秩序总体上获得了成功，不仅实现了较长时间的秩序内和平，而且大大促进了成员国的经济发展，美国也从中获益良多，其综合国力持续增强。这种政策逻辑在特朗普总统上台后发生了剧烈转变，特别是将中国纳入其主导的国际秩序的偏好，开始让位于以传统大国博弈为特征的战略竞争，试图对华展开体系性竞争，表现出将中国排挤出当前国际秩序的强烈意味。这种变化从本质上来看，与中美两国实力迅速接近相关，但更直接的原因是两国在互动过程中美国对华认知和偏好发生了变化。拜登政府上台后，在经贸领域继承并延续了特朗普的诸多对华政策和逻辑，甚至进一步加深程度和加大力度。

5. 从海洋方向加大对华军事威慑

冷战时期，美国前国务卿约翰·福斯特·杜勒斯(John Foster Dulles)提出了军事锁链的概念，利用岛链作为军事基地，依靠美国强大的军事力量缩小中国的海洋使用面积，削弱中国近海海洋权力。目前美国正在积极复活这一军事封锁链条。在特朗普政府时期，美国就开始逐渐加强针对中国的军事威慑，突出表现在南海和东海地区的联合行动上。2020年7月13日，美国国务卿蓬佩奥(Mike Pompeo)发表声明，明确宣布美方认为中国对南海大多数海域的离岸资源权利主张是"完全不合法的"，美方也不承认中国关于曾母暗沙为中国最南端领土的声明。在特朗普确诊感染新冠病毒后,蓬佩奥仍然坚持完成了与日澳印三外长的会面,更加凸显华盛顿想要夺回亚太地区影响力的急迫性和优先性。"四国安全对话"在外界不少人士看来有很大的可能性是在为"亚洲版小北约"的成立奠定基础,而其存在的目的当然就是遏制中国的崛起。中印边境对峙给了美国一个机会劝说长期坚持不结盟政策的印度朝着与美国建立更紧密的安全关系的方向靠近。面对美国提出的合作要求,印度方面开始对不结盟的态度闪烁其词,因为日本和澳大利亚已经是美国盟友,融入了美国领导的全球安全体系,所以美国目前的主要目标是拉拢印度入局。2020年10月19日,澳大利亚宣布受印度邀请,参加11月印度与日本海上自卫队、美国海军共同举行的"马拉巴尔(MALABAR)2020军演"。这是自"四国安全对话"开始以来,四个国家首次一起参加该军演,实现四国在防卫合作领域的强化和加深。自2007年以来,印度一直拒绝让澳大利亚参加"马拉巴尔军事演习",以避免刺激中国。但是,近年来中印边界冲突加剧使印度在一定程度上开始放弃不结盟政策,下决心深化与印太国家的战略关系。澳大利亚前国防部长琳达·雷诺兹(Linda Reynolds)表示:"这展现了印太地区四个主要民主国家间的深厚信赖关系,以及为安全领域共同利益展开合作的意愿。"日本前防卫大臣岸信夫在同年10月19日与访日的雷诺兹举行会谈,就把澳军纳入自卫队的协同保护对象达成共识。这也意味着,澳军成为美军之后第二个获得日本协同保护的外国军队,自卫队被卷入武力冲突的风险也将因此增加。

拜登政府上台后,进一步加大了在海洋上的力量投入和联合协作。2021年8月2日至27日,美国海军联同欧、亚、非洲17个国家和地区的军队,举行"2021大规模全球演习"(Large Scale Global Exercise 21)。此次演习在黑海、东地中海、南海和东海等海域同时进行,横跨17个时区,包括多个航空母舰战斗群、两栖作战群在内的36艘大型水面作战平台和潜艇参与其中,另有50艘舰艇通过虚拟网络参与演习。参与人员约25 000人,包括美海军舰队司令部,印太总部海军司令部,欧洲总部海军司令部辖下的第二、第三、第六、第七和第十舰队以及3个海军陆战队远征部队人员。此次演习被认为是自1981年美国与北约国家举行"海洋冒险"(Ocean Venture)演习以来,规模最大的一次海上军演。这表明美军在结束近20年的反恐作战任务后,开始着眼于应对大国之间的海上冲突,演习具有冷战时代高强度、大规模的特征。

第五章　中国建设海洋强国的地缘政治挑战

2021年9月24日,美日印澳举行首次线下"四方安全对话"首脑会晤并发表联合声明,尽管对中国只字未提,也未谈到台海安全,但强调在东海与南海共同应对基于规则的海洋秩序挑战。10月19日,美国参议院外交委员会通过"南海与东海制裁法案"(South China Sea and East China Sea Sanctions Act),要求美国总统在法案生效60天后,制裁涉及开发南海争议海域的中国人士或实体,包含填海造岛或建造灯塔、通信服务基地台、电力及燃料供应设施、民间基础建设工程等。此外,该法明确禁止美国政府出台任何将南海和东海视为中国的一部分的文件,并禁止为这些海域的投资提供便利等措施。法案授权总统动用的制裁措施包括冻结在美资产、拒绝入境及撤销现有签证。法案之后将送交参议院全院审议,通过后才会交由众议院审理。在两院通过后,法案将会递交总统签署后生效。2020年8月,美国特朗普政府曾就南海问题制裁多家中国企业。

2021年9月11日,美军高调公布第七舰队神盾驱逐舰"班福特"号(USS Benfold,DDG-65)通过台湾海峡的视频,挑衅中国9月1日施行的《中华人民共和国海上交通安全法》,随后持续在南海地区行动,并且靠近中国拥有主权的岛礁基地临近水域,例如9月8日进入美济礁12海里以内。此外,此前8月27日,美军神盾驱逐舰"纪德"号(USS Kidd)与海岸巡防队侦巡舰"穆洛"号(Munro)南北交叉通过台湾海峡。美方公布的照片里首度出现一艘疑似台湾当局的海军舰艇与美舰编队的影像。

美国联邦众议院军事委员会(HASC)副主席露莉亚(Elaine Luria)表示,中国在南海的动作愈来愈大,美军不能只靠现有的自由航行行动,须进一步增加在东亚区域的"持续存在",并清楚表明美国及其盟友不会同意中国的主张。传统基金会资深研究员沙德勒(Brent Sadler)指出,在持续推动分散式杀伤(Distributed Lethality)概念下,未来美国海军预计将拥有更多中小型船舰,既可以在战时避免被一网打尽,也有利于对抗中国目前采取的"灰色地带"(Gray-zone)战术;火力强大的神盾驱逐舰,在非战争时期与小型巡逻舰甚至"海上民兵"交手时会显得不够灵活自如。

2022年8月2日晚,美国国会众议院议长南希·佩洛西(Nancy Pelosi)不顾中方强烈反对和严正交涉,窜访中国台湾地区,给中美关系再次带来更加严峻的挑战,进一步恶化了海峡两岸的安全结构。在美国的政治序列中,众议院议长是仅次于副总统的第二顺位总统继承人,因此也可以被视为美国政治中的第三号人物。佩洛西成为自 25 年前共和党籍众议院议长金里奇(Newt Gingrich)后,窜访中国台湾地区的最高级别的美国国会议员。此次窜访无论是对两岸关系,还是对中美关系,都产生了巨大的破坏性影响。此次窜访极具象征意义,意味着中美两国在台湾问题上长达四分之一世纪的心照不宣的默契已经结束,"台湾牌"在美国对华政策中的工具性作用开始快速上升,台湾问题将再次高度敏感化,成为中美博弈的重要内容。

佩洛西窜访中国台湾地区是一次试探中国战略底线和耐心的手段。俄乌冲突后,美方有一大批势力希望美国加大对台湾问题的关注,并把中国和俄罗斯视为一类国家,甚至希望通过在台湾问题上的动作来逼迫中国对美采取进攻性的政策。这样一方面可以证明这些极端势力在对华问题上的"正确性"和"强硬性",另一方面可以迅速将中美两国推向新冷战,策动全世界孤立排挤中国,如同目前俄乌冲突后的俄罗斯一样,从而削弱中国的发展前景。台湾问题的重要性在中美关系敏感化的大背景下越发凸显,各方势力都希望通过在台湾问题上"象征性"言行来博取政治利益。对华强硬,捍卫所谓的"民主"正在成为美国政治中的新话语。

为了维护国家利益,震慑"台独"势力,我国于 2022 年 8 月 4 日开始在台湾岛周边多个区域进行大规模军事演习。此次环岛军演意味着我方在对台斗争中迈出了新的实质性的一步,有力地震慑了"台独"势力。这也充分表达了我方在维护国家主权和统一方面的决心和意志。

总体来看,美对华政策正在从竞争与合作并存的"两面下注"对冲(Hedging)策略转向全面竞争。历史上的中美合作是几个关键问题领域推动的,包括冷战期间的共同对抗苏联、冷战结束后的经贸合作以及美国对华政治体制改革的"期盼"。反恐、应对气候变化、打击犯罪等具体领域的问题无法成为稳定中美关系的新的压舱石。在美国把中国视作战略对手的背景下,中美发生海上军事冲突的风险越来越高。因此,当前美国对华的考量主要集中在如何避免中国战略竞争导致大规模的军事冲突。这也是为什么美国政府高级官员多次宣称要在中美关系上安装"防护栏"。这既是美国基于冷战期间美苏关系历史的经验总结,也是当下针对中国展开博弈的重要内容。2020 年 10 月 29 日中美国防部举行第一届危机沟通工作组会议的目的就在此。但是,遗憾的是两国未能顺利召开第二届危机沟通工作组会议。针对佩洛西窜访台湾的行为,中国政府宣布八项措施,其中包括:"一、取消安排中美两军战区领导通话。二、取消中美国防部工作会晤。三、取消中美海上军事安全磋商机制会议。"在这种情况下,美国认识到中国不愿意与美国构建、维持意在避免大规模军事冲突的管控机制,所以需要加大战略威慑和准备,以防万一。

可以预见,美国将加强针对中国的军事防御部署,包括加强在澳大利亚、日本、韩国、中国台湾、菲律宾等国家和地区的军事存在。2021年,韩国总统文在寅访问美国期间与拜登总统达成协议,终止《美韩导弹指南》。这意味着韩国可以研发和部署任何型号的进攻性导弹,因为韩军战时指挥权仍然在驻韩美军司令部手中,那么也意味着韩国构建的旨在提升自主性的导弹防御系统会事实上处于美军的管控之下。美国可能公开或秘密向韩国扩散部分导弹技术。这成为现实的话,其影响力将比"萨德"更加严重。2022年5月日本自民党外交委员长佐藤正久在访问美国多个智库期间,公开发表演讲称将邀请美军在北海道部署中程导弹。日本自民党内也在认真考虑未来引入美国的战术核武器。美方希望通过加强军事部署来加大威慑,团结盟友,以及逼迫中国与美国展开军备竞赛。

中共二十大报告强调,"促进大国协调和良性互动,推动构建和平共处、总体稳定、均衡发展的大国关系格局"。对中国来说,最重要的大国关系就是中美关系。能否有效应对来自美西方国家的打压、遏制,是中国能否维持和平发展道路的关键,不仅关系到中国能否建成海洋强国,而且关系到中华民族的前途命运。百年未有之大变局和世纪疫情使国际力量对比深刻调整,逆全球化思潮抬头,单边主义、保护主义明显上升,俄乌冲突的爆发和持续给国际政治经济秩序带来冷战结束以来最为严重的冲击,进一步加剧国际政治的阵营化和对抗。世界进入新的动荡变革期。

第六章

作为权力斗争工具的海洋同盟

权力竞争是理解国际关系的重要工具。在第二次世界大战之前,多个大国之间的权力竞争主宰了几个世纪的世界格局。冷战期间的权力竞争主要表现为美苏两大阵营之间的全面对抗。冷战结束后,美国成为唯一的超级大国,权力竞争曾经在短时间内呈现缓和态势。但是,进入21世纪以来,随着多极化趋势越发明显,权力竞争重新回到国际政治的舞台。[①] 2017年,美国的《国家安全战略》认为对美国国家安全构成威胁的首要来源是中国、俄罗斯等国家。[②] 这也意味着大国之间从冷战结束持续多年的战略协作开始转向战略竞争。从这个意义上来看,2017年甚至可以被认为是大国竞争之年。大国竞争导致的直接后果是世界的动荡。最为明显的案例包括"9·11"事件后全球在反恐问题上的统一立场现在已经分裂,2008年全球合力应对金融危机的努力在2020年新冠肺炎疫情防控期间再也看不到。作为地理上位于两个不同大

[①] Robert Kagan, *The Return of History and the End of Dreams*, New York: Vintage Books, 2009; Aaron L. Friedberg, *A Contest for Supremacy: China, America, and the Struggle for Mastery in Asia*, New York: Norton, 2011; John Mearsheimer, *The Tragedy of Great Power Politics*, New York: Norton, 2014.

[②] "National Security Strategy of the United States of America," Washington, DC: The White House, December 2017, pp. 2 - 3, https://www.whitehouse.gov/wp-content/uploads/2017/12/NSS-Final-12-18-2017-0905.pdf.

陆的大国,中美之间隔着宽阔的太平洋。美国对华战略博弈,也需要跨越海洋来施展。对美国来说,跨越海洋的同盟体系就成为施展力量的抓手。在大国竞争时代,曾经的斗争工具"五眼联盟"(Five Eyes Alliance)再次被激活,原本的合作机制甚至也被转变为斗争工具且在不断加强,例如"四方安全对话"(QUAD),新的多边军事同盟——美英澳"三边安全伙伴关系"也因此而形成。无论是五眼联盟、四方安全对话,还是英美澳三边安全伙伴关系,都是海洋国家之间的联盟,其合作针对的对象越发明显地指向中国,是美国团结海洋盟国遏制中国力量的重要工具。

一、"五眼联盟"作为大国权力斗争的工具被重新激活

"五眼联盟"源于第二次世界大战中英美两国之间的情报合作。为了打败法西斯,英美两国在1943年签订《英国政府密码学校与美国战争部关于特定"特殊情报"的协定》,建立起情报共享和交流机制。该机制并未随着二战结束而终止,反而因为应对冷战的需要而被进一步加强。1946年3月,英美两国再次签订《英美通信情报协定》(BRUSA,后改为UKUSA),增加了情报分享范围、权限和相关对接机制,更为重要的是增强了英属自治领加拿大、澳大利亚和新西兰在英美情报合作中的地位和作用,"五眼联盟"的合作框架被基本构建出来。[①] 随后,加拿大、澳大利亚和新西兰分别以补充协议的方式,例如《加美通信情报协议》,正式加入英美之间的情报合作机制。[②] 作为全球情报搜集合作机制,"五眼联盟"在冷战期间确实发挥了特殊的作用。但是,随着冷战结束,以及情报搜集本身的特性,"五眼联盟"并不常见诸报端。在中文世界中,对"五眼联盟"的大规模关注基本上始于2019年,在2021年年初达到顶峰,并保持一定程度的热度。根据百度指数,"五眼联盟"作为一个搜索词在2020年11月下旬达到顶峰(见图6-1)。其中的重要原因是该组织高调公开发表一些涉华言论,引发中国网络世界的高度关注。"五眼联盟"对涉华问题的高度关注和高调表态,不仅反映出大国竞争时代以美国为首的西方国家的对华战略焦虑,而且也预示着"五眼联盟"已经不再拘泥于传统的冷战时期的

[①] 李颖:《五眼联盟的演进与发展》,《国际研究参考》,2021年第8期,第18页。
[②] 黄紫斐、刘江韵:《网络时代五眼情报联盟的调整:战略引导、机制改进与国际影响》,《情报杂志》,2020年第4期,第20—29页。

情报合作，而是正在变为一个集体发声和集体行动的多边政治同盟。

图 6-1　"五眼联盟"在百度搜索中出现的频次

数据来源：百度指数。

1. "五眼联盟"的情报合作机制正在向其他国家扩展

情报合作是国家间合作的一种高级形式，属于典型高级政治范畴。"五眼联盟"成员国之间的情报交流与合作机制使之成为政治上最为亲密的同盟关系。在大国权力竞争回归的世界背景下，西方一些国家正在加强与"五眼联盟"的情报合作，或者试图直接加入该联盟机制，尤其是日本和德国。

日本一直积极与"五眼联盟"深化情报合作关系，而且在其将工作重心转向中国之后多次公开表态希望能够加入"五眼联盟"，成为其中的"第六只眼睛"。2019 年 1 月 10 日《日本经济新闻》报道，日本外务省干部表示，日本平时便与"五眼联盟"交换资讯。美国空军太空司令部在 2018 年 10 月举行多国"施里弗演习"（Schriever Wargame）时，也邀请了日本外务省、防卫省、内阁卫星资讯中心、宇宙航空研究开发机构（JAXA）参加。该演习模拟美国的太空通信系统在遭受攻击时，日本的卫星系统等能提供美军怎样的支援。这意味着日本要将自己的"视力"借给"五眼联盟"了，其中重要原因是对中国的军事力量及其在数据领域的快速成长的警惕。一名日本官员说："日本自卫队对'五眼联盟'在海上搜集到的有关中国军队的信息非常感兴趣。"[1]此外，美国哈德逊研究所（Hudson Institute）研究员亚瑟·赫曼（Arthur Herman）也在

---

[1] 《分享情报 日强化五眼联盟关系(情報共有の国際枠組み「Five Eyes」 日本も積極連携)》，日本経済新聞，2019 年 1 月 10 日，https：//www.nikkei.com/article/DGXMZO39802870Z00C19A1SHA000/。

第六章　作为权力斗争工具的海洋同盟

《日本经济新闻》网站发表文章建议,是时候让日本加入"五眼联盟"了。[①] 2020年7月21日,日本防卫大臣河野太郎在出席英国保守党的"中国研究小组"研讨会时,提出让日本加入"五眼联盟"。该"中国研究小组"的创办人、下议院外交委员会主席图根达特(Tom Tugendhat)对此表示欢迎。他认为"五眼联盟"数十年来都是情报及防御体系的核心,应该考虑可信的伙伴,以加强联盟,而日本基于很多因素,是很重要的战略伙伴,应考虑每个可让彼此更紧密合作的机会。[②] 至于日本以何种方式加入"五眼联盟",河野太郎说:"我们只要把椅子搬到他们桌边告诉他们把我们算进去就行了。"[③]

2017年,有媒体报道法国试图加入"五眼联盟",但是遭到法国国防部的否认。法国国防部表示,"五眼联盟"是一个历史形成的封闭性组织,加入其中既有优势也存在劣势,特别是可能带来国家主权受损的风险。因此,法国并无意加入该组织。但是,法国国防部也承认,早在2015年美法之间就已经建立了情报交流机制——"拉法耶特委员会"。法国通过该机制获取美国在叙利亚和伊拉克采集的涉及极端组织"伊斯兰国"的情报,以提高反恐斗争的效率。这种合作致力于与美国进行最高级别的情报交换。但是,这种"富有成效"的合作并不意味着法国将加入"五眼联盟"。[④] 这意味着法国也参与了"五眼联盟"与其他西方主要国家之间的情报合作,但参与程度没有其他国家那么高。

韩国和印度也属于"五眼联盟"重要的扩员对象。美国众议院情报委员会主席谢安达(Adam Schiff)在2019年12月就曾通过众议院情报委员会提议,为了维持印太地区的和平与规则,美国应该将与韩国、日本以及印度等国之间

[①] Arthur Herman, "Time for Japan to join the Five Eyes," *Nikkei*, September 12, 2018, https://asia.nikkei.com/Opinion/Time-for-Japan-to-join-the-Five-Eyes.

[②] Patrick Wintour, "Five Eyes alliance could expand in scope to counteract China," *The Guardian*, July 29, https://www.theguardian.com/uk-news/2020/jul/29/five-eyes-alliance-could-expand-in-scope-to-counteract-china.

[③]《日本着意加入"五眼联盟"现实考量与中国因素》,BBC 中文,2020年8月18日,https://www.bbc.com/zhongwen/simp/world-53806079。

[④]《法国否认计划加入"五眼联盟"情报网络》,中国新闻网,2017年12月19日,https://www.chinanews.com/gj/2017/12-19/8403621.shtml。

的情报分享级别提升至"五眼联盟"的相同水平。① 2021年8月25日,美国众议院情报、特殊作战小委员会提议,在决定美国国防预算的《2022财政年度国防授权法案(NDAA)》修正案中加入扩大"五眼联盟"的内容:"国家情报局局长与国防部部长协商后,到明年5月20日,向众议院军事委员会、参议院军事委员会、议会情报委员会提交关于扩大与韩国、日本、印度、德国情报共享机会的报告。"②尽管该提案最终未被国会接受,但是提案本身就代表韩国、日本、印度和德国已经被视为"五眼联盟"的扩员对象。

2. 工作内容从纯粹的情报合作不断向政经合作扩展

斯诺登事件③之后,"五眼联盟"的工作模式和战略计划等机密被严重泄露,加上这些情报部门肆无忌惮地侵犯公民私隐,导致其声名狼藉。如何重组机构、重建形象、加强保密,成为"五眼联盟"的重要工作内容。2017年,"五眼联盟"的高级情报官员齐集新西兰昆士敦。作为特朗普总统上台后的第一次会议,这次会议很大程度上代表着"五眼联盟"工作重心的重要转变。从后来势态的发展来看,正是这次会议使"五眼联盟"国家开始频繁以"五眼联盟"的身份公开对一些重大的国际事件表态,从纯粹的秘密情报搜集工作扩展到更加多元和更加公开的政治合作,特别是对一些国际重大事件集体表态发声,并协调彼此之间的政治与经贸政策。

最明显的案例来自"五眼联盟"国家对中国华为公司的集体打压。2018年7月,该情报机构负责人在加拿大召开会议,公开表示要对中国的华为技术有限公司进行遏制。④ 遏制的表面原因在于中国生产的设备可能存在信息安

---

① "Top US Congressional committee wants India, Japan, S Korea at par with Five Eyes on intelligence sharing," *Business Today*, Dec 14, 2019, https://www.businesstoday.in/latest/world/story/top-us-congressional-committee-wants-india-japan-s-korea-at-par-with-five-eyes-on-intelligence-sharing-240893-2019-12-14.

② Byun Duk-kun, "U. S. draft bill seeks possible inclusion of S. Korea in 'Five Eyes' intelligence sharing program," *Yonhap News Agency*, September 02, 2021, https://en.yna.co.kr/view/AEN20210902000400325.

③ 2013年6月,中情局(CIA)前职员爱德华·斯诺登向媒体公开爆料,美国国家安全局通过代号为"棱镜"的秘密项目监听美国公民的电子邮件、聊天记录、视频及照片等秘密资料。6月7日,时任美国总统奥巴马公开承认该计划,但强调这一项目不针对美国公民或在美国的人,目的在于反恐和保障美国人安全,而且经过国会授权,并置于美国外国情报监视法庭的监管之下。

④ Rob Taylor, "At Gathering of Spy Chiefs, U. S., Allies Agreed to Contain Huawei," *Wall Street Journal*, December 14, 2018, https://www.wsj.com/articles/at-gathering-of-spy-chiefs-u-s-allies-agreed-to-contain-huawei-11544825652.

第六章　作为权力斗争工具的海洋同盟

全隐患，更深层次的原因则是通过排挤华为以确定西方企业和规则在新一代5G移动网络的主导权。长期以来，"五眼联盟"国家对中国华为和其他中国设备制造商都存在不同程度的担忧，但是其容忍度并不相同。美国在其网络基础设施建设中几乎完全禁止了华为设备，而英国、加拿大、澳大利亚和新西兰都允许华为公司在不同程度上参与本国的5G网络建设。根据报道，与会者一致认为，在很多国家予以全面禁止华为设备是不切实际的。这反映了上述国家之间的分歧。

然而，这种"不切实际"很快就变成了现实。2020年1月，英国首相约翰逊决定允许华为公司参与英国电信基础设施中的"非核心"领域，即核电和军事设施等敏感设施以外的领域，而且对华为在英国电信行业的市场份额做出限制：不得超过35%。当年3月10日，英国议会甚至以306票对282票，否决了一项试图在2022年之前逐步将华为设备从英国5G网络建设中剔除出去的议案。[1] 与之形成鲜明对比的是，三个月后英国政府的态度就发生了巨大变化，决定将华为设备从其5G移动网络中全面剥离。这种转变的主要动力来自美国的压力。英国国家网络安全中心（NCSC）此前致函国内电信运营商，强调鉴于美国的新制裁和政府的紧急评估，他们应该保持足够的设备库存来维持网络运行。这也意味着英国的政策必须改变。7月5日，英国军情六处前局长约翰·索厄斯（John Sawers）在《金融时报》刊文指出：英国改变政策是不可避免的，"英国应该在其5G网络中禁止华为"[2]。英国数字、文化、媒体和体育大臣（Secretary of State for Digital, Culture, Media and Sport）奥利弗·道登（Oliver Dowden）表示，美国的制裁"很可能"会影响华为作为供应商的可行性。[3] 7月14日，英国政府正式决定，移动运营商被禁止在12月31日之后购买新的华为5G设备，而且还必须在2027年前从他们的网络中移除所有中国公司的5G套件。奥利弗·道登在将这一决定告诉下议院时指出，该决定的累计成本，包括此前宣布的针对华为的限制措施，将高达20亿英镑，英

---

[1] Norman Smith, "Huawei: Government wins vote after backbench rebellion," *BBC*, March 10, 2020, https://www.bbc.com/news/uk-politics-51806704.

[2] John Sawers, "The UK should bar Huawei from its 5G network," *Financial Times*, July 5, 2020, https://www.ft.com/content/4fe3a612-f430-43dd-ad89-8f319ca80e8b.

[3] 乔治·帕克、海伦·沃勒尔、尼克·法尔兹：《英国将从5G网络剥离华为设备》，金融时报中文网，2020年7月6日，http://www.ftchinese.com/story/001088416?full=y&archive&exclusive。

国 5G 的推出总延迟"两到三年",所以"这不是一个容易的决定,但对于英国电信网络、我们的国家安全和我们的经济来说,无论是现在还是长期,这都是正确的决定"。① 新西兰也经历了类似的过程。

除了对华为公司的打压,"五眼联盟"在中国香港问题上的集体表态和行动,同样是重要的案例。目前,全部"五眼联盟"国家及德、法等国家已停止跟中国香港的"移交逃犯协定",表明这些国家的统一立场。2020 年 6 月 22 日到 23 日,"五眼联盟"的国防部长和国防大臣召开了视频工作会议,明确要求扩大联盟的工作内容和职权。会议发表的联合声明承诺,在日趋复杂和充满挑战的地缘战略环境中进一步强化成员国之间的关系,解决国际准则面临的挑战,并在关键领域全面加强防务与安全合作,应对全球秩序面临的新挑战,推进民主、自由和尊重人权的共同价值观。由此可见,原本只强调纯粹情报合作的"五眼联盟"正在朝着全面结盟的方向快速前进。

针对"五眼联盟"的扩权,一些不同的声音也开始出现。2021 年 4 月 19 日,新西兰外交部长马胡塔(Nanaia Mahuta)在"新西兰—中国关系促进会"(New Zealand - China Council)发表演讲时表示:"'五眼联盟'不应偏离成员国之间的情报共享范围,扩大'五眼联盟'的职权范围让我们感到不舒服。……有时我们会与其他与我们观点相同的人合作,有时我们会单独行动。在每一种情况下,我们都根据自己的价值观和对新西兰利益的评估,独立做出决定。"②该表态一度让外界怀疑新西兰政府对"五眼联盟"产生怀疑,甚至可能因为中国问题而变成"四眼"。三天后,她在与到访的澳大利亚外长佩恩(Marise Payne)会晤时在记者招待会上做出澄清,表示"五眼联盟"是基于安全和情报的国际合作框架,新西兰重视联盟关系。此外,马胡塔还针对澳大利亚此前取消与中国"一带一路"项目表示,新西兰也会就此做出决定,澳大利

---

① Leo Kelion, "Huawei 5G kit must be removed from UK by 2027," *BBC*, July 14, 2020, https://www.bbc.com/news/technology-53403793.

② "Nanaia Mahuta likens New Zealand-China relationship to 'dragon and taniwha', who 'cannot and will not' always agree," *News Hub*, April 19, 2021, https://www.newshub.co.nz/home/politics/2021/04/nanaia-mahuta-likens-new-zealand-china-relationship-to-dragon-and-taniwha-who-cannot-and-will-not-always-agree.html.

亚为新西兰提供了清晰的借鉴。① 尽管不断遭遇质疑，但"五眼联盟"在协调成员国之间情报以外的合作方面确实发挥了重要作用。

3. 推动对华战略脱钩

2018年，美国单方面挑起中美经贸战，特朗普政府推动对华经贸脱钩。这种违背市场规则的反全球化政策在实践中遭遇巨大挫折，不但遭到生产商和消费者的批评，而且在实践中很难兑现。中美之间的进出口数据在2019年和2020年仍然在进一步增加。但是，中美经贸脱钩似乎已经成为美国政府执迷不悟的政策选择，甚至像一场瘟疫传染给其他一些国家，特别是其最亲密的"五眼联盟"盟友。英国智库"亨利·杰克逊协会"（Henry Jackson Society）在2020年5月发布研究报告，认为世界各国在831种商品上对中国具有战略依赖关系（Strategic Dependency）。根据该协会的定义，战略依赖指的是一个国家是某一特定商品的净进口国，该国家50%以上的供应来自中国，而中国控制着该特定商品全球市场30%以上的份额。"五眼联盟"成员对华战略依赖的商品类别上，澳大利亚有595个，加拿大有367个，新西兰有513个，英国有229个，美国有414个。报告认为中美贸易战和新冠肺炎疫情大流行让世界重新思考产业链过于依赖中国的危险性。"五眼联盟"需要确保影响国家关键基础设施的产业不依赖中国，比如医疗、国防、科技，以及会影响进入第四次工业革命的生物科技、化学原料、稀土等行业。为实现这一目的，报告提出三种对华脱钩策略：一是"消极性脱钩"，对关键性中国商品的进口予以限制；二是"积极性脱钩"，在本国或其他国家拓展产业链；三是"合作性脱钩"，从"五眼联盟"成员之间的经济合作、情报共享开始，并进一步扩大到印太区域的合作伙伴，如日本、韩国、印度和越南等。② 澳大利亚国会情报与安全联合议会委员会主席安德鲁·哈斯蒂（Andrew Hastie）在这份报告贡献了一篇论文，指出："对关键（商品）进口的战略依赖使我们非常脆弱，不仅易被经济恐吓，还容易带来供应链战争。"因此，他建议澳大利亚政府建立"战略行业计划"，培养制

---

① Jason Walls, "Transtasman foreign affairs ministers face Five Eyes questions," *NewsTalkzb*, April 22, 2021, https://www. newstalkzb. co. nz/news/politics/aus-nz-foreign-affairs-ministers-nanaia-mahuta-and-marise-payne-face-five-eyes-questions/.

② James Rogers, Dr. Andrew Foxall, Matthew Henderson, Sam Armstrong, "Breaking the China Supply Chain: How the 'Five Eyes' Can Decouple from Strategic Dependency?" The Henry Jackson Society, May 2020, pp. 38–40, https://henryjacksonsociety. org/wp-content/uploads/2020/05/Breaking-the-China-Chain. pdf.

药、医疗供应品和其他关键产品的自主能力。为了实现这一点,他建议脱离经济学的正统做法,由政府通过制定有时间期限的税收刺激政策,来鼓励公司建立和扩大国内生产能力。① 目前美国和澳大利亚已经在相关领域开始合作,尝试寻求中国以外的稀土来源。在 5G 技术之后,"五眼联盟"国家继续协调政策以共同推动对华战略脱钩,目前高度集中在高科技领域。

二、"四方安全对话"成为遏华新工具

2021 年 1 月 12 日,美国白宫国家安全委员会(NSC)罕见地提前 30 年公布了《美国印太战略框架》秘密文件。这份 10 页的《美国印太战略框架》于 2018 年编写,阐述了 2018 年至 2020 年美国在该地区对于中、印、朝等国的战略方针,指出美国对华战略目标是"为美国和盟友、伙伴,使用军事力量威慑(deter)中国;同时建设在各种冲突中打败中国的能力和理念"②。这份秘密文件被提前解密并公布,事实上显示出拜登政府将要继承特朗普政府的地缘政治和国家安全挑战认知,以及配套的应对方案,并希望使这种认知广泛地被美国民众和世界舆论所接受。为了实现此目标,该文件认为,要与澳大利亚、印度、日本进行战略协同,形成"以美国为核心的四方安全框架",并"深化与日本、澳大利亚的三边合作",同时"鼓励韩国在地区安全议题中发挥更大作用"。③ 正是在该文件的指导下,2020 年 8 月 31 日美国副国务卿史蒂芬·比根(Stephen Biegun)在美印战略伙伴论坛讲话中公开提出:当前"印太地区"缺乏的是如北约一样强有力的多边机构。他在讲话中透露出美国的一个意图:在印太地区成立一个"小北约",以防范"来自中国的潜在挑战",而框架基

---

① James Rogers, Dr. Andrew Foxall, Matthew Henderson, Sam Armstrong, "Breaking the China Supply Chain: How the 'Five Eyes' Can Decouple from Strategic Dependency?" The Henry Jackson Society, May 2020, pp. 5 - 6, https://henryjacksonsociety.org/wp-content/uploads/2020/05/Breaking-the-China-Chain.pdf.

② "U.S. STRATEGIC FRAMEWORK FOR THE INDO-PACIFIC," NSC SCG 000174, declassified in part by Assistant to the President for National Security Affairs Robert C. O'Brien, page 7, accessible in US Navy Institute, https://news.usni.org/2021/01/15/u-s-strategic-framework-for-the-indo-pacific.

③ "U.S. ST TEGIC FRAMEWORK FOR THE INDO-PACIFIC," NSC SCG 000174, declassified in part by Assistant to the President for National Security Affairs Robert C. O'Brien, page 4, accessible in US Navy Institute, https://news.usni.org/2021/01/15/u-s-strategic-framework-for-the-indo-pacific.

础正是美、日、印、澳"四方安全对话"。①

1."四方安全对话"已经完成机制化建设

当今时代的大国竞争与过去不同,比起军事同盟下的进攻能力,更需要彼此的综合政策协调,特别是在各个领域实际合作的能力。"四方安全对话"在解决了澳大利亚退出、印度战略犹豫等问题后迅速崛起,已经基本完成战略框架的搭建,彼此间必要的双边协定已经完成,例如《后勤相互保障协定》《通信兼容与安全协议》等。此外,还实现了长期未能实现的四国联合军事演习——"马拉巴尔军事演习"。在疫情冲击下的亚洲地缘战略局势中,美、日、印、澳的安全合作呈现前所未有的强化态势,向着亚洲版"小北约"快速演进。作为美国拜登总统上台以来第一次主持的多边峰会,美日印澳首次首脑峰会凸显出印太区域对美国新政府战略设计的重要性。从这个角度来看,拜登政府不但继承了特朗普"印太战略"的核心内容,尽管名称在未来可能会有所调整,而且还将进一步强化。"四方安全对话"正在从纯粹安全领域的地区合作转向更加多元化的战略同盟。

"四方安全对话"机制最早是由日本前首相安倍晋三在2007年提出的,意图促进美日印澳之间的"菱形"②安全合作。但是,该机制自提出以来,进展不大,特别是最具有象征意义的四国联合军事演习一直未能实现。然而,随着国际形势的变动,"四方安全对话"越来越受到美国的重视,开始不断提高合作级别和广度。2019年9月,四国在纽约召开第一次成员国外交部长会议,2020年10月在东京召开第二场外交首长会议。时隔不到半年,2021年年初四国又将对话提升到"首脑级别",在3月(线上)和9月(线下)举行了两届首脑峰会,并承诺以后每年举行一次外长会议,年底前举行一次首脑峰会,背后体现出美日印澳在当前国际形势下加强全方位合作的紧迫感。

与此前两次部长级会谈不同,首次首脑峰会声明只字未提中国,有意淡化该合作机制的"反华色彩"。正如参与峰会的美国总统国家安全事务助理沙利文(Jake Sullivan)所指出,峰会的焦点不在于中国(not fundamentally about

---

① Joshua Alley, "Does the Indo-Pacific Need an Alliance like NATO? And should the United States try to create such an organization?" The National Interest, October 17, 2020, https://nationalinterest.org/blog/buzz/does-indo-pacific-need-alliance-nato-170896.

② 将地图上的美国夏威夷、日本东京、印度新德里和澳大利亚堪培拉进行简单连线,能够大致构成一个菱形几何图形。

China),但是峰会让拜登政府可以站在"强势地位"(from a position of strength)跟中方展开会谈。① 考虑到随后中美在美国阿拉斯加的安克雷奇——这个距离两国首都几乎同等距离的地方,举行"2+2"高层会晤,此次四国安全峰会的意义格外凸显。特别是从峰会后公布的声明来看,四国合作领域包括以规则为基础的海洋秩序、关键和新兴科技的合作,例如半导体供应链安全等,都是一向被视为中方挑战的议题,透露出制衡中国影响力的强烈意味。所以,《日经亚洲》在报道中指出:应对中方崛起是促进四方安全对话机制"心照不宣的黏合剂"。② 美国兰德(RAND)公司甚至建议,将美国支持的非正式四方安全对话转变为一个在印度太平洋地区公开的反华联盟。③ 印度被美国视为该四方机制的关键参与者。《美国印太战略框架》要求加快印度的崛起和能力建设,使之成为美国主要的防务合作伙伴和地区安全的提供者,通过外交、军事和情报支持,帮助印度解决与中国的陆地边界争端。④ 2020年9月17日,澳大利亚洛伊国际政策研究所(Lowy Institute)发布报告,指出在经历了50年的紧张或疏远的战略关系后,印度和澳大利亚在21世纪初开始打造一种日益合作的防务和安全伙伴关系。其主要驱动因素是对中国崛起的担忧。⑤ 从澳大利亚对"马拉巴尔军事演习"的态度能够明显看出这种变化。2008年陆克文(Kevin Rudd)政府当选后,澳大利亚决定退出"四方安全对话",这一决定在一段时间内引起争议。印度认为这表明澳大利亚人不值得信

---

① "Press Briefing by Press Secretary Jen Psaki and National Security Advisor Jake Sullivan, March 12, 2021," The White House, March 12, 2021, https://www.whitehouse.gov/briefing-room/press-briefings/2021/03/12/press-briefing-by-press-secretary-jen-psaki-march-12-2021/.

② 转引自《淡化反華色彩 QUAD峰會聲明未提中國》,明报新闻网,2021年3月14日,https://news.mingpao.com/pns/國際/article/20210314/s00014/1615660649780/淡化反華色彩-quad峰會聲明未提中國.

③ Derek Grossman, "The Quad Is Poised to Become Openly Anti-China Soon," The Rand, July 28, 2020, https://www.rand.org/blog/2020/07/the-quad-is-poised-to-become-openly-anti-china-soon.html.

④ "U. S. STRATEGIC FRAMEWORK FOR THE INDO-PACIFIC," NSC SCG 000174, declassified in part by Assistant to the President for National Security Affairs Robert C. O'Brien, p. 5, accessible in US Navy Institute, https://news.usni.org/2021/01/15/u-s-strategic-framework-for-the-indo-pacific.

⑤ Dhruva Jaishankar, "The Australia-India Strategic Partnership: Accelerating Security Cooperation in the Indo-Pacific: Shared concerns about China's rise have propelled Australia and India to deepen their security ties," Lowy Institute, September 17, 2020, https://www.lowyinstitute.org/publications/australia-india-strategic-partnership-security-cooperation-indo-pacific.

任。澳大利亚官员指出,印度高级领导人当时也对四国间合作以及在孟加拉湾的多边军事演习感到担忧。① "马拉巴尔军事演习"名义上是印美双边海军演习,日本是永久受邀国。虽然印度明确表示将"四方安全对话"与该演习相区别,但实际上随着澳大利亚后来多次要求以观察员身份参加马拉巴尔军演,外界根本无法将两者区分。

从合作内容来看,"四方安全对话"在2007年举行的时候,只是一个低级别的外交部机制,目的是在该地区发出政治信号,改善这些国家之间的协调关系。2017年被重新激活后,其迅速上升到外交部长级别,乃至政府首脑级别。合作内容已经突破纯粹的安全领域,快速向经济领域扩展,特别是在重塑全球产业链方面。一方面,军事安全领域的合作几乎已经遇到天花板。作为该机制中唯一与美国不存在军事同盟条约的国家,印度是实现四国安全合作的关键。在这方面,美印之前已经快速取得了多项成果,例如从2016年以来,印度与美国签署了多项基础协议:《后勤交换备忘录协议》(LEMOA)、《通信兼容与安全协议》(COMCASA)、《军事信息总体安全协议》(GSOMIA),以及能够共享军事地理空间数据的《地理空间基础交流与合作协议》(BECA)。印度正在事实上成为美国的"非条约同盟国"。这也使美国在印太地区的双边同盟体系正在迅速向多边同盟体系转变。2020年11月,澳大利亚首次参加了四国同时参加的年度"马拉巴尔军演",将四国间的军事合作再次提升。但是,作为不结盟运动的倡导者,印度很难放弃长期以来所坚持的外交政策,更难以接受有军事义务束缚的同盟条约。所以,四国安全合作也只能止步于此。

另一方面,在和平与发展成为时代主题的今天,军事竞争的重要性已经让位于以经济和科技实力为基础的综合国力的较量。冷战结束后,世界经济和科技的快速发展得益于不断加深和加快的全球化,特别是相互依赖基础上的国际合作。特朗普政府推动中美经贸脱钩的企图遭到来自市场力量强大的阻力,因为它违背市场逻辑。根据中国国家统计局数据,2018年中美进出口总额为4.18万亿人民币;2019年为3.73万亿元,同比下降10.8%;2020年又增加到4.06万亿元,同比增长8.8%。② 美国商务部数据显示,2020年美国

---

① Rahul Mishra, "India-Australia Strategic Relations: Moving to the Next Level", *Strategic Analysis*, Vol. 36, Iss. 4, 2012, pp. 657-662.
② 数据来源于中国海关总署。

对华商品贸易逆差降至3 108亿美元,低于2018年的4 195亿美元。① 从数据上来看,中美经贸摩擦确实对两国之间的进出口造成巨大伤害,但是随着时间推移,这种伤害正在逐步减弱。拜登政府也仍然未放弃对华经贸脱钩的企图。2021年两次"四方安全对话"峰会声明在经济领域合作方面所透露出来的弦外之音,依然是打造排除中国的产业链,从关键领域继续推动针对中国的"脱钩"。例如,四国计划重新建构稀土供应链,研发低成本、低放射性废料排放精炼技术,让公有金融机构为稀土相关企业提供融资,同时将起草稀土出口国际规则。这些动作无疑都是在挑战中国稀土在国际市场上的主导地位,降低对华稀土产品的依赖。美日印澳在新冠病毒疫苗生产和分发领域的合作,事实上也是对华展开"疫苗外交大战"。②

《美国对中国的战略方针》(United States Strategic Approach to the People's Republic of China)所提出的"推回"(Pushing back)政策③正在发挥作用,从各方向对华展开博弈。美国提前解密《美国印太战略框架》等于将中美目前趋于竞争对抗的发展态势摆到明面上,且进一步明朗化。这一方面拜登政府"建章立制",通过缩小灰色地带来减少新政府的外交转圜空间,另一方面明确告诉其他希望在中美之间"骑墙"的国家开始需要在中美之间选边站队。"四方安全对话"峰会则表明,他们已经就目前的战略形势达成共识,同时需要采取迅速的行动。在大国权力竞争导致的世界动荡中,"四方安全对话"机制已经成为美国维护霸权和遏制中国崛起的重要工具。但是,该组织明显的反华性质导致了其规模扩大被限制和地区合法性等问题。目前来看,"四方安全对话"机制的作用依然停留在威慑层面,今后会依更加具体和实际的作用进行扩容——不仅仅是成员上的扩容,而且包括合作领域的扩容。

2. "四方安全对话"机制的成员扩容

美、日、印、澳当然是"四方安全对话"的核心国家,为了继续加大战略威慑能力、打造集体行动话语权,成员国会进一步扩充。但是出于对中国"报复"的

---

① 数据来源于美国统计局。
② 《英媒:为对抗中国,美国拉拢日印澳在亚洲搞疫苗分发计划》,观察者网,2021年3月3日,https://www.guancha.cn/,访问日期:2021年10月9日。
③ "United States Strategic Approach to the People's Republic of China," The Trump White House Archives, May 26, 2020, p. 13, https://trumpwhitehouse.archives.gov/wp-content/uploads/2020/05/U. S.-Strategic-Approach-to-The-Peoples-Republic-of-China-Report-5. 24v1. pdf.

担忧,相关国家一直避免做出明确表态。所以,尽管美国一直重点拉拢一些国家加入"四方安全对话",但是最终能否成功依然取决于中美之间和被拉拢对象与中国之间的互动关系。根据国家实力和地理位置,特别是在"四方安全对话"机制中的能力与作用,潜在加入该机制的国家可以分为三类。

第一类是拥有重大地缘政治与地缘经济利益的国家,主要是指韩国。韩国是中国的海洋邻国,拥有较大体量的人口,工业基础相对雄厚,军事能力也较强。更为重要的是,韩国与中国存在一些历史纠纷。因此,韩国在军事和政治上能够对华形成牵制,在经济与贸易上能够对华形成替代效应,最符合美国扩大"四方安全对话"机制的要求。

韩国目前是美国重点拉拢对象,美现任和前任政府高官都已经公开表态邀请韩国加入"四方安全对话"。2021年9月,韩国保守派总统候选人尹锡悦(Yoon Seok-youl)在竞选期间曾公开表示希望逐步加入包括美国、日本、澳大利亚和印度在内的"四方安全对话"机制。[1] 4月2日,日本《读卖新闻》(Yomiuri Shinbun)报道称,美国总统国家安全事务顾问杰克·沙利文在与韩国青瓦台国家安保室室长徐薰举行会谈时,强烈要求韩国加入"四方安全对话",但徐薰表示:"我们虽基本同意,但请理解(韩国的)立场。"[2]该消息随后却遭到韩国政府否认。青瓦台有关负责人在11日接受韩联社电话采访时表示,《读卖新闻》所援引的内容非常不准确,韩方没有收到美方有关加入"四方安全对话"的要求。[3] 在白宫公布的新闻稿中,美国高级官员指出"四方安全对话"是一个非正式的团体,开放的机制,"我们与韩国朋友进行了非常密切的磋商。……我们随时欢迎与韩国朋友进行更密切的磋商交流"。[4] 但是,美国前副总统迈克·彭斯在出席由朝鲜日报社主办的第12届亚洲领导力会议(ALC)时则明确表示:"有舆论强烈要求'四方安全对话'应该对韩国敞开大

---

[1] 《韩总统候选人:希望逐步加入美日印澳集团》,观察者网,2021年9月23日,https://www.guancha.cn/。

[2] 《日媒:美方强烈要求韩国加入"Quad"》,《亚洲日报》,2021年4月11日,https://www.yazhouribao.com/view/20210411094331379。

[3] 《韩青瓦台:日媒报道美要求韩加入四国集团失实》,韩联社,2021年4月11日,https://cn.yna.co.kr/view/ACK20210411001400881?section=search。

[4] "Background Press Call on the Upcoming Trilateral Meeting with Japan and the Republic of Korea," The White House, April 1, 2021, https://www.whitehouse.gov/briefing-room/press-briefings/2021/04/01/background-press-call-on-the-upcoming-trilateral-meeting-with-japan-and-the-republic-of-korea/.

门,希望拜登政府能够予以考虑。……现在,域内'热爱自由的国家'比起以往任何时候更需要同美国一起摸索新的合作道路。"美国前国防部长马克·埃斯珀也表示:"韩国若想同长久以来的同盟美国一起,在未来同中国的竞争中获胜,就必须加入'四方安全对话'。"①现任白宫官员当天也表示:"美国关心的是'四方安全对话'。"事实上,3月10日,据韩联社报道,韩国总统府表示韩国将考虑是否以"透明、开放和包容"的方式加入"四方安全对话"。② 但是,韩国政府一直对此表态谨慎,不愿意明确地表示同意。

在美国的压力下,韩国虽然没有宣布加入"四方安全对话＋"体系,但是在合作内容和形式上,都明显地表现出"四方安全对话＋"参与国特性。为了顾及中国的反应,韩国参与"四方安全对话＋"主要分为直接和间接两种方式。一方面,韩国直接参加以"四方安全对话"国家为主所举办的活动、会议。韩国在2020年3月20日,首次加入与"四方安全对话＋"国家的对话,就应对新冠肺炎疫情进行了讨论。2021年5月11日,美国、韩国、日本等国64家企业宣布成立美国半导体联盟,在半导体供应链领域配合美国围堵中国的战略。这是"四方安全对话"迈向"四方安全对话＋"的重要标志。另一方面,韩国通过参与"民主10国"(七国集团和"四方安全对话"结合版),隐性、间接参加"四方安全对话＋"。6月11日,2021年度七国集团峰会在英国举行,韩国作为特邀参会国家参加。事实上,韩国不断迈向"四方安全对话＋"会带来"多米诺骨牌效应",鼓励越南、英国、加拿大等国采取效仿行为,不断突破"四方安全对话"的固有组织框架和地区现状。美国是韩国唯一的同盟国,韩美同盟是韩国外交与安全政策的基石,但与此同时,中国是韩国的近邻和最大的贸易对象国。所以,韩国面临选边站队的巨大压力,在不断向美国靠近的同时,也仍在尽量避免激怒中国。例如韩国没有参与直接点名批评中国的G7峰会联合声明,而只参与了没有提及特定国家的开放性社会声明。韩国最终是否加入"四方安全对话"取决于中韩关系和朝韩关系的发展。如果中韩关系继续保持稳定和健康发展,韩国大概率会继续执行目前的模糊政策,避免明确地加入"四方

---

① 金真明、元先宇、梁智皓:《若想在与中国的竞争中获胜,韩国也应加入"四方安全对话"》,朝鲜日报中文版,2021年7月1日,http://cnnews.chosun.com/client/news/viw.asp?nNewsNumb＝20210755581&cate＝C01&mcate＝m1001。

② 《韩青瓦台:拜登政府不会推迟制定对朝政策》,韩联社,2021年3月10日,https://cn.yna.co.kr/view/ACK20210310006000881?section＝search。

安全对话"。但是，如同"萨德入韩"事件，如果中韩关系再次因为朝核问题或其他敏感问题急剧恶化，那么韩国大概率将迅速加入"四方安全对话＋"。目前朝鲜再次陷入极度的经济危机，采取冒险性军事措施的概率在逐渐增加。在安全威胁压力下，韩国在对外政策中保持灵活和模糊的空间越来越小。

第二类国家，拥有重大战略价值的西方同盟国，例如英国、法国等西方国家。这些国家在印太地区往往没有领土，或者只拥有少量的岛屿等。这决定了印太地区不是这些国家的核心利益地区。但是，这些国家往往在印太地区与美国一样拥有类似的战略利益，也因此愿意加入或者配合"四方安全对话"机制。英国是此类国家中最为积极的国家。2020年5月29日，英国首相约翰逊提议，基于七国集团(G7)加上印太国家印度、韩国和澳大利亚三国组建"民主10国"(D10)以应对中国的威胁。拜登政府的印太政策协调主管坎贝尔认为"四方安全对话"扩容很重要，美国支持英国关于创建"民主10国"的想法，并称"需要盟友与伙伴组成联盟来应对中国的'挑战'"。[①] 在英美两国的推动下，"七国集团"和"四方安全对话"领导人在2021年6月11日正式聚首英国参加"G7＋"峰会。虽然没有公开有关"民主10国"的相关信息，但从与会人员构成、公报内容等方面来看，此次"G7＋"峰会基本就是"D10"性质的会议。与韩国类似，英国也在隐形加入"四方安全对话＋"，在行动上积极参与该对话机制的诸多联合行动。英国"伊丽莎白女王"号（HMS Queen Elizabeth）航母打击群在5月展开亚洲之旅，与印度海军在孟加拉湾海域举行联合演习。之后，该航母打击群进入并穿越南海，参加"四方安全对话"计划于8月底在西太平洋关岛附近举行的"马拉巴尔军事演习"，与美国、印度、新加坡、日本、韩国、澳大利亚等区域盟友举行联合演习。随后在9月停靠日本，与日本自卫队在西太平洋进行联合演习。另据时任英国国防大臣华莱士与时任日本防卫大臣岸信夫发表的联合声明，英国将从2021年8月开始在东亚地区永久部署两艘军舰。[②] 值得关注的是，英国航母打击群经过东沙群岛后，特

[①] Kurt M. Campbell, "How America Can Shore Up Asian Order," *Foreign Affairs*, July 26, 2021, https://www.foreignaffairs.com/articles/united-states/2021-01-12/how-america-can-shore-asian-order.

[②] "Britain to permanently deploy two warships in Asian waters," *Reuters*, July 21, 2021, https://www.reuters.com/world/uk/britain-permanently-deploy-two-warships-asian-waters-2021-07-20/.

意不经过台湾海峡,反而绕道巴士海峡沿台湾东部北上,表现出无意与中国正面冲突的克制。在英国航母打击群之中,有一艘荷兰巡防舰与一艘美国驱逐舰,显示英、荷两国依然依赖美国的强势领导。鉴于二战后英国在对外战略和政策上长期追随美国的传统,英国在未来加入"四方安全对话+"机制的概率较高。这一方面取决于美国的影响,另一方面取决于南海、台海局势的发展。

法国作为美国的北约盟友,虽然直接加入"四方安全对话+"机制的概率不高,但在具体行动上采取类似或配合行为的可能性极大。2021年4月,法国与"四方安全对话"机制成员国在孟加拉湾展开了为期3天的联合军演,在行动上将四国组织进行了扩员。这个"四方+1"的联合军演在形式上突破了"四方安全对话"。据印度WION新闻网8月8日报道,法国总统马克龙、印度总理莫迪和澳大利亚总理莫里森正在考虑在10月意大利二十国集团(G20)罗马峰会期间举行首次三国首脑峰会,将2020年9月首次举行的外交部长级、副部长级别的三边会谈提升到领导人级别。① 2021年5月,七国集团(G7)外长会在英国伦敦举行期间,法印澳等三国外长举行了首次三方对话的外长级会议。会后,三国发表联合声明指出,印度、法国和澳大利亚致力于推进其共同的价值观,共同致力于实现一个自由、开放、包容和基于规则的印度洋—太平洋。三国外长表示,同意深化在印太地区的海上安全和安保合作。早在2018年5月,法国总统马克龙就提出了建立一个"巴黎—新德里—堪培拉轴心"的概念。② 法印澳三边对话从副外长级别快速提升至外长级别,再到政府首脑级别,几乎复制了"四方安全会谈"的路径。

第三类国家,如德国和荷兰,由于军事能力和国际战略影响力相对较弱,在行动上可能会配合或响应美国以及"四方安全对话"机制的倡议和行动。2021年,德国海军派遣一艘巡防舰前往南海参加由"四方安全对话"四国举行的联合军演,是20年以来首次行为,意义非凡,但也仅停留在象征意义层面,军事意义不大。

---

① Sidhant Sibal, "France, India & Australia trilateral to be elevated to leaders' level as Modi, Macron, Morrison's meet envisaged", *WION*, August 8, 2021, https://www.wionews.com/india-news/france-india-australia-trilateral-to-be-elevated-to-leaders-level-as-modi-macron-morrisons-meet-envisaged-403983.

② Denise Fisher, "French choreography in the Pacific", Lowy Institute, May 7, 2018, https://www.lowyinstitute.org/the-interpreter/french-choreography-pacific.

三、AUKUS：印太地区第一个多边军事同盟

2021年9月15日，美国总统拜登、英国首相约翰逊和澳大利亚总理莫里森共同宣布三国成立一个安全伙伴关系新合作机制——AUKUS，大幅度深化彼此间安全和防御能力方面的合作，同时"促进更深层次的信息和技术共享，推动安全和国防相关科学、技术、产业基地以及供应链之间的深度融合"。① 该消息一经公布就立刻在全球战略界引发巨大的震撼和争议。

拜登总统在演讲中说，美英澳三国已经并肩作战一百多年，AUKUS将"三国合作深化的形式正规化"。② 从成员来看，AUKUS由"五眼联盟"和"四方安全对话"的核心成员组成，并且英美借此帮助澳大利亚建造核动力潜艇的行为使之更具有强烈的军事同盟色彩。这种同盟关系超越了"五眼联盟"下的情报合作层次，致力于更高、更全面、更深层次的军事与技术合作。AUKUS强调了"制衡"和"威慑"的目标，也成为亚太地区第一个"多边军事同盟"。澳大利亚前驻美大使乔·霍基(Joe Hockey)宣称，AUKUS是通往军事和情报"皇冠上宝石的大门"，甚至将之比喻为"太平洋共同防卫组织2.0版"(ANZUS 2.0)。他认为该机制不仅是为了对抗中国在印太地区的实力，也是为了对抗俄罗斯的实力。③ 不久之后，俄罗斯安全理事会秘书长尼古拉·帕特鲁舍夫(Nikolai Patrushev)称该协议为"亚洲版北约的原型"(prototype of an Asian NATO)。他补充说，"华盛顿将试图让其他国家加入这个组织，主要是为了推行反华和反俄政策"④。法国策略研究基金会(FRS)研究员安托

---

① 《关于AUKUS的三国首脑联合声明，白宫，2021年9月15日》，美国驻华大使馆和领事馆，2021年9月17日，https://china.usembassy-china.org.cn/zh/joint-leaders-statement-on-aukus-cn/?_ga=2.255625610.364358968.1632835223-2044732243.1618728125。

② 《拜登总统、澳大利亚总理莫里森和英国首相约翰逊宣布建立美英澳三边合作关系[摘译]》，美国驻华大使馆和领事馆，2021年9月17日，https://china.usembassy-china.org.cn/zh/https-china-cn-mwp-usembassy-gov-remarks-by-president-biden-prime-minister-morrison-of-australia-and-prime-minister-johnson-of-the-united-kingdom-announcing-the-creation-of-auku-cn/?_ga=2.149128884.364358968.1632835223-2044732243.1618728125。

③ "Hockey: AUKUS is a 'game changer' against China, improving Russia's capabilities," *Sydney News Today*, Septmeber 16, 2021, https://sydneynewstoday.com/hockey-aukus-is-a-game-changer-against-china-improving-russias-capabilities/349592/.

④ Jacob Paul, "Russia threatens 'Asian NATO' in fury to West over AUKUS nuclear submarine deal," *Express*, September 23, 2021, https://www.express.co.uk/news/science/1495367/russia-news-asian-nato-moscow-vladimir-putin-beijing-china-aukus-nuclear-submarine-usa-uk.

万·邦达兹(Antoine Bondaz)表示,美英澳三方协议令一个存在已久的忧虑成真:美国在印太地区的联盟多边化,今天是澳大利亚和英国,明天可能是日本。因为 AUKUS 意味美国愿意转让核动力推进等关键军事技术,确实对一些国家存在巨大吸引力。

虽然美国官方拒绝将"五眼联盟"、"四方安全对话"、AUKUS 同"反华"联系起来,但它们本质上就是围绕中国搭建的不同形式的抗华组合。[①]那么为何要成立多个存在重叠成员的不同合作机制呢?从军事战略角度来看,"五眼联盟"和"四方安全对话"都存在缺陷。地球自转一天是 24 小时,以 8 小时工作时间为标准,可以划分为 3 个工作时区。就像金融领域的纽约、伦敦和香港三个国际交易中心可以实现全天候无缝衔接地进行交易一样,"印太战略"需要在印太地区寻找一个核心支柱,以实现全天候无缝衔接的战略威慑。冷战期间的日本长期担任这一角色,但是随着技术进步——武器攻击范围扩大和军力投射速度加快,日本的角色在地理上已经过于靠近中国大陆。更重要的是,中日经贸领域的深度合作和日本国内和平宪法的掣肘,使美国越来越怀疑日本是否有能力和意愿继续承担这一角色。印度本来是美国重点争取的对象,但现实也做出了否定的回答。印度落后的工业实力、国家治理能力和不结盟的外交政策,使之只能发挥策应作用,而无法独立承担战略任务。例如,澳大利亚国立大学国家安全学院资深研究员布鲁斯特(David Brewster)表示,同属"四方安全对话"的美、日、澳先前就发现,他们一次只能和一支印度部队联合演习,有海军就没空军,反之亦然,而这严重阻碍了绝大多数军事合作。[②]AUKUS 联盟格外注重军队之间相互协调的重要性,这正是印军内部目前匮乏之处。此外,虽然中印边界对峙关系紧张,但印度仍然非常谨慎,不想被视为与美澳日拉帮结派对付中国。这也成为美国在"四方安全对话"之外打造AUKUS 的重要原因:印度军队既没有意愿,也没有能力在战时与美军形成足够强大的合力。美国在进行核技术扩散时,会同时考虑两个因素:一是技术上接受国是否能够有能力运行和维护核潜艇,二是战略上这种扩散是否有利于

[①] 《美媒:若要有效地与中国竞争,Quad 四国(美日印澳)必须亲亚洲而非反华》,环球网,2021年 8 月 30 日,https://www.huanqiu.com/。

[②] Sudhi Ranjan Sen, "Indian military accelerates historic overhaul to counter China," *The Japan Times*, September 24, 2021, https://www.japantimes.co.jp/news/2021/09/24/asia-pacific/india-military-overhaul/.

美国国家利益和战略谋划。诚然,几乎很少有国家能够同时满足这样的门槛。澳大利亚的文化、人种、政治体制、工业实力、国土面积、人口总量和地理位置,是印太地区几乎唯一符合美国要求且高度被信任的同盟国。从地缘政治上来看,加拿大紧邻美国,没有必要再加强;新西兰则因为体量太小而价值不高,且其本身就拒绝核潜艇,已经表示不会让澳大利亚核潜艇进入其水域。根据AUKUS协议,英美将为澳大利亚打造一支拥有八艘核动力潜艇的舰队,三国还可分享人工智能、网络、水下系统和远程打击能力等高科技技术。外界指出,美国可借此获得一个大陆等级的基地,形成更强大的战略威慑。在过去的63年间,美国只向一个国家——英国,扩散了核动力潜艇技术。所以,现在英美向澳大利亚扩散核动力潜艇技术,意味着澳大利亚将成为美国在印太地区最为倚重的战略支柱。尽管联合声明表示"澳大利亚仍然致力于履行作为一个无核武器国家的所有义务",但能够驱动潜艇的核燃料浓缩程度完全达到武器级别。再加上澳大利亚是世界公认的全球铀矿储量最丰富的国家之一,未来在特殊情况下进一步拥有核弹并非完全是天方夜谭。或者还存在另外一种可能,即澳大利亚的核动力潜艇在南太平洋无核区以外搭载英美核武器,执行战术或战略威慑任务。英美技术武装的澳大利亚潜艇编队,可以与英美海军舰队实现无缝对接,更容易实现战术协作,承担联合行动的任务。这也说明AUKUS的目的是真正的军事行动,或者说是为"战争"做好准备。

在AUKUS成立后,"四方安全对话"成为亚洲版小北约的可能性在降低。或者说,美国看到将"四方安全对话"打造成为亚洲多边军事同盟的难度太高,尤其是有印度的反对,所以才又成立了AUKUS。"四方安全对话"的同盟性质将越来越被削弱,但其重点是通过集体行动来主导国际舆论,以及在半导体等关键领域打造新的全球供给链。同时,该机制也是美国力图主导地区合作的关键工具,以削弱东盟的地区影响力。澳大利亚总理莫里森形容"四方安全对话"与AUKUS有"互补"作用,"它们不是取代,而是增强"。所以,他在"四方安全对话"峰会后公开表示,事前通知了日本和印度领袖有关澳大利亚转用美国技术建造核潜艇一事,因他们是"'四方安全对话'伙伴,故有特别安排"。① 这种明显区分亲疏的行为和表态,旨在敲打所有试图在对华战略中维持模糊或"骑墙"政策的国家。时任日本首相菅义伟在会上称,日方认为AUKUS为"印太地区的和平和稳定发挥了重要作用"。

总而言之,美国在印太地区已经形成多个致力于联合对华展开战略竞争的"小团体"。无论是"五眼联盟""四方安全对话",还是AUKUS,都服务于美国"印太战略"。这种行为无疑将加剧印太地区的局势紧张和大国猜疑,在和平与发展依然是时代主题的现实背景下违背了历史潮流。

---

① Alex Wayne and Justin Sink,"Morrison Says He Told Modi, Suga About Sub Deal in Advance," *Bloomberg Quint*,September 25,2021,https://www.bloombergquint.com/business/morrison-says-he-told-modi-suga-about-sub-deal-in-advance.

第七章

战略应对:从新型大国关系到命运共同体

从改革开放的历史来看,中国的和平崛起与融入战后美国主导的开放的国际政治经济体系息息相关,特别是2001年中国加入世界贸易组织,成为中国经济腾飞最大的推动力之一。在这一过程中,中国一直坚持相信和平与发展是时代主题。1985年6月4日,邓小平在军委扩大会议上指出:"在较长时间内不发生大规模的世界大战是有可能的,维护世界和平是有希望的。"[①]也正是在这种准确的认知下,中国制定了"以经济建设为中心,坚持四项基本原则,坚持改革开放"的社会主义初级阶段基本路线。换句话说,中国的发展和崛起有赖于和平与发展是时代主题的国际环境,特别是自由开放的贸易体系和和平海运。但是,这个国际环境无法摆脱美国因素,甚至在很大程度上取决于美国的对外政策。一个严肃的问题随着中国实力越来越强大也越来越突出,那就是在社会性质上与美国完全异质的中国如何在发展壮大或者说崛起过程中不断赢得美国的理解和支持,至少是不反对。目前来看,西方的国际关系理论根本无法解决这个问题。尽管中国的海洋强国目标是更好地维护国家海洋权益,但是似乎很难阻止美西方国家从传统海权的视角来看待中国的海洋权力增长。回到西方国家关系理论,无论是权力转移理论、"大国政治的悲

---

① 《邓小平文选(第三卷)》.北京:人民出版社,1993年,第127页。

剧",还是"修昔底德陷阱",都只能将中美引向无法避免的对抗和冲突。

但是,如果冲突和对抗不可避免,哪怕是中美之间出现一场新的"冷战",是否符合中国的长远利益呢? 更为重要的是,美国已经将中国视作战略竞争对手,并且依照西方国际关系理论的逻辑,对华展开战略竞争。特朗普政府的国家安全战略报告把中国定义为对美国家安全构成威胁的三大力量之首。拜登政府更是把中国视作最大的地缘政治挑战。无论是2021年3月出台的《重塑美国优势——国家安全战略临时指南》,还是2022年国家安全战略报告,都明确强调中国"是唯一一个有可能将其经济、外交、军事和技术力量结合起来,对(美国主导的)稳定和开放的国际体系发起持续挑战的竞争对手"。后者更是指出"未来十年将是决定性的十年"。

中美关系的好坏不仅成为影响我国战略环境最为重要的因素,也是我国建设海洋强国最为关键的挑战,甚至正在成为影响世界和平与稳定的关键因素。为了营造和平稳定有利的国际政治环境,中国共产党在十八大提出建立"新型大国关系",并在十九大时发展为建立"新型国际关系",进而提出"坚持和平发展道路,推动构建人类命运共同体"的主张。二十大报告进一步强调"促进世界和平与发展,推动构建人类命运共同体"。在这一过程中,美国始终是中国设计和实施外交战略中最为关键的对象和变量。换句话说,中美关系既是中国建立新型大国关系的核心内容,也是检验中国最终能否构建人类命运共同体的试金石。

一、中美建设新型大国关系的理论与现实背景

1. 中美新型大国关系的提出与内涵

2011年1月胡锦涛主席访问美国期间,中美两国就达成了"致力于共同努力建设相互尊重、互利共赢的中美合作伙伴关系"的重要共识。[①] 2012年2月时任国家副主席习近平在访美期间进一步提出,推动中美合作伙伴关系不断取得新进展,努力把两国合作伙伴关系塑造成21世纪的新型大国关系。三个月后,第四轮中美战略与经济对话在北京举行,双方领导人就新型大国关系的内涵和期望做出了较为全面的阐释。

[①] 《中美共建相互尊重互利共赢合作伙伴关系》,新华网,2011年1月21日,http://news.xinhuanet.com/fortune/2011-01/21/c_121008347.htm。

第七章 战略应对:从新型大国关系到命运共同体

时任国家主席胡锦涛在开幕式上发表了题为《推进互利共赢合作 发展新型大国关系》的致辞,强调无论国际风云如何变幻,无论中美两国国内情况如何发展,双方都应该坚定推进合作伙伴关系建设,努力发展让两国人民放心、让各国人民安心的新型大国关系,同时就如何发展中美新型大国关系提出创新思维、相互信任、平等互谅、积极行动、厚植友谊五点构想。胡锦涛特别强调:中美绝不能重走历史上大国冲突对抗的老路,应顺应世界历史大势,"与时俱进,以创新的思维、切实的行动,打破历史上大国对抗冲突的传统逻辑,探索经济全球化时代发展大国关系的新路径"。① 在奥巴马总统的书面致辞中,他回应道:"美中两国可以通过双边和多边合作,确保全球安全、稳定和繁荣……美中两国可以向世界证明,美中关系的未来不会重蹈覆辙,两国可以携手解决21世纪面临的严峻经济和安全挑战,为发展持久信任、长期稳定、充满希望的美中关系奠定坚实基础。"②

时任国家副主席王岐山认为中美的战略定位为相互尊重、互利共赢,通过对话机制来避免经济问题政治化,进一步推动经贸、投资、金融、基础设施等领域的务实合作,加强沟通协调,把两国元首的共识转化为实实在在的成功,共同推动中美乃至全球经济强劲、可持续、平衡发展。原国务委员戴秉国指出中美身处21世纪,应该吸取教训、顺应大势,打破大国必然冲突对抗的所谓"历史宿命",为世界带来持久和平与繁荣。美国务卿希拉里·克林顿回应指出:在当今世界,国与国之间的关系已经不再是零和博弈,美中两国你中有我、我中有你,世界上任何重大问题的解决都离不开美中合作;美国相信一个繁荣的中国对美国有利,一个繁荣的美国对中国也有利,因此希望双方通过对话,增强互信,避免误判,加强在重大国际地区问题上的沟通协调。③ 由此可见,中美两国领导人都有突破大国兴衰历史宿命,摒弃传统相互冲突和挑战的大国关系模式,构建和平、合作、共赢新型大国关系的政治意愿和历史使命感。

2012年11月,中共十八大报告明确指出:"我们将改善和发展同发达国

---

① 胡锦涛:《推进互利共赢合作 发展新型大国关系——在第四轮中美战略与经济对话开幕式上的致辞》,《人民日报》,2012年05月04日,转载于人民网,http://politics.people.com.cn/GB/1024/17804148.html。

② 《奥巴马:美中关系不会重蹈覆辙》,文汇网,2012年5月3日,http://news.wenweipo.com/2012/05/03/IN1205030107.htm。

③ 《奥巴马:美中关系不会重蹈覆辙》,文汇网,2012年5月3日,http://news.wenweipo.com/2012/05/03/IN1205030107.htm。

家关系,拓宽合作领域,妥善处理分歧,推动建立长期稳定健康发展的新型大国关系。"[①]建设新型大国关系正式成为新时期中国外交战略的核心内容。这是新时期中国共产党发展对外关系、实施对外战略的理论和实践创新,既是对过去经验的总结,也是对未来发展趋势的把握和期望。自此,建设新型大国关系超越了概念讨论,正式成为新一届领导集体的施政战略。

2013年6月7日至8日国家主席习近平应邀访美,在加州与美国总统奥巴马进行"庄园会晤"。这是习近平就任中共中央总书记和中国国家主席以来第一次访美。尽管不是正式国事访问,但这种"不拘形式"的非正式访问备受国内外关注,被认为是两国元首在深入交流中建立友谊、就构建中美新型大国关系进行战略沟通、勾画蓝图的良机。会晤结束后,中国国务委员杨洁篪召开记者会,在总结会晤取得的成果时,转述了习近平主席对中美两国新型大国关系的理解,进一步明确了新型大国关系的内涵和着力点:"一是不冲突、不对抗,就是要客观理性看待彼此战略意图,坚持做伙伴,不做对手,通过对话合作而非对抗冲突的方式妥善处理矛盾和分歧。二是相互尊重,就是要尊重各自选择的社会制度和发展道路,尊重彼此核心利益和重大关切,求同存异,包容互鉴,共同进步。三是合作共赢,就是要摒弃零和思维,在追求自身利益时兼顾对方利益,在寻求自身发展时促进共同发展,不断深化利益交融格局。"[②]两国元首在会晤期间达成多项共识,包括中美关系的重要性、加强各层次沟通、增进理解和互信、加强领域合作、在亚太区形成良性互动、深化在多边机构和国际问题上的协调配合等。中国领导人对中美关系的定位和设想首先出于如何进一步发展中美关系的现实需要,同时也为中国发展与其他大国的关系以及其他大国之间的发展关系提供了思路。

2. 建设新型大国关系的现实背景因素:美国重返亚太

新型大国关系的提出,具有强烈的现实背景。随着中美实力的不断接近,奥巴马政府提出了以重返亚太为主要特征的"再平衡"战略,旨在重新恢复亚太地区由中国崛起而导致的权力失衡。

两极格局的运行逻辑在东亚地区越来越明显。一方面,美国大力加强亚

[①] 《胡锦涛在中国共产党第十八次全国代表大会上的报告》,《人民日报》,2012年11月18日,转载于人民网,http://cpc.people.com.cn/n/2012/1118/c64094-19612151.html。

[②] 《中美元首同意共建新型大国关系:不冲突不对抗》,凤凰卫视,2013年6月9日,http://news.ifeng.com/mainland/special/xjpmzzx/content-3/detail_2013_06/09/26267547_0.shtml。

第七章　战略应对：从新型大国关系到命运共同体

太地区的军事投入，稳固战略优势，特别是加强第二岛链的军事力量。2009年美国已经将B2轰炸机和F22战斗机部署在关岛。2011年11月16日美国和澳大利亚达成协议，美国将在澳部署军事力量，先期200名海军陆战队队员已经于2012年4月3日到达目的地达尔文港，海军人数在2017年达到2500人。① 在2012年6月3日闭幕的香格里拉对话会上，美国国防部长帕内塔阐述了美国实施"亚太再平衡战略"的阶段性措施，指出美国将在2020年前向亚太地区转移一批海军战舰，届时将60%的美国战舰部署在太平洋。② 与此同时，中国常规军事力量在突破第一岛链封锁的情况下，正在向第二岛链扩展。中国海军穿越日本周边海峡前往西太平洋训练，已实现常态化。③

中国的导弹打击力量也正在迅速增加，是突破美国军事围堵的关键因素，目前已经覆盖第二岛链的"七寸"关岛。美国参议员詹姆斯·韦伯（Senator James Webb）1974年在关岛工作时曾认为："只要美国（在亚太地区）维持可信的军事存在和能力，关岛就比美国任何一个地方都要承受更大的威胁。"④ 东风-3A（CSS-2型）中程弹道导弹、H-6K远程轰炸机所携带的对地巡航导弹以及东风21D反舰弹道导弹都对关岛军事基地及西太平洋地区的航空母舰编队造成致命威胁。2012年以来，中国政府在南海、东海专属经济区和美国关岛专属经济区内的巡航行为也正在引起美国的警惕和不满。⑤

另一方面，亚太国家也由于权力格局的变化出现分化。面对中国的崛起，部分东亚国家感觉到恐惧，因此尽管与中国的经贸关系非常亲密，但在政治和军事安全上仍然倒向美国。其中有美国的传统条约盟国，例如日本、韩国、菲

---

① 有关美国加强第二岛链的军事投入和同盟关系，参见 Shirley A. Kan, "Guam: U. S. Defense Deployments," CRS (Congressional Research Service) Report for Congress, Prepared for Members and Committees of Congress, November 15, 2013, pp. 16 – 18。

② 《美国国防部长：2020年六成美国军舰将调往亚太》，凤凰网，2012年6月3日，http://news.ifeng.com/mil/4/detail_2012_06/03/15010294_0.shtml。

③ 2013年7月25日中国国防部新闻发言人耿雁生大校在答记者问中指出，中国海军舰艇编队赴西太平洋海域进行训练已实现常态化，"不存在突破的问题"，见《中国海军穿第一岛链已常态化 并非突破》，原载《环球时报》，转载于环球网，2013年7月26日，http://world.huanqiu.com/exclusive/2013-07/4173915.html。

④ James Webb, "The Future Land Needs of the U. S. Military on Guam," *Guam Bureau of Planning*, July 24, 1974.

⑤ Shirley A. Kan, "Guam: U. S. Defense Deployments," CRS (Congressional Research Service) Report for Congress, Prepared for Members and Committees of Congress, November 15, 2013, pp. 16 – 18。

律宾等国,甚至原来的敌对国家蒙古、越南和缅甸也纷纷向美国示好。2003年开始,每三年一次的美蒙"可汗探索"军事演习,使美国的军事触角在历史上第一次伸入中国正北方。从2002年2月2日美国太平洋战区司令布莱尔访问越南开始,美就租用金兰湾作军港与越南展开多次接触和协商。为了应对中国在南海的力量增长,越南也曾宣称金兰湾在结束三年的修缮之后未来会向外国海军开放。① 2012年6月美国防部长帕内塔访问金兰湾,这是越战后美国第一次内阁级别高官访问该地,舆论普遍认为这是美国重返金兰湾的一次最新试探。此外,近年来美缅两国关系开始冰释前嫌已经不再是秘密。2009年奥巴马在参加美国东盟领导人会议期间与缅甸总理登盛会面,这是美缅领导人数十年来首次会晤,再次确认了美国对缅甸的政策由对抗转向对话。近年希拉里的访缅之旅也取得了历史性突破,长期被军政府软禁的昂山素季也被释放。两国正在朝着关系正常化不断迈进,已经有中国评论人士将此种现象解读为围堵中国。② 受到美国"重返亚太"战略的刺激,中国周边国家纷纷提高了对华博弈的调门,沉寂已久的东海、南海岛礁和专属经济区划界等问题突然爆发。中越、中菲、中日围绕南海岛礁归属、专属经济区划分、资源勘探与开发展开全方位的博弈,不仅发生武装对峙,而且各国民众的对抗情绪也被激发起来,在多国引发针对对方的大规模群众抗议游行。中国周边战略环境有逐渐恶化趋势。同时,随着美国逐渐结束伊拉克战争和阿富汗战争,对全球战略进行"再平衡",亚太成为其重新聚焦后的中心,与中国的对抗可能再次凸显。中美关系有走向对抗重复历史上"大国政治的悲剧"的趋势。如何与对方相处,不仅是对美国的严峻考验,同样是对中国的严峻挑战。在这种国际大背景下,中国政府提出建设"新型大国关系",试图缓和和稳定周边战略环境,破解大国崛起必然走向冲突的现实主义逻辑禁锢。

---

① AmolSharm, Jeremy Page, James Hookway, Rachel Pannett, "Asia's New Arms Race," *The Wall Street Journal*, February 12, 2011, http://online.wsj.com/article/SB10001424052748704881304576094173297995198.html; The Associated Press, "Vietnam's Cam Ranh base to welcome foreign navies," *The WashingtonPost*, November 2, 2010, http://www.washingtonpost.com/wp-dyn/content/article/2010/11/02/AR20101102001.

② 《宋晓军:美国对话缅甸意在围堵中国》,央视《环球视线》,转载于新浪新闻,2009年09月30日,http://news.sina.com.cn/c/sd/2009-09-30/153518760834.shtml。

二、中美建设新型大国关系的探索

2013年是中美两国建设新型大国关系的起始年。在这一年中，中美关系总体上表现良好，相互依赖继续加深，在诸多领域实现了合作，共同为维护世界和平与稳定做出了贡献，为建设两国间的新型大国关系进行了有益的探索。

中美两国建设新型大国关系，避免重复历史上大国必将冲突的老路，不仅仅是一种理论宣示或现实需要，事实上已经形成某种"路径依赖"。经济学中经常用"路径依赖"来解释历史因素对于现在决策的重要影响力，即过去的决策如何影响到现在和未来的一系列决策。换句话说，路径依赖是指我们将去哪里不仅仅取决于我们现在在哪，而且取决于我们曾经在哪。[①] 路径依赖有两种表现方式：自我强化和锁定。人们一旦做了某种选择，就好比走上了一条不归之路，惯性的力量会使这一选择不断自我强化，甚至"锁定"前进的轨迹，难以改变。如果我们将该理论放到国际关系领域来进行分析和检验，发现中美关系也存在这种"路径依赖"。

中华人民共和国成立以来，中美两国由于意识形态差别和战略选择冲突，长期维持敌对状态，但这种状态被国际体系的安全压力所打破。20世纪50年代后期到60年代末，中国面临的国际战略环境越来越严峻，南北同时遭遇来自苏联和美国的军事威胁。中国同时既反美又反苏的政策，让中国陷入腹背受敌的战略困境，并且付出巨大的社会和经济代价。为了应付四面八方的威胁，中国当时的军队总人数高达六百余万，军费和直接国防开支占国家财政支出的四分之一。如果再加上为备战而修建的三线建设和人防工程的间接开支，总开支已经达到天文数字。[②] 从20世纪60年代初开始，苏联逐渐成为中国最主要的安全威胁，最终迫使中国做出改善对美关系的决定。[③] 共同的威

[①] S. Liebowitz, Stephen Margolis, "Path Independence," in Boudewijn Bouckaert (Univ. Ghent) and Gerrit De Geest (Univ. Ghent and Univ. Utrecht) edited, *Encyclopedia of Law and Economics*, published by Edward Elgar and the University of Ghent, 2000, pp. 981–998.

[②] 徐焰：《试论建国后毛泽东的战备思想》，《环球同此凉热——一代领袖们的国际战略思想》，北京：中央文献出版社，1993年。

[③] 1969年4月，根据毛泽东的指示，陈毅、叶剑英、徐向前和聂荣臻等四位老帅接受了"研究国际形势"的任务。在提交党中央的报告中指出苏修对我国的安全威胁比美帝大；万一苏联对我国发动大规模战争，我国可以从战略上打美国牌，学习诸葛亮"东联孙吴，北拒曹操"。见熊向晖：《历史的注脚——回忆毛泽东、周恩来及四位老帅》，北京：中共中央党校出版社，1995年，第173—204页。

胁最终使两个相互敌视的国家走到一起,随着尼克松访华的破冰之旅,中美两国开启了战略合作的新路径。必须承认,这样的路径选择在开始阶段主要出于安全需要,在某种意义上可以说是一种权宜之计。事实上,直到1979年依然有学者认为中国改善同美国的关系完全是出于策略性的考虑。[1] 但该路径一旦被选择,它就对之后中国的战略选择形成了惯性影响,既然改善对美关系可以改善安全环境,缓解安全压力,为什么不继续这样的政策呢? 同时,与美国改善关系,也让中国可以接触到西方世界的先进制度和发达社会,认识到自己与西方发达国家的差距,成为改革开放的巨大动力。针对国内部分认为中美改善关系只是权宜之计的声音,邓小平作为中国当时实际上的最高领导人,明确指出这是一个战略决策。[2] 邓小平的判断明确了中国对美政策的延续性,显示出中国对美政策的"路径依赖"。事实上,随着中国改革开放的实施和深化,这种"路径依赖"越来越强化。

第一,中美经济相互依赖逐年增加,经贸关系已经成为稳定两国关系的压舱石。[3] 作为世界上最大的发展中国家和最大的发达国家,中美两国在自然以及人力资源、市场、资金、技术等方面具有很强的互补性,中美开展经贸合作符合两国的共同利益。中美建交40多年来,双边经贸关系迅速发展。2016年中美双边货物贸易额达到5 243亿美元,比建交之初增长了209倍,双边服务贸易额超过1 100亿美元,双向投资累计超过2 000亿美元。中国对美投资迅猛增长,2012年中国对美直接投资首次超过美国对华直接投资,美国成为

---

[1] "1979年11月23日,清华大学一位副校长在北京市高等院校共青团工作会议上谈中美关系时说,中国改善同美国的关系完全是出于策略性的考虑。"引自尹韵公:《邓小平常看哪几类"内参"?》,《党的文献》授权中国共产党新闻网发布,2012年11月15日,http://dangshi.people.com.cn/n/2012/1115/c85037-19594559-6.html。

[2] 邓小平在获悉清华大学副校长关于中国改善同美国的关系完全是出于策略性的考虑后,"在1980年4月11日会见美联社驻北京记者约翰·罗德里克时批评了这一看法,指出:最近有位教授讲,改善中美关系完全是出于策略考虑。这不对。我们历来讲,这是一个战略决策"。引自尹韵公:《邓小平常看哪几类"内参"?》,《党的文献》授权中国共产党新闻网发布,2012年11月15日,http://dangshi.people.com.cn/n/2012/1115/c85037-19594559-6.html。

[3] 关于经贸关系是中美关系"压舱石"的说法广泛见于政府官方言论、学术界和媒体界。例如2013年12月19日,国务院总理李克强会见来华出席第24届中美商贸联委会的美国商务部长普利兹克、贸易代表弗罗曼和农业部长维尔萨克时,指出经贸合作是中美关系的"压舱石"。见《李克强会见美国商务部长、贸易代表和农业部长》,中国新闻网,2013年12月19日,http://news.china.com.cn/2013-12/19/content_30948952.htm。

第七章 战略应对：从新型大国关系到命运共同体

继中国香港之后中国内地第二大直接投资目的地。① 目前,中美两国早已互为第二大贸易伙伴。2018年开始,美国对华发动贸易战,对两国经贸关系造成巨大伤害。但是,直到目前为止,两国依然互为最重要的贸易伙伴之一,双边货物贸易额在2022年甚至再创新高,达到历史性的6 906亿美元。这充分证明了中美两国经济存在巨大的互补性,经贸关系极具韧性。此外,中国还长期是美国最大的债权国之一,甚至有数年超过日本成为美国第一大债权国。2017年10月数据显示中国拥有美国联邦债务1.189万亿美元,占美国联邦全部国债的18.72%,②占中国外汇储备的35%左右。③ 尽管此后,中国政府持有的美债额度不断下降,但美债在中国外汇储备中的地位并未实质性削弱。中国也一直维持美国第二大债权国地位。中美两国共同举办了多轮中美战略与经济对话,两国官员围绕落实两国领导人关于构建新型大国关系的重要共识展开沟通和协商,在推进双边投资协定的实质性谈判、加强宏观经济政策协调、开展能源合作等领域取得丰硕成果。这为两国进一步深化和扩展双边经贸合作和应对国家经济与金融挑战夯实了基础。

中美之间无论是经济的互补性,还是贸易和金融关系,都已经形成深度相互依赖。一方面,这种路径依赖使中美之间的合作形成巨大的惯性冲力,产生飞轮效应,不仅将合作的领域从最初的安全领域扩展到经贸和金融领域,而且强化了两国合作的既定方向。另一方面,这种选择已经逐渐进入锁定状态,要想脱身非常困难,因为这将付出巨大的社会与经济代价,是两国政府和人民难以承受的损失。事实上,中美两国在长达40多年的交往中,已经形成巨大的利益共同体,在各自国内也形成强大的利益集团。这对现行的中美合作形成强烈的需求,只有巩固和强化现有合作才能保障彼此继续获得利益。如果轻易做出改变,那么意味着长达40年的前期投入和努力都将一文不值。这种经

---

① 驻美国使馆经商参处经济商务公使朱洪:《开辟中美经贸合作广阔前景》,2017年10月11日,载于中华人民共和国商务部网站,http://www.mofcom.gov.cn/article/zt_dlfj19/ghjd/201710/20171002656060.shtml。

② 中国持有美国国债占美国联邦全部外债的比例在2013年曾高达23%。数据来源于美国财政部,经计算得出,"Major Foreign Holders of Treasury Securities (in billions of dollars)," US Treasury, http://ticdata.treasury.gov/Publish/mfh.txt。

③ 中国外汇储备构成并不对外公布,外界一般推断为35%左右。例如:2011年,道明证券(TD Securities)策略师理查德·吉尔胡利(Richard Gilhooly)估计,中国42%的外汇储备为美国国债,而此前的估计为32%。引自迈克尔·麦肯兹:《美财政部:中国持有1.16万亿美国国债》,英国《金融时报》,2011年3月1日,http://www.ftchinese.com/story/001037191/ce。

济学上的巨大的"沉没成本",让任何试图改变中美合作路径的努力都难以奏效。

第二,中美之间的政治合作也在深入展开,特别是在共同应对国际挑战领域。由于意识形态的差异,中华人民共和国成立以来,中美两国对于大多数世界事务都具有不同的价值观,采取彼此敌视和冲突的应对方式。然而随着中美关系的改善,对国家利益的认知也开始出现重合或融合。这一方面是因为全球化使各国形成某种意义上的利益共同体;另一方面,作为两个世界性的政治经济军事大国,很多世界性的挑战需要两国合作,共同应对才能解决。这种利益需求和应对需求奠定了中美展开合作的坚实基础,不仅仅表现在经贸领域,例如2007年以来中美共同努力应对国际金融危机,同样也表现在其他政治领域。中美两国同时面对全球气候危机、资源匮乏、恐怖主义和宗教极端势力、跨国犯罪等诸多不稳定因素的挑战,在稳定国际秩序、维护世界和平、确保能源安全、核不扩散等领域存在诸多共同利益。中美合作的领域逐渐从经贸、社会、文化等低级政治领域,扩展到国际安全与国际政治等高级政治领域。诚如希拉里·克林顿在第四轮中美战略与经济对话开幕式上所言:"中国和美国不能解决世界上的所有问题,但是没有我们的合作,任何问题都可能难以解决。"[①]2013年,中美在国际安全与国际政治领域的合作充分体现在伊朗核问题上。

2013年伊朗核问题一度出现极度恶化趋势,但最终随着11月24日六国与伊朗达成初步协议而得到缓解。回顾近年来的伊朗核问题,中美两国在共同应对国际危机方面进行了有益的合作尝试。中国积极参与到伊核问题的斡旋中,与美、英、法等国展开互动和博弈,最终达成阶段性协议。一方面,西方对伊朗动武的威胁暂时得到缓解;另一方面,中国成功地参与其中,为维护世界和平做出了贡献,并且得到了西方世界的认同。在这一过程中,中美两国共同培育了一种合作范式,即既不挑战美国的霸权地位,又彰显中国的权力,以国际法为准则,依靠谈判为手段,进行国际战略和国家利益的和平竞争。

第三,中美在文化、教育、科技、体育等人文领域的合作进一步加强。人文交流被认为是战略对话和经贸合作之外,支撑中美战略关系的第三根支柱。

[①] Hillary Rodham Clinton, "Remarks at U. S. -China Strategic and Economic Dialogue Opening Session", U. S. Department of State, http://www.state.gov/secretary/rm/2012/05/189213.htm.

中美建交以来,两国间的人文交流日益加深,既是稳定两国关系的重要因素,也是未来中美能否真正实现新型大国关系的关键变量。2012年4月初,北京大学国际战略研究中心发布了由王缉思和李侃如合作的报告——《中美战略互疑:解析与应对》,指出了两国间的不信任对实现战略合作和稳定的影响,希望两国能够更好地揣度对方的想法,并据此制定更为有效的方式来建立战略互信。[1] 由于意识形态差异和大国政治的逻辑规律,纯粹政治领域的互动可能很难实现中美之间的战略互信。因此,人文领域交流的重要性就凸显出来。2010年中美人文交流高层磋商机制正式成立,希望能够通过这种方式加强相互理解、友好和合作,夯实中美友好的社会基础和民意基础,为中美关系发展注入新的活力。2013年11月17日至22日,中国国务院副总理刘延东访美,参加第四轮中美人文交流高层磋商。出访当天(17日),刘延东在《今日美国》报发表题为《中美关系归根结底是人民的关系》的署名文章,她在文中指出:"中国将加快推进以经济体制改革为重点的包括政治、文化、社会、生态文明等所有领域改革,促进社会公平正义,增进人民福祉。这为中美关系发展创造了新的机遇。"她说,两国政府的通力合作和人民的相知相亲,将有助于两国关系走上新型大国关系之路。美国媒体评价说,刘延东正身体力行地为推动中美人文交流助力。[2] 11月21日,刘延东和美国国务卿约翰·克里共同主持了此次磋商,并达成一系列成果,以巩固和加强中美两国人民在文化、教育、科技、体育以及妇女等领域的交流合作。这表明了中美两国领导人维护中美关系的决心。

三、坚持和平发展道路,构建人类命运共同体

2011年中国政府公布《中国的和平发展》白皮书,第一次提及:"不同制度、不同类型、不同发展阶段的国家相互依存、利益交融,形成'你中有我、我中有你'的命运共同体。人类再也承受不起世界大战,大国全面冲突对抗只会造成两败俱伤。"[3] 2012年12月5日,习近平总书记在人民大会堂同在华的外国

---

[1] 王缉思、李侃如:《中美战略互疑:解析与应对》,北京大学国际战略研究中心,2012年。
[2] 周晶璐:《刘延东访美介绍中国改革计划》,《东方早报》,转载于凤凰网,2013年11月20日,http://finance.ifeng.com/a/20131120/11122747_0.shtml。
[3] 中华人民共和国国务院新闻办公室:《中国的和平发展》,2011年9月,中华人民共和国中央人民政府网站,http://www.gov.cn/jrzg/2011-09/06/content_1941204.htm。

专家代表座谈时,再次强调命运共同体的概念,随后在 2013 年 3 月的莫斯科国际关系学院演讲中,清晰而明确地向世界进行了阐释:"这个世界,各国相互联系、相互依存的程度空前加深,人类生活在同一个地球村里,生活在历史和现实交汇的同一个时空里,越来越成为你中有我、我中有你的命运共同体。"此后,"命运共同体"成为中国外交政策的象征性符号,在之后的上合组织峰会、中阿合作论坛、博鳌亚洲论坛、第 70 届联合国大会、亚信第五次外长会议等国际重大场合上不断被阐释和强调,其理论内涵也从最初的国与国的命运共同体,逐渐扩展深化到区域内命运共同体,再到人类命运共同体。2017 年中共十九大明确指出,"坚持和平发展道路,推动构建人类命运共同体",正式将"命运共同体"的理念写入大会报告,这也必将成为新一届政府外交工作的纲领。从字面意思来看,命运共同体的提出不但是出于对各国利益交融和相互依赖的现状认知,更是出于对大国全面冲突对抗和世界大战的担心。但是,从内涵角度来看,与"新型大国关系"概念相比,"命运共同体"超越了大国搁置意识形态分歧、如何实现良性互动的技术层面思考,而提出了一种超越意识形态、更高层次的价值观追求,为全人类的发展指明道路。从国际政治角度来看,"命运共同体"的提出其实非常明显地回应了两个"陷阱":修昔底德陷阱和金德尔伯格陷阱。

1. 构建人类命运共同体,破除修昔底德陷阱

美国前助理国防部长、哈佛大学肯尼迪政府学院首任院长格雷厄姆·艾利森教授在总结过去 500 年间的大国历史后,发现 16 个新兴国家中有 12 个在崛起进程中同守成国家发生了对抗和冲突。两千年前的希腊历史学家修昔底德在其巨著《伯罗奔尼撒战争史》中写道:"使战争不可避免的是雅典的权力上升和它在斯巴达所造成的恐惧。"在修昔底德看来,雅典的行为是可以理解的。随着实力上升,雅典的自信也会增加,它对过去"不公正"的制度或者体系安排也会更加在意,对是否获得足够的"尊重"也更加敏感,因此会要求修改过去的权力安排,以反映当下的权力结构现实。同样道理,斯巴达则会将雅典的行为视作没有道理、不接受现状、试图威胁斯巴达所建立的体系,即便雅典是

第七章　战略应对：从新型大国关系到命运共同体

在这个体系内获得了崛起。① 所以，修昔底德陷阱是指当一个国家崛起时一定会挑战和威胁既有大国所主导的权力格局，而既有大国也一定会回应这种挑战和威胁，那么两者之间的战争几乎不可避免。艾利森教授在其著作中明确提出一个问题："中美能够摆脱修昔底德陷阱吗？"②在艾利森教授看来，中国不断增长的实力最终会挑战美国的霸权，那么两国非常可能重复历史上大国政治的悲剧，走向相互对抗与战争。应该说艾利森教授的观点代表了美国乃至西方的一个主流观点，即"中国威胁论"，认为中国不断强大，那么一定会给美国和西方世界带来威胁。实际上，针对这种担忧，早在2014年1月，中国国家主席习近平就曾在美国《赫芬顿邮报》旗下《世界邮报》创刊号上撰文回应。习近平主席指出："我们都应该努力避免陷入'修昔底德陷阱'，强国只能追求霸权的主张不适用于中国，中国没有实施这种行动的基因。"2015年9月习近平主席访美时再次提到："世界上本无'修昔底德陷阱'，但大国之间一再发生战略误判，就可能自己给自己造成'修昔底德陷阱'。"从国际关系理论来看，在无政府状态下，国家实力消长所导致的安全困境确实很容易引发彼此的猜忌和冲突。这也是历史上大国之间不断发生对抗与冲突的根本原因之一。但是，无论是大同世界，还是理想国，对和平和美好生活的向往从来都是人类的共同理想。随着人类社会的进步，安全困境所导致的修昔底德陷阱在现代社会能够得以避免。命运共同体不再是无法实现的乌托邦，而是正在逐渐成为现实。

首先，不断扩展和深化的经济全球化将世界连为一体，相互依赖构建出命运共同体。人类历史上冲突不断的根本原因之一在于资源有限。现实的生存压力往往超越内心的道德束缚，因此殖民、掠夺与扩张几乎无法避免。然而全球化逐渐改变了这一行为模式，尽管其开始过程充满了殖民、掠夺与杀戮。全球化带来市场的开放和生产效率的提高。商品、服务、生产要素与信息跨国界流动，通过国际分工，在世界市场范围内提高了资源的配置效率，大大降低了生产成本和交易成本，同时各国间的经济相互依赖日益加深。同时，全球化还

---

① Graham Allison, "The Thucydides Trap: Are the U.S. and China Headed for War?" *The Atlantic*, September 24, 2015, https://www.theatlantic.com/international/archive/2015/09/united-states-china-war-thucydides-trap/406756/.

② Graham Allison, *Destined for War: Can America and China Escape Thucydides's Trap?* Boston: Houghton Mifflin Harcourt, May 30, 2017.

大大加快了技术扩散的速度。例如作为养蚕制丝技术的发明国,中国曾一度独享该技术超过一千年,而现在微软公司的"视窗10"操作系统则在全球同步发售。全球化使现在的技术扩散速度超过历史上任何一个时期。这一切都极大地提高了人类社会创造财富的能力和速度,大大减轻了各个国家和民族的生存压力。资本、商品、技术和劳动力等生产要素在全球范围内的流动极大加深了各国间的相互依赖,一损俱损,一荣俱荣。国际社会的利益关系也由传统的排他性零和关系转变为利他性非零和关系。2008年爆发的金融危机席卷全球,已经充分证明了这一点,无论是发达经济体还是发展中国家都无法幸免。针对这种情况,国际社会只能"同舟共济""共克时艰"。G20峰会也应运而生,成为国家之间在相互依存中通过国际机制建设来应对国际危机的例证。观察全球及主要经济体从2001年至今的发展情况,我们可以清晰地看到,尽管增速存在差别,但波动趋势几乎一致。

与过去的时代不同,今天国与国之间的关系已经不是纯粹的竞争关系,而是竞争与合作同时存在。现代工业体系的分工越来越细,基本上一个国家不可能完成所有的零件制造,只能各国分工合作。根据各国比较优势形成的全球产业链将绝大多数现代工业品的生产实现国际化。换句话说,我们现在几乎找不到一件工业制成品是完全由某一个国家单独设计、生产和消费的。以目前市场上最为流行的波音飞机为例,其零部件由70多个国家的545家供应商生产。在经济全球化的深度发展下,各国经济实际上已经连接成命运共同体,彼此是对方经济发展的需求和供给。巴西社会学家费尔南多·卡多佐早在20世纪70年代就曾指出,发展和依附是同时发生、并存的一个过程,而不是相互对立、相互排斥的两个范畴,因此不发达国家可以利用与资本主义世界体系的依附关系来服务于自己的发展,而不是脱离世界体系走独立发展道路。[1] 实际上,中文中的"依附"与"依赖"在英文中是一个词"dependency",本质上就是说只有在这种情况下国家才能够获得发展。与之相反,所有采取与世界经济脱钩、脱离关系的国家无不陷入贫穷落后的悲惨境地。因为,经济的相互依赖不仅实现了国家之间的利益捆绑,而且让彼此脱离关系的成本急剧上升。经济全球化的发展不断深化国家间相互依赖的趋势,不断丰富命运共

---

[1] Fernando Henrique Cardoso, Enzo Faletto, *Dependency and Development in Latin America*, Oakaland: University of California Press, 1979.

第七章 战略应对:从新型大国关系到命运共同体

同体的内涵,并强化各国共同的命运走向。

十九大报告指出:"坚决破除一切不合时宜的思想观念和体制机制弊端,突破利益固化的藩篱,吸收人类文明有益成果。"[①]改革开放以来,我国取得了巨大成就,特别是加入世界贸易组织以来,我国经济与世界经济一体化程度越来越深。但是,我们也要注意到,骄傲自满情绪和民族主义膨胀问题也随之凸显。近年来,政治问题导致民间要求抵制他国商品或对他国实施经济制裁的呼声越发频繁和强烈。这种试图以人为割断经济联系的方式来惩罚他国的做法既不符合经济全球化的逻辑,也无法在实践中获得成功。一方面,主动放弃的市场很快就会被其他国家所填补;另一方面,这会加大别国对我国的戒心,破坏我国经济发展的外部环境。在命运共同体的构建过程中,我们要继续秉持改革开放的理念,不断适时深度开放国内经济领域,以更加自信和开放的心态积极参与全球范围内的竞争与合作,挖掘比较优势,充分发挥市场在资源配置中的决定性作用。

其次,全球治理体系和国际秩序变革加速推进。国际制度、机制和国际法的不断发展与进步逐渐规范和塑造各民族国家交往之间的行为方式和价值观,同样削弱了安全困境,并且提供了和平且有效的争端解决机制。这大大促进了全球治理体系的进步,使国际秩序更加文明、公正和民主。国家间进行合作与协调的首要障碍是互信缺失,但国际制度、机制和国际法的出现与完善恰恰有助于解决这一问题。国际制度、机制和国际法为国家间搭建了信息的沟通平台,并将国家间的单次博弈转变为多次博弈,创造出利益补偿和惩罚机制,并且通过第三方介入的方式来解决争端。例如联合国、国际货币基金组织、世界贸易组织等国际组织不但承担着管理、规范和监督各国政府和市场的职责,并且存在一系列奖惩机制来促进国际合作。在这一过程中,共享的价值观和判断是非的准则不断被创造并塑造,进一步促进了人类社会的共同体意识。

进入 21 世纪以来,全球治理体系和国际秩序变革加速推进的主要特征就是旧制度的改革和新制度的创立。例如在国际货币基金组织和世界银行等重要国际组织中,西方发达国家在投票权领域曾长期享有绝对优势,而中国等发

---

① 习近平:《决胜全面建成小康社会,夺取新时代中国特色社会主义伟大胜利——在中国共产党第十九次全国代表大会上的报告》(2017 年 10 月 18 日),北京:人民出版社,2017 年,第 21 页。

展中国家影响力不断扩大的事实却没能在投票权的分享上得到体现。这种现象正在不断得到纠正。一方面,以国际货币基金组织为代表的旧制度在缓慢进行改革,以更好地反映现实权力结构。提高中国、印度等发展中国家投票权的提案早在2010年就被提起,最终在2015年12月18日获得美国国会的首肯,最后一道障碍被扫清。完成改革后,中国在国际货币基金组织的投票权比率达6.39%,排名由第6位提高至第3位,仅次于美国及日本;印度比率为2.75%,排名由第11位升至第8位。这大大提高了新兴市场和发展中国家在国际货币基金组织中的代表性和发言权,有利于维护该组织的信誉、合法性和有效性。另一方面,以亚洲基础设施投资银行为代表的新组织被创建出来,从一开始就反映出当前世界的实力结构,中国、印度和俄罗斯根据各自认缴股份比例分别享有26.05%、7.50%和5.95%的投票权,超过西方传统经济强国德国的比例。法律和制度的发展已经不断证明国家间的合作能够实现,而且能够不断自我更新和完善以适应现实变化和时代发展。这大大增强了国与国之间的制度纽带、相互信任和对未来的期待,维护了国际关系的稳定和一体化。

命运共同体的构建离不开争端解决机制。历史证明,国际法和国际制度的进步和完善是解决国际争端的有效手段。中国全面推进依法治国同样包括依照国际法来约束自身行为和规范,依靠制度主义方式来解决国际争端。这是构建国家间互信的基石和有效手段。世界上各国由于历史、宗教、文化等原因,很难形成统一的价值观和规范,所以国际法几乎是所有国家唯一能够普遍接受的准则,国际制度是国家能够进行有效沟通和合作的平台。所以,我们要努力以现有国际法准则来指导我国外交政策的制定,并依靠各种国际制度来推行和实施,增强中国在国际社会中的"归属感",而非"疏离感",做国际社会的"负责任大国",而非"革命者"。

再次,核武器等新型武器的出现改变了战争逻辑,避免冲突的制度性措施成为大国间命运共同体的基石。如同人类历史上不断重复的那样,每一次军事变革都会给国际政治带来巨大的冲击,甚至瓦解原有的权力格局。由于核武器的存在,大国之间的威慑平衡已经成为常态,战争已经不再是有利可图的理性选择。对于核大国来说,在可预见的未来几乎不会遭遇迫在眉睫的直接领土侵略威胁,因为核战争对任何国家来说都是双输的结果。所以,作为一种终极武器,核武器的存在已经成为维持大国间和平的强制性约束因素。尽管核武器国家所拥有的核武器数量并不均衡,美俄两国拥有远超其他国家的核武器,但大国间的核威慑并不因此而受到削弱。1959年9月,美国总统艾森豪威尔在巴黎对法国总统戴高乐说,法国搞原子弹无法赶上苏联的水平,所以谈不上法国原子弹的威慑价值。戴高乐反驳说,法国只要有能够杀死敌人一次的原子弹就够了,到那时敌人即使有10倍的手段也无济于事。因此,在核武器所带来的恐怖威慑下,大国即使在面对安全挑战时也只能选择合作。保持最低限度的核威慑是维护我国国家安全和世界和平的关键。在此基础上,我国应坚决维护和支持世界核不扩散体系,反对各种大规模杀伤性武器扩散,在防止核扩散等问题上积极承担联合国相关责任和义务。

1962年的古巴导弹危机已经让人类认识到核战争的恐怖后果,而且快速发展出一系列制度性机制来避免危机恶化和战略误判。这成为美苏在冷战期间能够避免直接冲突的关键因素。进入21世纪以来,随着中国实力崛起,中美关系不断遇到挑战,先后爆发南海撞机事件(2001)、"小鹰"号事件(2008)、"无瑕"号事件(2009)和"考本斯"号事件(2013)等军事危机,两国军事力量在海上和空中发生冲突的概率曾一度持续增加。在这种情况下,中美开始积极探索一些技术性措施,来防止双方战略误判和操作失误引发冲突。2014年4月24日参加在中国青岛举行的西太平洋海军论坛年会的21国同意通过《海上意外相遇规则》,以防止在东亚、东南亚繁忙海域"擦枪走火",缓和东海、南海等领土主权纷争所带来的地区紧张局势。规则规定,各国海军舰艇或航空器在海上不期而遇时,须以无线电互相告知行动目的,且不以导弹、鱼雷等武器或火控雷达瞄准及锁定对方。① 6月8日,航行在宫古海峡东南、西太平洋海域的北海舰队战备巡逻远海训练舰艇编队,运用刚通过的《海上意外相遇规则》,与美国海军"平克尼"号进行了及时对话,确保了编队正常训练。② 2014年11月12日,习近平主席在会见奥巴马总统时指出,中美要构建同中美新型大国关系相适应的中美新型军事关系。随后,两国国防部签署了《建立重大军事行动相互通报信任措施机制的谅解备忘录》和《海空相遇安全行为准则谅解备忘录》。建立两个互信机制是两国元首做出的战略决策,是两军关系长期稳定发展的机制化保障,也是加强了解彼此战略意图、增强战略互信和管控危

---

① 《中国海军签海上相遇规则"防擦枪走火"》,新华国际,2014年4月24日,http://news.xinhuanet.com/world/2014-04/24/c_126426697.htm。
② 《不期而遇 中美军舰执行〈海上意外相遇规则〉》,《法制晚报》,2014年6月12日,A22版。

机、预防风险的重要措施。① 实际上，在2016年的"拉森"号事件中，中美全程采用相关制度性沟通措施避免了危机发生。

最后，由于全球化和信息化的不断深入，各个国家各领域的联系空前加强，安全挑战也不再仅仅局限于传统的政治、国土和军事领域，而扩展到经济、文化、社会、科技、信息、生态、资源等诸多领域，各种非传统安全需要国际的合作来共同应对，总体国家安全观的重要性与日俱增。气候问题、核扩散、恐怖主义、海盗和宗教极端势力、网络攻击、烈性传染病等问题已经成为所有国家的威胁，任何一个国家都无法单独解决这些问题。换句话说，各国与世界的联系加深，一定程度上增加了各国对外依赖的脆弱性。安全逐渐成为共享的消费品，传统的国家安全，甚至集体安全，正在转变为共同体安全。正如十九大报告所指出："没有哪个国家能够独自应对人类面临的各种挑战，也没有哪个国家能够退回到自我封闭的孤岛。"所以，我国必须发挥负责任大国的作用，积极参与全球治理体系改革和建设，不断贡献中国智慧和力量。2017年4月6日，习近平主席访问美国，与特朗普总统会面。当天《纽约时报》曾刊登整版文章指出："该地区的两位大国玩家共同承担一个道德责任——驶离修昔底德陷阱。"②

2. 承担国际责任，避免"金德尔伯格陷阱"

2017年1月9日美国著名国际政治学家约瑟夫·奈教授发文提出一个新概念"金德尔伯格陷阱"，他认为美国新总统唐纳德·特朗普的内阁团队在筹备其对华政策时，除了要警惕大家已经熟悉的修昔底德陷阱，还"必须担心'金德尔伯格陷阱'：也就是对手主动示弱而不是示强"。③

第一次世界大战之后，受到重创的大英帝国在政治、经济、军事、金融和贸易等诸多方面表露出衰落的迹象，再无力维持大英帝国霸权治下的国际政治与经济体系。与此同时，强势崛起的美国虽然在物质上已经拥有领导世界的能力，但是在国民意愿和制度准备方面并未做好接替英国成为新霸权国的准备。1919年美国国会拒绝批准《凡尔赛和约》，代表美国重回孤立主义。十年

---

① 《国防部新闻事务局就中美签署"两个互信机制"答记者问》，新华网，2014年11月14日，http://news.xinhuanet.com/mil/2014-11/14/c_1113254608.htm。
② Zhu Dongyang (Xinhua News Agency), "advertisement", *New York Times*, April 6, 2017.
③ Joseph S. Nye, "The Kindleberger Trap," *Project Syndicate*, https://www.project-syndicate.org/commentary/trump-china-kindleberger-trap-by-joseph-s--nye-2017-01。

第七章 战略应对：从新型大国关系到命运共同体

之后，整个资本主义世界迎来了史无前例的经济危机，各主要大国既束手无策，又无一幸免。此起彼伏的"贸易战"和"汇率战"最终摧毁了国际经济体系，使整个世界陷入"大萧条"，并进一步摧毁了国际政治体系，导致惨绝人寰的种族大屠杀和第二次世界大战。哈佛大学著名经济史学家查尔斯·金德尔伯格经过对这段历史进行深入的研究，在其著名的《1929—1939年世界经济萧条》一书中指出，世界经济体系的运行，无法完全依靠市场自发的力量，或者说不能指望各国自觉、自愿地提供确保经济体系稳定所必需的成本，因此必须有一个国家在其中发挥领导作用，提供维持体系稳定所必需的成本。那些关心"公共利益"并愿意承担"公共成本"的国家，就是世界经济体系的领导者，同时也是世界政治体系中的领导者。公共成本的概念在实践与学术中逐渐发展为公共产品，包括开放且自由的贸易体系、稳定且高效的金融市场、有信誉的国际货币、海洋的自由航行、制止地区冲突与战争等。但是，作为世界领导者，一个国家既要有足够的能力来主宰并维持国家之间关系的必要规则，又要有足够的意愿和正确的手段这样做。所以，"金德尔伯格陷阱"就是指没有国家有能力，或者虽然有能力却没有意愿和手段来领导世界，承担"公共产品"的成本。在约瑟夫·奈看来，由于特朗普的上台，全球经济治理体系正在步入危险的"金德尔伯格陷阱"。在文中，他还质疑，随着中国综合实力的不断壮大，中国是否会为提供全球公共产品贡献自己的力量，暗示美国新政府应该让中国承担更多的世界责任，以避免美国由于承担太多责任而陷入难以自拔的困境。

当前的世界存在陷入"金德尔伯格陷阱"的可能。第二次世界大战后，美国成为世界上最为强大的国家，并在西方世界建立起以美国为主导的资本主义世界体系——布雷顿森林体系，发挥了世界领导者的作用。马歇尔计划、联合国、国际货币基金组织、世界贸易组织等援助项目的实施和国际组织的建立，对于战后恢复世界经济、稳定世界秩序起到了关键的作用，也是人类能够享受长达七十多年世界和平的主要因素之一。国际制度、机制和国际法的不断发展与进步逐渐规范和塑造了各民族国家交往之间的行为方式和价值观，同样削弱了安全困境，并且提供了文明且和平的争端解决机制。冷战结束后，美国成为唯一超级大国，自然肩负起为世界秩序提供"公共产品"的角色。但是，随着时间的推移，美国在履行这一角色时越来越表现出力不从心，随着能力下降，意愿更加快速地下降。特别是冷战结束后，美国成为世界上唯一的超级大国，越来越凸显出单边主义和霸权主义，走上了被历史学家保罗·肯尼迪称为"过度扩张"的帝国衰落老路。世界越来越呈现出"失序"趋势:国际恐怖主义泛滥、民族冲突与难民危机不断、大规模杀伤性武器扩散加剧、"伊斯兰国"崛起、气候与环境恶化等。特朗普总统上台后更进一步加剧了这种趋势,他在竞选期间和上台后的言行都表现出强烈的"美国优先"意识,充分表露出美国不愿意再分担国际公共成本的意愿。美国退出《巴黎协定》则更加明确无误地告诉世界,美国拒绝肩负全球气候治理领域的领导责任。所以,约瑟夫·奈教授所担心的"金德尔伯格陷阱"是可能存在的,但这种担心应该指向美国是否还有足够的能力、意愿和正确的手段来领导世界,而不是中国"是否会为提供全球公共产品贡献自己的力量"。

事实上,作为人类世界负责任的平等一员,中国一直在为世界和平与发展积极贡献力量,提供与自身实力相匹配的公共产品。平心而论,中国的实力距离美国还有很大差距,甚至比历史上的德国与英国之间的差距还要大,远远谈不上构建自己的霸权秩序。但是,作为人类世界负责任的平等一员,中国依然愿意为世界和平与秩序稳定做出贡献,提供与自身实力相匹配的公共产品。政治上,中国是联合国的创始国,也是对维护世界和平负有最大责任的安全理事会五大常任理事国之一。在世界反法西斯战争中,中国人民付出了巨大的牺牲,因此更加珍爱和平,也更愿意支持联合国在维护世界和平方面发挥最大、最重要的作用。1971年,中国恢复联合国合法席位以来,与联合国在各个层面都展开了卓有成效的战略沟通与务实合作,中国对联合国事业的支持也不断增强。与长期拖欠联合国会费的美国相比,中国不但按时足额缴纳会费,而且目前已经成为仅次于美国和日本的第三大会费缴纳国,仅次于美国的第二大维和经费贡献国。作为广大的发展中国家代表,中国已经事实上成为维护以联合国为代表的世界秩序的中流砥柱。

因此,中国的发展是现有国际政治经济体系内的发展,并不以挑战现有国际秩序为目标。早在中共十七大报告中,延续多年的"建立公正合理的国际政治经济新秩序"的措辞就已经被修改为"推动国际秩序朝着更加公正合理的方向发展",并被中共十八大报告所继承。正如习近平主席在2015年访美期间所指出:"中国是现行国际体系的参与者、建设者、贡献者,同时也是受益者。改革和完善现行国际体系,不意味着另起炉灶,而是要推动它朝着更加公正合理的方向发展。"中国波澜壮阔的改革开放事业本身就是不断融入世界体系的过程,抓住"和平与发展"的时代主题,充分利用全球化带来的机遇和挑战,积

第七章 战略应对:从新型大国关系到命运共同体

极参与国际竞争,发挥自身比较优势。中国政府提出"一带一路"倡议和成立金砖国家新开发银行、亚洲基础设施投资银行等,本质上是与世界分享中国的繁荣和发展路径,特别是中国改革开放的成功经验。在 G20 杭州峰会期间,中国政府更是倡议各国实现更加协调的国际经济政策,共同努力"构建创新、活力、联动、包容的世界经济"。这些都是中国给世界提供的公共产品。对此,约瑟夫·奈教授也承认:中国的所作所为并非以推翻现有世界秩序为目的,而是为了强化其自身对国际秩序的影响力。所以,中国既没有改变现行国际体系的能力,更没有意愿。

中美合作是应对"金德尔伯格陷阱"的关键。面对诸多可能导致世界秩序崩溃的挑战,无论是美国还是中国,都不可能单独应对。两次世界大战之间的"二十年危机"告诉我们,处于相对衰落状态下的霸权国与新兴崛起国家之间的通力合作是摆脱"金德尔伯格陷阱"的唯一正确选择。正如美国另一位政治学家、普林斯顿大学教授罗伯特·基欧汉先生在其著名的《霸权之后:世界政治经济中的合作与纷争》一书中所指出:维持现有体系的关键在于创建一个无论是盟国还是第三世界国家都能够参与合作的机制。所以,面对共同的国际挑战,中美两国都不能缺席。[1] 如果说中国政府提出与美国建立"不冲突不对抗、相互尊重、合作共赢"的新型大国关系是跨越"修昔底德陷阱"的关键,那么构建相互联系、相互依赖的"命运共同体"就成为跨越"金德尔伯格陷阱"的又一个中国方案。"命运共同体"超越了历史上大国争夺主导权的思维,代之以国家间的民主协商与合作,是关于国际秩序的新主张。

历史上,完全基于共同利益的战略合作不胜枚举。尽管温斯顿·丘吉尔憎恶斯大林,但二战期间英国仍然与苏联在对抗纳粹德国的共同利益基础上建立起战略关系。自毛泽东与尼克松握手以来,中美之间的合作已经成为常态,而非例外。[2] 全球未来充满变化和不确定性。破坏性的变革在一个地理范围或功能领域内将快速传播。传统的国家关切,包括主权、领导人控制国家命运的能力等问题需要重新评估。面对日益逼近且长期性的全球性挑战,任

---

[1] 罗伯特·基欧汉:《霸权之后:世界政治经济中的合作与纷争》,苏长和、信强、何曜翻译,上海:上海世纪出版集团,2006 年。

[2] 阎学通:《中美关系:非敌非友》,英文版原载于《外交政策》,中文版载于清华—卡内基全球政策中心工作文件。

何一国都无力单独应对,中美合作是全球未来的关键。① 合作的关键在于制度建立,包括国际规范和防御性合作。罗伯特·基欧汉相信,美国在国力衰落之后依然可以利用其主导建立的国际制度维系其地位,维护现行的霸权秩序。② 其逻辑方法就是将所有国家,特别是挑战国家,吸收到当前的国际制度中,依靠制度的约束力和合作带来的利益来安抚挑战国。约翰·伊肯伯里也认为美国必须致力于加强和维护西方世界体系以及一系列与之相伴的国际制度、规制和法律。确保中国崛起不会走向战争、不会推翻美国霸权的关键在于将中国的发展置于西方世界体系之内,利用现行国际制度、规制和法律约束中国的行为,使中国别无选择只能成为其中一员。"美国无法阻止中国崛起,但是它能够确保中国在美国及其盟友制定的国际制度和规则中行事。……美国的全球地位可能会削弱,但是美国领导的国际体系仍将是二十一世纪的主导。"③在网络安全、太空非军事化、海上安全等领域,中美之间迫切需要建立国际协调制度和规范,为合作搭建平台,避免因沟通不畅造成冲突和冲突升级,构建相互信任的基石。中美"每一方都应学会如何从容应对另一方的不利政策。不太友好但保持稳定的合作关系比虚伪的'友谊关系'更对双方有益"④。十九大报告提出:"中国积极发展全球伙伴关系,扩大同各国的利益交汇点,推进大国协调和合作,构建总体稳定、均衡发展的大国关系框架,按照亲诚惠容理念和与邻为善、以邻为伴周边外交方针深化同周边国家关系,秉持正确义利观和真实亲诚理念加强同发展中国家团结合作。"这是中国政府对世界各国人民和政府的庄严承诺,也是对"修昔底德陷阱"和"金德尔伯格陷阱"的直接回应。

十九届四中全会指出:"推动党和国家事业发展需要和平国际环境和良好外部条件。"在美西方国际关系理论只能揭示出悲观未来的前提下,我们需要

---

① 中美联合工作小组:《中美合作:全球未来的关键》,中国国际问题研究所和美国大西洋理事会联合发行,2013 年 9 月,前言和第 5 页。

② Robert Keohane, *After Hegemony: Cooperation and Discord in the World Political Economy*, Princeton, New Jersey: Princeton University Press, 1984.

③ G. John Ikenberry, "The Rise of China and the Future of the West: Can the Liberal System Survive?" *Foreign Affairs*, 2008, No. 87(1), pp. 23–37. Retrieved April 27, 2010, from ABI/INFORM Global. (Document ID: 1432821701).

④ 阎学通:《中美关系:非敌非友》,英文版原载于《外交政策》,中文版载于清华—卡内基全球政策中心工作文件。

第七章 战略应对:从新型大国关系到命运共同体

新的理论突破。中共十八大以来,以习近平同志为核心的党中央深刻把握新时代中国和世界发展大势,在对外工作上进行一系列重大理论和实践创新,形成了新时代中国特色社会主义外交思想。中国外交部长王毅同志认为:"习近平总书记外交思想贯穿马克思主义立场、观点、方法,是对新中国建立60多年来外交大政方针和优良传统的继承和发展,也是对过去300多年来西方传统国际关系理论的创新和超越,构成党中央治国理念和执政方略的重要组成部分,是指导新形势下中国外交的行动指南。"[①]中共二十大报告再次明确强调:"中国始终坚持维护世界和平、促进共同发展的外交政策宗旨,致力于推动构建人类命运共同体。"这既是中国实现和平发展、助力民族复兴伟业的原则与路径,也是破解西方国际关系理论视角下国强必霸和大国政治悲剧的关键法宝。

---

① 王毅:《在习近平总书记外交思想指引下开拓前进》,《学习时报》,2017年9月1日。

第八章

运用战略思维应对安全挑战

理解当前我国所面临的安全挑战,首先要明确我们的战略目标是什么。实现共产主义当然是我们的远大理想和终极目标,但当前的战略目标就是"实现中华民族伟大复兴"。进入 21 世纪以来,中国综合国力蒸蒸日上,国际影响力与日俱增。习近平总书记指出:"今天,我们比历史上任何时期都更接近中华民族伟大复兴的目标,比历史上任何时期都更有信心、有能力实现这个目标。"[1]马克思辩证唯物主义认为事物的发展是内因和外因共同作用的结果。中华民族伟大复兴当然首先取决于全体中国人民在党的领导下的共同奋斗与努力,但同样离不开对我有利的外部环境。习近平总书记曾经将国内外挑战高度总结为两个"陷阱":"我多次讲,我们要注意跨越'修昔底德陷阱'、'中等收入陷阱'。前一个是政治层面的,就是要处理好同美国等大国的关系。后一个是经济层面的,就是要提高我国经济发展质量和效益。"[2]展开来讲,就是国际上如何营造对我有利的国际环境,在国内如何继续维持高质量发展。回顾进入新时代以来的历史,我国经济一直保持中高速发展。在"十三五"期

---

[1] 习近平:《在庆祝中国共产党成立 95 周年大会上的讲话》(2016 年 7 月 1 日),《人民日报》,2016 年 7 月 2 日,第 2 版。

[2] 《习近平同美国总统奥巴马会晤》,新华网,2015 年 9 月 25 日,转载于人民网:习近平系列重要讲话数据库,http://jhsjk.people.cn/article/27635897。

间,我国经济增长对世界经济增长的贡献率一直维持在30%左右,是名副其实的世界经济增长主动力。尽管遭遇新冠肺炎大流行的巨大打击,但是在党中央的正确领导下,我国率先复产复工,依然取得了令世界瞩目的经济成就。所以,目前以及未来较长一段时间内,我国面临的主要挑战来自外部环境,特别是海洋方向。建设海洋强国,推动海洋命运共同体,必须运用战略思维,有效应对外部的安全挑战。

一、当前我国面临的外部挑战

2020年8月24日,习近平总书记在经济社会领域专家座谈会上就曾指出:"当今世界正经历百年未有之大变局。当前,新冠肺炎疫情全球大流行使这个大变局加速变化,保护主义、单边主义上升,世界经济低迷,全球产业链供应链因非经济因素而面临冲击,国际经济、科技、文化、安全、政治等格局都在发生深刻调整,世界进入动荡变革期。"[1]中共十九届六中全会也明确指出:"世界百年未有之大变局和新冠肺炎疫情全球大流行交织影响,外部环境更趋复杂严峻。"[2]外部环境的变化,主要源于西方世界,特别是美国的对华政策变化。

面对中国,西方世界先后出现"中国崩溃论"和"中国威胁论"。近年来,"中国威胁论"的声音开始占据上风。早在2001年,美国进攻性现实主义的代表人物、芝加哥大学政治学教授约翰·米尔斯海默在其最负盛名的《大国政治的悲剧》一书中指出:"中国威胁最令人头痛的一点是,中国将比20世纪美国面临的任何一个潜在霸权国都更强大、更危险。……富强的中国不会是一个维持现状的大国,而会是个决心要获取地区霸权的雄心勃勃的国家。"[3]随着时间的推移,权力竞争重新回到国际政治舞台的声音一直在潜移默化地产生

---

[1] 《习近平在经济社会领域专家座谈会上的讲话》(2020年8月24日),《人民日报》,2020年8月25日,第2版。

[2] 《中国共产党第十九届中央委员会第六次全体会议公报》,新华社,2021年11月11日,http://www.news.cn/politics/2021-11/11/c_1128055386.htm。

[3] 约翰·米尔斯海默:《大国政治的悲剧》,王义桅、唐小松译,上海:上海人民出版社,2003年,第543、544页。

影响，并推动美国对华战略的大转向。① 2012年哈佛大学格雷厄姆·艾利森教授在英国《金融时报》发表文章指出中美可能将陷入"修昔底德陷阱"。② 2016年他将文章观点扩充论证后出版。尽管他宣称致力于为中美两国寻求避免冲突的应对之道，但依然直接在书名中就提出一个令人高度紧张的假设性问题："注定一战，中美能避免修昔底德陷阱吗？"③

学术界的讨论最终在政策界得到回应。2017年特朗普政府发布《美国国家安全战略报告》，认为对美国国家安全构成威胁的首要来源是中国、俄罗斯等"修正主义国家"，并宣称印太地区正在呈现出地缘政治竞争（geopolitical competition）。④ 2020年8月21日，全球最大的政治风险咨询公司欧亚集团发布报告《中美冲突进入危险区》（US-China conflict moves into danger zone），指出中美两国存在发生军事冲突的风险。⑤ 美军最高将领、美军参谋长联席会议主席马克·米利（Mark Milley）甚至被爆料曾在2020年10月30日和2021年1月8日两度秘密致电他的中国同行，原因是担心时任总统特朗普可能会发起与中国的战争。⑥ 这当然首先源于米利将军对特朗普总统本人的心理控制能力缺乏信心，但同样揭示出大西洋两岸的中美战略博弈已经进入非常激烈的程度。

尽管拜登总统与特朗普总统在诸多问题领域存在巨大的政策差异，但在

---

① Robert Kagan, *The Return of History and the End of Dreams*, New York: Vintage Books, 2009; Aaron L. Friedberg, *A Contest for Supremacy: China, America, and the Struggle for Mastery in Asia*, New York: Norton, 2011; John Mearsheimer, *The Tragedy of Great Power Politics*, New York: Norton, 2014.

② Graham Allison, "Thucydides's Trap Has Been Sprung in the Pacific," *Financial Times*, August 21, 2012.

③ 格雷厄姆·艾利森：《注定一战：中美能避免修昔底德陷阱吗？》，陈定定、傅强译，上海：上海人民出版社，2017。

④ "The National Security Strategy of the United States of America," The White House, December 2017, pp. 2, 3, 25 and 45. https://www.whitehouse.gov/wp-content/uploads/2017/12/NSS-Final-12-18-2017-0905.pdf.

⑤ Michael Hirson, Jeffrey Wright, Jon Lieber, Paul Triolo, "US-China conflict moves into danger zone," *Eurasia Group*, August 21, 2020, https://www.eurasiagroup.net/live-post/us-china-conflict-danger-zone.

⑥ Bob Woodward and Robert Costa, *PERIL*, Simon & Schuster, 2021, page viii. Jamie Gangel, Jeremy Herb and Elizabeth Stuart, "Woodward/Costa book: Worried Trump could 'go rogue,' Milley took secret action to protect nuclear weapons," CNN, September 14, 2021, https://edition.cnn.com/2021/09/14/politics/woodward-book-trump-nuclear/index.html.

对华政策上存在诸多相似之处。2021年2月4日他在美国国务院发表了上任后的首次外交政策讲话,称中国是美国"最严峻的竞争对手"(most serious competitor)。[1] 美国国务卿布林肯在上台后的首场外交政策演讲也指出"与中国日益激烈的竞争"是美国面临的关键挑战,中国是美国21世纪面临的"最大的地缘政治考验"(the biggest geopolitical test of the 21st century)。[2] 美国对华展开的以增加进口关税为特征的"贸易战"和以禁止高科技产品出口为特征的"科技战"依然在继续并不断加深。

二、应对外部挑战的战略思维

面对日趋复杂严峻的外部环境,我们更需要运用战略思维加以应对。

首先,在实现中华民族伟大复兴的战略目标下,我们要明确如何定位中美关系。在当前我国面对的外部环境中,美国是最主要、最关键的变量。什么样的中美关系最符合我国的战略利益,是我们当前必须回答的关键问题。习近平总书记指出:"中美合作,两国和世界都会受益;中美对抗,两国和世界都会遭殃。中美关系不是一道是否搞好的选择题,而是一道如何搞好的必答题。"[3]因此,健康稳定和致力于合作的中美关系依然是符合我国当前战略利益的外交目标。近年来,随着中美两国在诸多领域的竞争加剧,国内外均出现中美是否会陷入"新冷战"的猜测。倪世雄教授在为《大国政治的悲剧》一书作序时曾特别指出:"对米尔斯海默的思想的危害性和影响决不可掉以轻心。世界是丰富多彩的,进攻性现实主义国际关系理论,抹杀国家个性,忽视一国内政,不去了解领导人的意志与百姓所思所想,只能是闭门造车。其所杜撰的'中国威胁论'不过是为美国霸权的合法性寻找逻辑基础的现实举措,是自我实现的预言。"[4]该观点同样适用于评价艾利森教授的"修昔底德陷阱"。因此,西方国际关系理论既非金科玉律,更非历史规律。中美之间并不存在注定

---

[1] "Remarks by President Biden on America's Place in the World," The White House, February 4, 2021, https://www.whitehouse.gov/briefing-room/speeches-remarks/2021/02/04/remarks-by-president-biden-on-americas-place-in-the-world/.

[2] Antony J. Blinken, "A Foreign Policy for the American People," US Department of State, March 3, 2021, https://www.state.gov/a-foreign-policy-for-the-american-people/.

[3] 《习近平同美国总统拜登通电话》,《人民日报》,2021年9月11日,第1版。

[4] 倪世雄:《序》,载约翰·米尔斯海默《大国政治的悲剧》,王义桅、唐小松译,上海:上海人民出版社,2003年。

的陷入冲突的命运,关键在于我们的选择。走和平发展道路,是我们党根据时代发展潮流和我国根本利益作出的战略抉择。① 2021年,习近平主席在参加博鳌亚洲论坛时曾明确表示:"反对任何形式的'新冷战'和意识形态对抗。"②从我们的利益出发,尽管美国的诸多涉华霸权主义行径不断激发我国民众的反感和愤怒,但是我们依然需要保持战略冷静。中华民族伟大复兴不可能在一个排挤中国的世界或自我孤立的世界中实现,更不可能在一场热战或冷战中实现。"新冷战"不符合我国战略利益,不但不是我们追求的目标,而且我们还应努力避免这种结果。努力维持中美关系的健康稳定,是避免"新冷战"的关键。

其次,从手段上采取切实措施来稳定中美关系。军事上,核武器带来的战略稳定依然可以发挥作用。进入21世纪以来,多个关键的军控条约因为美俄退出而失效,例如《反导条约》《中导条约》《开放天空条约》等。大国博弈和军备竞赛在一些地区正在出现。国际反核武组织荷兰"和平与和解"(PAX)发布的一项新研究显示:新的合同、新的武器类型、新的资源分配都表明新的核军备竞赛正在发生。③ 朝核、伊核问题迟迟得不到解决。北约与俄罗斯在乌克兰东部地区的军事对峙仍然在加剧。英美通过"奥库斯"向澳大利亚输出核动力潜艇,恶化了世界核扩散前景。但是,总体来看,《不扩散核武器条约》《禁止核试验条约》和《美俄第三阶段削减战略武器条约》等关键条约依然在大国间发挥战略稳定的作用。2022年1月3日联合国安全理事会的五大常任理事国罕见地发表联合声明,同意避免进一步扩散核武器和发动核战:"避免核武器国家间爆发战争和减少战略风险是我们的首要责任。"④在当前国际格局持续动荡加剧的背景下,五国领导人联合声明具有积极的象征意义,表明五国对发动核战争的克制。拜登总统上台后,外界普遍认为外交理性重回美国白宫。中美之间的军事博弈尽管还将继续,存在擦枪走火的可能,但基本的战略

---

① 《在十八届中央政治局第三次集体学习时的讲话》(2013年1月28日),《人民日报》,2013年1月30日,第1版。

② 《习近平在博鳌亚洲论坛2021年年会开幕式上的视频主旨演讲》(2021年4月20日),人民网,习近平系列重要讲话数据库,http://jhsjk.people.cn/article/32082690。

③ "Producing Mass Destruction: Private companies and the nuclear weapon industry," International Campaign for Abolish Nuclear Weapons and PAX, May 2019, page 5, https://www.dontbankonthebomb.com/wp-content/uploads/2019/05/2019_Producers-Report-FINAL.pdf.

④ 《五个核武器国家领导人关于防止核战争与避免军备竞赛的联合声明》,中华人民共和国外交部,2022年1月3日,https://www.fmprc.gov.cn/web/zyxw/202201/t20220103_10478507.shtml。

稳定和和平能够实现。①

　　经济上，中美两国之间依然存在巨大的合作空间。尽管中美第一阶段经贸协议已经到期，是否会有第二阶段经贸协议尚不可知，美对华贸易战和科技战仍未有彻底停息的迹象，但是两国之间的进出口贸易数字仍然在增加。即便受到疫情影响，两国进出口总额依然从2018年贸易战开始时的6 335亿美元增加到2021年的6 575亿美元。可见，美国对华发动的贸易战、科技战逆时代潮流，违背市场规律，已经在遭受市场规律的反噬。对此，习近平总书记强调，经济全球化是社会生产力发展的客观要求和科技进步的必然结果，利用疫情搞"去全球化"、搞封闭脱钩，不符合任何一方利益。中国始终支持经济全球化，坚定实施对外开放基本国策。② 对经贸合作的重视，并不局限于获取经济利益，同样源于对和平的渴望。持贸易和平论的自由主义者认为，经济上的相互依赖可以减少国家间的冲突，因为冲突的成本很高。③ 但是，现实主义者认为国家首先会关心如何最大限度地保障国家安全。④ 戴尔·科普兰（Dale C. Copeland）则提出了"贸易预期理论"，认为"经济相互依赖和关于未来贸易投资的预期结合起来，会形成一种关键的推动力，能够决定大国之间发生战争和冲突的概率"；国家发动战争"是因为国家对未来贸易的期望值下降，使其对长期安全前景感到悲观"。⑤ 所以，从维护和平的战略角度出发，我们应积极塑造中美两国间的贸易预期。事实证明，中美两国经济依然具有高度互补性，两国间的经贸合作依然符合两国和两国人民的根本利益，经贸关系依然是中美关系的重要"压舱石"。2021年11月16日，习近平主席在与拜登就任美国总统后进行第一次线上会晤时指出：中美经贸关系本质是互利双赢，在商言商，不要把中美经贸问题政治化。双方

---

① 唐萍：《王缉思：中美间和平能够基本保障 但要警惕擦枪走火的可能性》，直新闻《新春观察》，2022年2月1日，https://mp.weixin.qq.com/s/jSq_WDygNk6ANjk9nR6J6w。

② 习近平：《让多边主义的火炬照亮人类前行之路——在世界经济论坛"达沃斯议程"对话会上的特别致辞》（2021年1月25日，北京），《人民日报》，2021年1月26日，第2版。

③ Norman Angell, *The Great Illusion*, 2nd edited, New York: Putnam's Sons, 1933, pp. 59 - 60 and 87 - 89; Richard Rosecrance, *The Rise of the Trading State*, New York: Basic Books, 1986, pp. 13 - 14 and 24 - 25; Edward Mansfield, *Power, Trade and War*, Princeton, NJ: Princeton University Press, 1994.

④ Joseph Grieco, "Anarchy and the Limits of Cooperation: A Realist Critique," *International Organization*, Vol. 42, No. 3, 1988, pp. 485 - 529; John Mearsheimer, "The False Promise of International Institutions," *International Security*, Vol. 15, No. 3, 1994 - 95, pp. 5 - 56.

⑤ 参见戴尔·科普兰：《经济相互依赖与战争》，金宝译，北京：社会科学文献出版社，2018年，第4、8页。

要做大合作"蛋糕"。2022年3月18日,习近平主席同美国总统拜登再次视频通话,强调"美方对中方的战略意图作出了误读误判",并指出"中美过去和现在都有分歧,将来还会有分歧。关键是管控好分歧。一个稳定发展的中美关系,对双方都是有利的"。

最后,从时间和空间的多重维度来应对美对我国的战略压力。必须承认,在中美战略博弈中,美国依然占有优势。一方面,我国在科技、军事、经济等硬实力指标上与美国尚存在差距;另一方面,美国在国际舞台上依然享有较强的领导力,其同盟体系在冷战结束后并未瓦解,反而进一步得到了增强和扩大。这使得我们面对的博弈对手很可能并非美国一个国家,而是以美国为首的一个由一大批西方国家组成的阵营,例如英国、澳大利亚、加拿大、日本、德国等。这些同盟国家在经济、科技、地缘政治、军事和文化软实力等方面有自己的独特优势,成为美国力量的"倍增器",成为"美国最大的战略资产"。[①]

所以,中美战略博弈的复杂程度和影响范围,远远超过历史上任何一对双边关系,这必定是一个长期且艰苦卓绝的过程。在这一过程中,任何"毕其功于一役"的想法都是错误且不负责任的。但是,我们依然要对我们的社会主义事业和中华民族伟大复兴的梦想满怀信心。一是从历史的发展规律和前进趋势来看,我们站在历史的正确方向上。中美两国实力差距在过去二十年中迅速缩小,就是最直接的证明。2020年中国国内生产总值占美国国内生产总值的比例已经突破70%,而且这一趋势还在继续。二是面对美方的战略压力,我们应"走对话而不对抗、结伴而不结盟的国与国交往新路"[②],避免陷入西方国际关系理论所强调的"安全困境",通过构建和打造更大范围的"朋友圈儿"来破解美西方的同盟体系,以更多、更深入的经贸与人文合作来化解国际社会的对华疑虑。此外,当前民粹主义在全球泛滥,我们对此应高度警惕,在对美坚持斗争的过程中应极力避免被民粹主义裹挟,避免在所有领域陷入与美西方国家意识形态的对抗,从而维护外交工作的灵活性和柔韧性。三是将中国的命运与世界的命运融为一体,推动构建人类命运共同体。十九大报告指出:

[①] President Joseph Biden, "Interim National Security Strategic Guidance," The White House, March 03, 2021, https://www.whitehouse.gov/wp-content/uploads/2021/03/NSC-1v2.pdf.

[②] 习近平:《决胜全面建成小康社会 夺取新时代中国特色社会主义伟大胜利——在中国共产党第十九次全国代表大会上的报告》(2017年10月18日),中华人民共和国中央人民政府网站,2017年10月27日,http://www.gov.cn/zhuanti/2017-10/27/content_5234876.htm.

"中国共产党是为中国人民谋幸福的政党,也是为人类进步事业而奋斗的政党。"①总书记也一直强调:"统筹国内国际两个大局,牢牢把握服务民族复兴、促进人类进步这条主线,推动构建人类命运共同体。"②坚持世界是普遍联系的马克思主义原则,将中国的发展与世界的发展牢牢联系起来,让中国的发展红利惠及更多的国家,让更多的国家能够直接或者间接地参与到中华民族伟大复兴的事业中,是避免"大国政治的悲剧"和"修昔底德陷阱"的重要路径。

中共二十大报告强调:"中国始终坚持维护世界和平、促进共同发展的外交政策宗旨,致力于推动构建人类命运共同体。"构建人类命运共同体是世界各国人民前途所在。为实现这一目标,中国提出了全球发展倡议、全球安全倡议,愿同国际社会一道努力落实。其中当然也必然包括美国及其西方盟友。

三、结语

恩格斯指出:"一个民族想要站在科学的高峰,就一刻也不能没有理论思维。"③战略思维包括认识论与方法论,是主体选择的创造性活动。战略思维的质量体现在对直接经验与间接经验的概括能力,对历史规律的把握能力,以及对客观世界产生影响所能达到的深度与广度。战略的选择需要符合目的性、规律性和实际性,把目的和手段结合起来,区分和平衡整体利益与局部利益、眼前利益与长远利益。为实现高质量的战略思维,我们不应纠结于"一城一地"的得失和眼前利益,而应该着眼于更大和更长远的利益,必要时刻在个别领域做出暂时的妥协甚至是更加明智和富有战略意义的选择。这是战略思维运用的要求和体现。只有深入学习习近平新时代中国特色社会主义思想,才能够破解伟大复兴道路上的所有陷阱,解决所有问题,有效应对所有挑战,最终将中国建设成为海洋强国,并实现包括中美两国在内的海洋命运共同体。

---

① 习近平:《决胜全面建成小康社会 夺取新时代中国特色社会主义伟大胜利——在中国共产党第十九次全国代表大会上的报告》(2017年10月18日),中华人民共和国中央人民政府网站,2017年10月27日,http://www.gov.cn/zhuanti/2017-10/27/content_5234876.htm。
② 《坚持以新时代中国特色社会主义外交思想为指导 努力开创中国特色大国外交新局面》,《人民日报》,2018年6月24日,第1版。
③ 《马克思恩格斯全集》第3卷,北京:人民出版社,1972年,第467页。

第九章

"一带一路"倡议下的海外港口安全风险[①]

"一带一路"倡议和建设是新时代中国的重大外交举措,其核心是通过国际合作促进共同发展。2017年,国家主席习近平在"一带一路"国际合作高峰论坛上强调:"发展是解决一切问题的总钥匙。推进'一带一路'建设,要聚焦发展这个根本性问题,释放各国发展潜力,实现经济大融合、发展大联动、成果大共享。"[②]国际和平海运和自由贸易是实现发展的重要条件和手段,中国40年改革开放的成功经验已经证明了这一点。所以,无论是从理论还是经验来看,"一带一路"建设的成功同样离不开和平海运和自由贸易,它也是中国推动构建海洋命运共同体的主要抓手。海洋和关键港口对中国的安全与发展日益重要。

一、"一带一路"海外港口的意义与布局特征

1. 海运已经成为中国经济发展的大动脉

和平利用海洋,推动海上合作,是实现中华民族伟大复兴的关键途径。研

[①] 本章受到"国观智库"资助,在此表示感谢。
[②] 《习近平:发展是解决一切问题的总钥匙》,国家主席习近平在"一带一路"国际合作高峰论坛开幕式上的主旨演讲,2017年5月14日,载环球网,https://m.huanqiu.com/article/9CaKrnK2KQ2。

第九章 "一带一路"倡议下的海外港口安全风险

究显示,以重量和体积计算的世界贸易中90%是由海运完成的,以价值计算的话,该数字则为80%。① 中国对外贸易中采用海运方式的比例同样高达90%。② 更为重要的是,中国经济发展所需要的主要能源严重依赖国外市场。中国石油集团经济技术研究院发布的《2018年国内外油气行业发展报告》显示,2018年中国的石油进口量为4.4亿吨,同比增长11%,石油对外依存度升至69.8%;天然气进口量为1254亿立方米,同比增长31.7%,对外依存度升至45.3%。继2017年超过美国成为世界最大原油进口国之后,2018年中国又超过日本成为世界最大的天然气进口国。③ 根据海关总署统计数据,我国石油对外依存度在2020年达到73.6%,2021年下降至72%。虽然2021年的石油进口量与2020年同期相比减少5.4%,同时也导致石油对外依存度在过去20年来首次出现下降,但继续增长的趋势尚未彻底扭转。天然气进口量一直在增加,对外依存度也处于缓慢上升趋势中。无论是石油还是天然气,通过海洋运输是最主要的进口渠道。根据全球能源研究所《国际能源安全风险指数》(图9-1),在全球主要国家当中,2018年美国的能源安全风险指数最低,成为能源安全情况最好的国家,中国排名第8位。相比之下,1980年的中国虽然没有对外油气依赖,但是能源安全风险指数非常高,能源安全排名为第23位。④ 这表明,虽然我国油气对外依存度一直在上升,但是能源安全风险指数在降低,也进一步说明我国建设海洋强国具有极为重要的意义,并且已经取得较为突出的成效。

在这种情况下,维持海运的关键港口的重要性越发凸显。这种重要性主要体现在两个关键因素的相互作用:全球化带来的经济繁荣与地缘政治博弈或动荡所导致的安全问题。"一带一路"倡议提出以来,交通互联互通实现重大突破,在铁路、公路、水运、民航、邮政等领域均取得实质进展。2017年5月10日,推进"一带一路"建设工作领导小组办公室发布《共建"一带一路":理

---

① Sam J. Tangredi, *Globalization and Maritime Power*, Washington: National Defense University Press, 2002, p. xxvi.
② 马锋:《南太平洋与21世纪海上丝绸之路》,中国社会科学网,2017年05月23日,http://econ.cssn.cn/jjx/jjx_gzf/201705/t20170523_3528652.shtml.
③ 中国石油集团经济技术研究院:《2018年国内外油气行业发展报告》,2018年1月16日。
④ "International Index of Energy Security Risk 2020 Edition: OECD Index Scores 1980 – 2018 (1980 = 1 000)," Global Energy Institute, https://www.globalenergyinstitute.org/energy-security-risk-index.

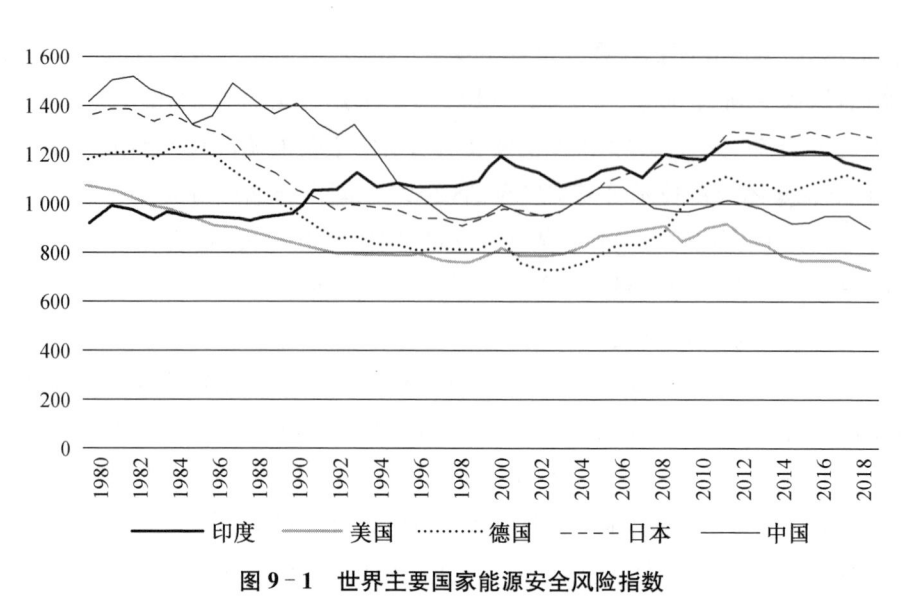

图 9-1 世界主要国家能源安全风险指数

数据来源："International Index of Energy Security Risk 2020 Edition: OECD Index Scores 1980-2018（1980＝1 000）," Global Energy Institute, https://www.globalenergyinstitute.org/energy-security-risk-index。

念、实践与中国的贡献》，按照共建"一带一路"的合作重点和空间布局，提出"六廊六路多国多港"的合作框架。其中"多港"明确是指"若干保障海上运输大通道安全畅通的合作港口，通过与'一带一路'共建国家共建一批重要港口和节点城市，进一步繁荣海上合作。……为各国参与'一带一路'合作提供了清晰的导向"[①]。作为"一带一路"建设的重要组成部分，港口起着举足轻重的作用，扮演着"关键支撑点"的角色。中国目前是全球第一港口大国，全国港口货物吞吐量和集装箱吞吐量已连续十多年位居世界第一。全球港航业权威媒体——英国《劳氏日报》发布的 2019 全球百大集装箱港口最新榜单，中国共 20 余家港口上榜。世界集装箱港口百强排行榜显示，前十大港口中，中国占 7 席，上海港连续 10 年保持世界第一。[②]

在此背景下，中国自然产生出与海运线路另一端口的合作意愿，以确保物

[①] 《共建"一带一路"：理念、实践与中国的贡献（全文）》，新华社，2017 年 5 月 11 日，http://www.china.com.cn/news/2017-05/11/content_40789833.htm。

[②] "One Hundred Ports 2019," Lloyds List, https://lloydslist.maritimeintelligence.informa.com/one-hundred-container-ports-2019.

第九章 "一带一路"倡议下的海外港口安全风险

流顺畅并提高货运效率。港口作为"海上丝绸之路"的起点和支点,是全球贸易的流通载体,日益成为区域经济发展的核心和主要驱动力。在国内港口快速发展、港口贸易不断扩张之际,中国企业不断完善港口标准化体系,不断提升港口建设、投资、经营实力,为中国企业在世界范围内的港口投资建设奠定了坚实的基础。因此,近年来,中国企业在"一带一路"倡议下,加速海外港口布局。投资港口使中国企业不但能够提升本国物流的确定性,而且能够降低这一交易环节的成本。此外,掌握相关的货运信息不仅有助于中国对物流领域的情况作出预期,也能增强了解港口所在地区的经济发展进程,有助于加强与东南亚、中东、非洲及欧盟国家的经济合作,优化贸易进程。在"一带一路"倡议下,中国港口企业不仅获得了自身经济效益的提高,而且给港口项目所在国带去了巨大的发展机遇和实实在在的好处,包括带动当地就业、提升管理和运营水平、促进周边配套设施开发等。同时,中国企业积极贡献中国港口发展经验,推广中国模式、中国标准,"授人以鱼"的同时也"授之以渔"。"一带一路"倡议已在沿线地区形成跨层次、多领域的互联互通项目体系。其中,以港口为载体完善沿线地区基础设施建设,配套产业园、自贸区等软硬件建设,打通物流障碍,促进经济要素高效流通,已成为中国在东南亚、南亚、非洲、欧洲等沿线地区培育产业、促进贸易的特定模式,对区域经济发展和全球贸易增长的拉动效应已初步显现。

但是,近年来中国在"一带一路"倡议下投资的部分港口存在的外部风险日益凸显,集中表现为港口地区及航线海域的安全风险,包括恐怖主义、政治冲突、宗教纠纷、海盗等武装抢劫以及地缘政治博弈等。部分港口已受到严重影响,危及港口项目的生存和发展,必须加以重视。

首先,港口项目是"一带一路"互联互通中的重点项目,近年来发展迅速,对"一带一路"发展的全局有深刻影响。研究"一带一路"沿线港口安全风险,有利于"一带一路"倡议下更好地推进基础设施互联互通。在中国官方的政策语境中,港口被赋予"21世纪海上丝绸之路"建设的关键角色。《"一带一路"建设海上合作设想》特别提出完善沿线国之间的航运服务网络,共建国际和区域性航运中心,支持中国企业以多种方式参与沿线港口的建设和运营。[①] 中国更早发布的《推动共建丝绸之路经济带和21世纪海上丝绸之路的愿景与行动》文件也提出,海上以重点港口为节点,共同建设通畅安全高效的运输大通道。[②]

其次,海外港口涉及我国外交和安全大局,其在安全方面扮演重要角色。研究"一带一路"沿线港口安全风险,有利于我国海外利益的安全保障。中国企业在海外港口投资的布局,与国家整体政治外交布局相一致。从目前中国企业对海外港口项目的选择看,这些项目反映了中国近年来经济领域的对外布局,也在一定程度上预示着中国未来的外交走向。港口作为重大基础设施,需储备后勤保障资源,以对过往物流船只补给来保障运输通畅,甚至提供军用设备和补给来保障区域安全。吉布提港、瓜达尔港等"一带一路"沿线多个地区均为安全风险大、贸易地位高的地区,安全因素是运营港口之必要。尽管中国官方对"战略支点"的表态十分谨慎,但是在与美国建立海外军事基地相区别且不威胁港口所在国安全与主权完整的前提下,构建港口必要的安全防卫能力,在重点地区建立"战略支点",统筹构建地区安全体系,保障地区和本国贸易的安全通畅,则是海外投资港口的中国企业衔接国家安全利益的必要步骤。

最后,我国海外港口面临恐怖主义、极端分裂势力等构成的安全风险,已不容忽视。研究"一带一路"沿线港口安全风险,有利于海外港口项目的更好运营。"一带一路"部分沿线地区存在复杂的安全形势,迫使部分港口不得不采用一定程度上的军事化安保措施,进一步恶化了营商环境。比如,瓜达尔港所在的俾路支省历来存在反叛势力,建国以来爆发了4次大规模的叛乱。近年来,俾路支斯坦分裂势力再度抬头;2004年,俾路支分裂分子在瓜达尔进行的炸弹袭击导致3名中国工程师身亡,9人受伤;2013年,包括一群工程师在内的中国公民再次遭到袭击,造成数人死亡;此外,普什图人聚居区中存在巴

[①] 《"一带一路"建设海上合作设想》,国家发展改革委和国家海洋局联合发布,2017年11月17日,中国政府网,第5页,http://www.gov.cn/xinwen/2017-11/17/5240325/files/13f35a0e00a845a2b8c5655eb0e95df5.pdf。

[②] 《推动共建丝绸之路经济带和21世纪海上丝绸之路的愿景与行动》,国家发展改革委、外交部、商务部,国务院授权发布,2015年3月,中华人民共和国商务部网,http://www.mofcom.gov.cn/article/i/dxfw/jlyd/201601/20160101243342.shtml。

基斯坦塔利班势力,巴塔一贯持对华敌对的态度。这种安全环境,极大地影响了瓜达尔港的建设、地区经济的发展和招商引资活动的正常进行。尽管巴基斯坦军方已经专门成立安全部队来确保瓜达尔港中国工人的人身安全,但俾路支省安全形势的复杂多变始终威胁着港口的开发建设。另外,全副武装人员护送的园区,以及随处可见的持枪安保人员无疑会给不熟悉情况的投资者带来不适,甚至会影响他们的投资决定,这是中国企业在对外投资中需要格外重视的方面。

2. 主要地区的港口布局

总体来看,中国企业在海外参与的港口建设与合作呈现"多点突破,重点开发"的特征。一方面,中国企业在共建"一带一路"多个国家和地区的港口展开并购、参股、建设、运营等多种方式的合作,形成网络化布局,为我国"一带一路"建设中的互联互通打下坚实的基础。另一方面,个别关键地区的港口得到重点关注和开发,成为中国海外港口合作中的关键节点。

2013年起,以中远海运港口有限公司和招商局港口控股有限公司为主的中国企业,重点布局"一带一路"沿线港口。2017年6月,国家发改委和国家海洋局联合发布《"一带一路"建设海上合作设想》,首次就推进"一带一路"建设海上合作提出中国方案,提出要重点建设三条蓝色经济通道:中国—印度洋—非洲—地中海蓝色经济通道、中国—大洋洲—南太平洋蓝色经济通道、经北冰洋连接欧洲的蓝色经济通道。[①] 中国参与建设的海外港口主要沿着这三条蓝色经济通道展开,并且已经成功覆盖了前两条经济通道,并向其他地区快速扩展。截至2018年7月26日,中国企业共参与34个国家中42个港口的建设经营,海运服务覆盖沿线所有沿海国家,我国海运互联互通指数保持全球第一。[②]

中国—印度洋—非洲—地中海蓝色经济通道

印度洋是传统的贸易路线,早在13世纪就是连接东亚和非洲、欧洲的重

[①] 《"一带一路"建设海上合作设想》,国家发展改革委和国家海洋局联合发布,2017年11月17日,中国政府网,第3页,http://www.gov.cn/xinwen/2017-11/17/5240325/files/13f35a0e00a845a2b8c5655eb0e95df5.pdf.

[②] 中华人民共和国交通运输部2018年"7月份例行新闻发布会",2018年7月26日,http://www.mot.gov.cn/2018wangshangzhibo/2018seventh/index.html。

要通道。① 每年大约有10万艘商船在印度洋上航行,其中包括全球50%的集装箱运输和30%的散货运输。全球36%的原油产自该地区,尤其是波斯湾。全球超过三分之二的石油出口依赖于印度洋的自由航运。此外,能源需求在未来20年可能会大幅增长,这将自动增加印度洋在全球能源运输中的比重。亚洲经济体尤其严重依赖中东的石油自由流动。② 中国与其最大的合作伙伴欧盟之间的贸易往来,在很大程度上依赖于印度洋航线。例如,上海—鹿特丹航线可以被称为中国经济的"一条重要动脉"。中国是世界上最大的石油消费国,82%以上的石油进口由印度洋航道进入马六甲海峡。③ 这些航道的安全和稳定对中国的经济增长和国家安全都至关重要。印度洋沿岸的港口理所当然成为中国海外港口合作的重点对象,从东向西依照地理形态从一条主脉分为两条支脉,分别通往欧洲和非洲。

在印度洋东端,中国的港口合作主要针对缅甸、斯里兰卡和巴基斯坦三国展开,皎漂港、汉班托塔港和瓜达尔港是最为重要的三个项目。通过缅甸皎漂港,可以绕过马六甲海峡,直接通过陆路向中国输送石油和天然气,有助于实现中国能源进口路线多元化,在一定程度上缓解了对马六甲海峡的依赖。斯里兰卡位于印度次大陆的南端,扼守东西航路,具有重要的经济与战略意义。中国在斯里兰卡参与投资合作的港口主要有两个:科伦坡港和汉班托塔港。汉班托塔港自2007年起在中国的援助下开始建设,2012年开始运营。2017年7月,斯里兰卡与中国签署协议,中国招商局控股港口有限公司购得汉班托塔港口70%的股权,并租用港口及周边土地,租期为99年。④ 2017年12月9日,斯里兰卡政府正式把斯里兰卡南部的汉班托塔港的资产和经营管理权移交给中国招商局集团。建成后的汉班托塔港拥有8个10万吨级码头,距离印度洋上的国际主航运线仅10海里。2016年,由中国招商局集团建设、管理、

---

① Adrianne Daggett, "The Indian Ocean: A Maritime Trade Network History Nearly Forgot," *The Discover*, October 20, 2016, https://www.discovermagazine.com/technology/the-indian-ocean-a-maritime-trade-network-history-nearly-forgot.

② Xu Qiyu, "National Security Interests and India Ocean: China's Perspective", January 12, 2016, p. 1. RUMLAE Research Paper No. 16-11. Available at SSRN: https://ssrn.com/abstract=2726167.

③ Veerle Nouwens, "China's 21st Century Marine Silk Road Amplicons for the UK," Royal United Services Institute for Defence and Security Studies Occasional Paper, February 2019, p. 6.

④ 《中国如何令斯里兰卡将汉班托塔港拱手相让》,《纽约时报》,2018年6月26日,https://www.nytimes.com>world>asia>china-sri-lanka-port-hans。

第九章 "一带一路"倡议下的海外港口安全风险

运营的科伦坡港南集装箱码头吞吐量突破200万标箱,成为整个南亚区域港口行列的新亮点。由中国交建承建的港口城2022年建成后将拓展科伦坡市发展空间,拉动投资和就业,助力斯里兰卡建设21世纪海上丝绸之路重要节点。从斯里兰卡沿印度西海岸线向北,可以抵达巴基斯坦瓜达尔港。瓜达尔港是中国与巴基斯坦进行"中巴经济走廊"建设的核心项目,被赋予了巨大的战略和经济意义。

继续向西,中国的港口合作扩展到霍尔木兹海峡附近。霍尔木兹海峡是连接波斯湾和印度洋的海峡,也是唯一一个进入波斯湾的水道,是中东地区的"油库总阀门",对全球经济的影响和发展极为重要。2016年6月,中国与伊朗签下价值5.5亿美元的合同,参与霍尔木兹海峡北侧的伊朗格什姆岛石油码头建设,将之打造成海湾地区石油生产和石油产品储备领域的一个重要枢纽。中国还在霍尔木兹海峡东面阿曼湾的北部,参与伊朗向各国招商的恰巴哈尔港的一些建设项目。

越过霍尔木兹海峡,中国的港口合作方向开始分为南线和北线:北线经由土耳其进入地中海和欧洲地区,南线则经由沙特阿拉伯连接非洲地区。

在北线方向,中国在地中海地区的港口合作对象首先是土耳其。2015年9月,中远集团、招商局集团和中投公司组成联合体,以9亿美元收购土耳其伊斯坦布尔昆波特(Kumport)码头64.5%的股权。在地中海东部地区,中国的港口合作也取得了较大成绩。2016年4月9日,中国远洋海运集团收购希腊比雷埃夫斯港口67%股权,该项目成为中希最大的合作项目。比雷埃夫斯港是希腊最大的港口,是地中海地区最大的港口之一,也是距离苏伊士运河最近的西方港口,现已成为中国集装箱船从亚洲向欧洲出口的转运枢纽,也是21世纪海上丝绸之路在地中海区域的重要枢纽。比雷埃夫斯港集装箱吞吐量全球排名从并购时的第93位跃升至第36位,成为全球发展最快的集装箱港口之一。[1] 同年10月,青岛港国际与马士基码头就购买意大利瓦多港9.9%权益达成协议。在地中海西部地区,2017年6月,中远海运港口有限公司与经营西班牙瓦伦西亚港的诺阿图姆(Noatum)公司签署协议,收购其51%的股权,此后正式成为该公司控股股东。中远海运称,这是公司践行"一带一路"

---

[1] 《2016年央企成功收购希腊最大港口》,国务院国有资产监督管理委员会,发布时间2019年4月9日,http://www.sasac.gov.cn/n2588025/n2649281/n10784966/c10862124/content.html。

倡议、完善全球布局的重要举措。除瓦伦西亚港外,中远海运还通过收购诺阿图姆公司股权,拥有了位于毕尔巴鄂的集装箱码头,以及位于萨拉戈萨、马德里的两家铁路场站。毕尔巴鄂港也是一个门户港,位于欧洲北大西洋航线的入口。2021年9月21日,中远海运港口发布公告称,其全资子公司计划作价6500万欧元,收购德国汉堡港"福地"集装箱码头(Container Terminal Tollerort,CTT)35%股权。但是,此次收购在当地引发强烈的争议,遭到德国经济和气候保护部、内政和国土部等6个部门的阻挠,理由是中国或将利用其经济影响力贯彻地缘战略利益。这毫无疑问是百年变局下地缘政治气候变化使然。汉堡港CTT码头地理位置邻近德国主要工业中心,来往中国的货物吞吐量占汉堡港总吞吐量的约30%,是中德贸易重要枢纽之一。中远海运港口作为全球领先的港口运营商、投资商,曾一再希望在该区域加深双方合作。尽管面临政治介入的干扰,但中远海运港口表现出成熟国际企业的气度,积极与德方进行交涉和谈判。在几番周旋之下,朔尔茨政府拍板允许中远海运港口收购CTT码头24.99%的股权——而非原计划的35%。2022年10月26日,德国政府内阁准许该方案。趁此契机,11月4日,朔尔茨带领豪华商业代表团访华,进一步拉近中德经贸关系。尽管仍然遭遇了来自德国联邦经济和气候保护部的掣肘,但2023年5月11日22时56分,中远海运港口微信公众号最终宣布,德国政府已确认批准公司收购汉堡港CTT码头24.99%股权。这不仅充分展示出中方的商业诚意,而且充分表现出中方基于互惠合作的商业原则,也从事实上反驳了西方部分势力戴着有色眼镜审视中国的动机。

在南线方向,中国海外港口合作经由沙特阿拉伯和吉布提进入非洲地区。2018年中国电建集团在沙特阿拉伯签下合同金额高达约30亿美元的港务设施项目建设大单——萨勒曼国王国际综合港务设施项目。这是中国电建集团成立以来中标的单体合同金额最大的现汇项目。该项目位于沙特东部海湾沿岸,中国电建集团中标的4、5、6标段为主体工程,包括修船、造船厂和海上石油平台等。项目建成后将为海上钻井平台、商船和海工服务船提供工程、制造和维修服务。此外,中国企业还参与了卡塔尔多哈新港的扩建运营。2017年5月24日,吉布提多哈雷多功能港开始运营,该港口是中企在东北非地区承接的最大规模港口项目。据介绍,多哈雷多功能港口项目合同金额为4.217亿美元,由中建港务和中建八局负责港口施工,上海振华重工提供"中国制造"

的大型港口设备。港口年设计吞吐量最高可达 20 万标箱和 708 万吨散杂货，港口运营 3 个月以来已完成 50 多艘大型货轮装卸。

在非洲，中国的港口合作同样取得了巨大成绩。2019 年 3 月 22 日由金波铝土矿开发有限公司运营的金波联合港口建设项目奠基典礼在几内亚博法市法塔拉河金波联合港口建设基地举行，港口建设正式开工。几内亚资源丰富，是全球最大的优质铝土矿资源国，也是我国第一大进口铝土矿来源国。项目启动后，将在几内亚法塔拉河沿岸建设码头及其配套设施，包括 2 个泊位，设计能力为 1 000 万吨/年，预留 1 500 万吨/年的能力。一期工程计划于 2019 年 6 月投产。金波联合港口是由中国烟台港集团、新加坡高顶国际、几内亚金波矿业三方利用各自的优势共同投资组建的合资公司（Kimbo & Co. Port）。在几内亚建设拥有运营河港码头及其配套设施，打通几内亚到中国铝矿物流供应链关键环节，实现共赢发展。新建设的金波联合港口在能及时满足国内氧化铝企业对铝土矿需求的同时，也将为几内亚当地提供许多就业机会、增加税收、带动地区经济发展，成为中几合作共赢、普惠几内亚民众、实现经济发展的前景工程。2017 年 6 月，坦桑尼亚港务局同中国港湾工程有限责任公司签署了一份价值 1.54 亿美元的合同，以扩建首都达累斯萨拉姆的重要港口。根据合同，中国港湾将在达累斯萨拉姆港建造一个滚装码头，并加深和加固 7 个停泊位。中国的合作还包括埃及塞得港、科特迪瓦阿比让港、尼日利亚莱基港和纳米比亚鲸湾港。

中国—大洋洲—南太平洋蓝色经济通道

中国—大洋洲—南太平洋蓝色经济通道主要连接东南亚和南太平洋国家。2013 年，广西北部湾国际港务集团正式参股马来西亚关丹港建设，实现了中国企业以建设和运营方式整体入股东南亚港口零的突破。2017 年，中国企业在马来西亚投资约 800 亿元人民币，欲在马六甲海峡打造一个崭新的深水港口——皇京港。2016 年，中国还签署了投资新加坡港 3 个全新大型泊位的协议。同年，河北港口集团投资首个境外港口项目——印尼占碑钢铁工业园综合性国际港口项目。2017 年 5 月，宁波舟山港拟以 5.9 亿美元投资印尼最大货运港丹戎不碌港的扩展工程。

2015 年 10 月，山东岚桥集团以 5.06 亿澳元（约 3.7 亿美元）获得澳大利亚北部地区达尔文港 99 年的租赁权。它是该国北海岸上的大型港口，亦被称作"通往亚洲之门"。承揽基建工程的中国交通建设股份有限公司也将自

2019年起,于加拿大东海岸的悉尼港兴建集装箱终端,项目价值同样高达数十亿美元。中国岚桥集团达尔文港方面提供的数据显示,2018—2019财年,达尔文港货物吞吐量为2 630万吨,比上财年增长65%;总停靠船舶2 154次,比上财年增加13%;运输液化天然气的船舶总吨位达1 403万吨,是上财年的两倍左右。

中国—北冰洋—欧洲蓝色经济通道

北极航线所涉及的海外港口虽然不像前两条那样成熟,但是合作也正在积极推进。目前立陶宛克莱佩达港口作为北极航线的支线港口,已成为中国招商局集团建议投资建设新集装箱港口的选址地。中国在挪威希尔克内斯港投资建港的磋商也在进行中。[1]

中国"一带一路"港口合作在南美地区的发展

除了三条蓝色经济通道,中国企业还在南美洲积极进取。2016年5月,中国岚桥集团耗资9亿美元收购巴拿马最大港口——玛格丽特岛港口。该港口地处巴拿马运河大西洋入口,位于科隆自由贸易区,是连通太平洋和大西洋的"黄金水道"——巴拿马运河的必经港口。2017年9月4日,招商局港口通过旗下子公司以28.91亿雷亚尔(约合人民币60.26亿元)的价格,收购巴西第二大集装箱码头——巴拉那瓜港口营运商90%的股权,使企业的海外港口业务由南亚、非洲、北美及欧洲扩展至拉丁美洲地区。2018年2月22日,招商局港口控股有限公司收购巴西巴拉那瓜港口项目交割仪式在巴西利亚举行。

美国基金(US Funds)的研究认为,全球有7个主要的石油峡口,分别为霍尔木兹海峡、马六甲海峡、苏伊士运河、曼德海峡、丹麦海峡、土耳其海峡,以及巴拿马运河。[2] 至此,全球主要的能源咽喉要道除了丹麦海峡,都有中国企业的身影。[3] 中国在海外的港口布局实现了五大洲全覆盖。这些港口具有经济、战略和地缘政治意义。很多港口都位于能源运输路线的关键位置,有助于更好地为中国运输船只进行服务。

---

[1] 李曦子:《海外港口背后的中国资本》,《国际金融报》,2017年10月2日,第16版。
[2] Rob Wile, "The 7 Most Important Oil Chokepoints in the World," *Business Insider*, Jan. 10, 2013, https://www. businessinsider. in/The-7-Most-Important-Oil-Chokepoints-In-The-World/articleshow/21472376. cms。
[3] 李曦子:《海外港口背后的中国资本》,《国际金融报》,2017年10月2日,第16版。

二、海外港口安全风险的类型及其根源

三条蓝色经济通道将中国与广大的发展中国家、部分发达国家连接起来，共同服务于中华民族伟大复兴和人类命运共同体的伟大事业，具有重要的战略意义和经济价值。但是，我们也要看到，三条蓝色通道、中国与南美国家之间的航道都会受到一种或者多种安全威胁，给世界和平海运和港口合作带来不同的风险。

1. 恐怖主义

恐怖主义已经成为现代社会的一个重大威胁。但是，基于政治和意识形态等原因，人们对于如何定义"恐怖主义"尚未达成共识。尽管如此，作为一种社会现象和真实的威胁，恐怖主义已经成为一个极度贬义的词汇，在所有主流价值观当中都属于被批判的状态。近年来，国际恐怖主义和恐怖主义袭击有增无减，特别是伊拉克战争之后，萨达姆政权倒台后所导致的区域权力真空和无政府状态大大助长了恐怖主义的意识形态和势力范围扩张。"伊斯兰国"的崛起更是将中东地区的恐怖主义行动和意识形态影响从地区迅速扩展到世界舞台上。与传统依靠政党和组织来策划和实施的恐怖主义不同，现代社交传媒和技术的进步使得恐怖主义思想传播更加迅速和广泛，恐怖主义袭击在传统的组织行动之外，又增加了新的攻击和破坏模式，最为典型的方式就是"独狼式"袭击——并未参加某个具体组织、政党、团体的个人在受到恐怖主义意识形态感召下突然自我选择成为恐怖分子，进行单独式的恐怖主义袭击。如果能够在大致同一时期，多个个人在不同地区采取独狼式恐怖主义袭击，可以在短时间内造成巨大的伤亡和破坏。传统的反恐手段，在打击这种新型恐怖主义传播和行动时，常常无所适从、捉襟见肘，充满无力感。

长期以来，国际恐怖主义与宗教极端主义、民族分离主义构成了中国国家安全威胁最重要的三股势力。在中国"一带一路"建设推进过程中，恐怖主义一直是一个重要的威胁。"9·11"事件发生之前，国际恐怖主义的影响范围主要分为三个区域：以叙利亚、巴勒斯坦、"阿以"冲突为核心的中东地区，阿富汗、巴基斯坦边境地区、斯里兰卡和印度组成的南亚地区，以及马来西亚、印度尼西亚、菲律宾等国家组成的东南亚地区。"9·11"事件标志着国际恐怖主义进入成熟期，分别形成以阿富汗为中心和以伊拉克为中心的两大"动荡核心圈"，此外还包括北非地区、印度南部地区和东南亚部分地区的三大"动荡次中

心"区域。① 从范围和程度来看,恐怖主义有扩散和加重的趋势,而且与我国"一带一路"路线高度重合。三条蓝色经济通道中的两条都穿越国际恐怖主义高发地区,特别是中国—印度洋—非洲—地中海蓝色经济通道。中国海外港口合作的重点项目也大多位于这些地区,例如巴基斯坦瓜达尔港、缅甸皎漂港、斯里兰卡汉班托塔港、吉布提的多哈雷多功能港等。2018、2019 年,巴基斯坦已经发生两起针对中国人的恐怖主义袭击事件。巴基斯坦分离主义组织"俾路支解放军"声称对这些袭击负责。

2. 政治风险

政治风险包括两种不同类型的风险,一种是国际政治斗争,一种是国内政治斗争。在"一带一路"共建国家和地区,这两种政治风险几乎同时存在。"一带一路"共建国家和地区多处于地缘政治上的"破碎地带"。虽然大多数地区在地理形态上被高山、河流、沙漠和海洋分割成不同的区域,但是,地理上又存在较为突出的脆弱地带。历史上不同的种族、民族和宗教先后到该地区建立势力范围,破坏了该地区持久寻求安全与稳定的努力。一波又一波的外来民族、文化和宗教使"一带一路"沿线地区在历史上一直是流动性很强的文化有机体,不同的民族、文化和宗教信仰使得在该地区无法确立明晰的国家边界。因此,该地区的国家数目、宗教种类、民族差异、文化多样性一直呈现较为突出的特征。

从地区权力层面来看,"一带一路"沿线各主要地区都存在较为严重的权力争夺和战略博弈,例如南亚地区的印度与巴基斯坦之争、中东地区的什叶派与逊尼派之争、以色列与阿拉伯国家之争。为了在地区博弈中能够获取优势,多数国家都试图从外部寻求支持力量。鉴于该地区在地缘政治中的重要性,域外大国也倾向于介入该地区的权力争夺,以扩大在该区域的政治影响力,例如美国在南亚地区对印度的支持,在中东地区对以色列和沙特阿拉伯的支持,以及对伊拉克和阿富汗的军事打击与占领。与美国相对,历史上的苏联则曾经对埃及、叙利亚等国给予大力支持,并曾经武装占领阿富汗。继承苏联绝大多数遗产的俄罗斯虽然失去了苏联曾经拥有的地区影响力,但是依然能够在南亚、西亚和中东地区发挥重要作用。特别是在叙利亚,俄罗斯不仅对阿萨德

---

① 韩增林、王雪、彭飞等:《基于恐袭数据的"一带一路"沿线国家安全态势及时空演变分析》,《地理科学》,2019 年第 39 卷第 07 期,第 1037—1044 页。

第九章 "一带一路"倡议下的海外港口安全风险

政权鼎力支持,而且还让该国拥有俄罗斯在中东地区唯一的海外海军基地。近年来,美国持续从阿富汗、伊拉克和叙利亚撤军,在一定程度上再次造成了该地区的权力真空。土耳其越过叙土边境部署军事力量,虽然是为了打击和威慑可能造成本国分裂的库尔德势力,但是却进一步导致该地区的地缘政治复杂化。正是因为这些复杂的政治力量交织,各种恐怖主义势力总能在大国博弈的夹缝中找到存活的机会,给地区带来持续不断的安全挑战。

此外,该地区的国家除少数实行绝对君主专制外,多数实行不同程度的民主选举制度。在不同宗教、民族和域外力量的影响下,地区的国内政治斗争非常激烈,再加上外来力量的介入,严重影响了该地区的政局稳定。每一次政权更替都可能导致政策发生剧烈变动,政策延续性较低。

中国进入"一带一路"共建国家和地区,从地缘政治上来看,非常容易被传统的地区大国视作挑战。在南亚地区,印度就公开把中国在缅甸、斯里兰卡和巴基斯坦等国的港口合作与建设视作包围印度的"珍珠链"战略。[①] 2017年,有报道说有中国背景的企业计划在瑞典的沿海城市吕瑟希尔(Lysekil)建设斯堪的纳维亚半岛最大的深水港。该消息在当地传统媒体和新型社交媒体中引发强烈的消极反响,在大量的公开报道和批评之后,中国投资方最终放弃。此外,中国在吉布提和希腊等国的港口建设与经营活动同样引发了西方传统大国的猜忌[②]:虽然中国的常规海军力量依然无法挑战美国海军的绝对优势地位,但是通过使用这些港口,中国能够增强其海军在这些地区的存在。[③] 所以,中国纯粹的经济行为往往会受到来自当地政府或者域外大国政治层面和战略层面的质疑和阻挠。对华抱有零和博弈的国家往往会采取诸多政治手段来阻挠中国在一些地区的港口建设与经营活动。一方面,有可能利用所在国的民主政治不成熟的弱点,扶植反对派上台以改变对华政策,甚至废除已经签署生效的协议。另一方面,甚至直接通过资助当地反对派或分离势力的方式,

---

[①] David Brewster, "Silk roads and strings of pearls: The strategic geography of China's new pathways in the Indian Ocean," *Geopolitics*, Vol. 22, No. 2, 2017, pp. 269-291; You Ji, "China's Emerging Indo-Pacific Naval Strategy," *Asia Policy*, Vol. 22, 2016, pp. 11-19.

[②] Janne Suokas, "Chinese Investors Cancel Plans for Massive Deep-Water Port in Sweden," *GB Times*, 31 January 2018.

[③] Virginia Marantidou, "Revisiting China's 'String of Pearls' Strategy: Places 'with Chinese Characteristics' and their Security Implications," *Pacific Forum CSIS Issues & Insights* Vol. 14, No. 7, June 2014, p. 16.

破坏中国在当地的建设与经营活动。

在中国的"一带一路"建设中,已经遭遇多起由政权更替导致的合同失效或项目停工。例如,2019年斯里兰卡新总统戈塔巴雅·拉贾帕克萨(Gotabhaya Rajapaksa)刚刚上任不到半个月就公开表态,认为斯里兰卡把南部汉班托塔港租给中国长达99年是个严重的错误。[①] 因此,他领导的新政府将会与中方企业谈判并收回这个港口的经营权。如果这成为现实,那么无疑将对"一带一路"建设造成巨大的损失。2022年,在俄乌冲突导致粮食价格和能源价格上涨等多重因素的作用下,斯里兰卡经历了自独立75年来最严重的经济衰退,GDP收缩了7.8%,通货膨胀率在最高点达到了70%。2023年4月12日,斯里兰卡财政部对外宣布,510亿美元外债违约,将暂停偿还外债。换句话说,该国已经在事实上"破产"。

此外,中国在巴基斯坦瓜达尔港的建设活动,就遭遇了当地民族分离势力"俾路支解放军"(Balochistan Liberation Army)的安全挑战。2015年巴基斯坦内政部长萨尔夫拉兹·布格蒂(Sarfraz Bugti)就公开指责印度调查分析局(Research and Analysis Wing)支持恐怖主义,破坏中巴经济走廊。[②] 2018年11月23日,"俾路支解放军"对我国驻卡拉奇领事馆发动袭击,开枪打死两名巴基斯坦警卫,试图用炸药炸开大门但未果。2019年5月11日,该组织试图袭击瓜达尔自由港港区的中国明珠洲际酒店,所幸没有造成中国人死伤。2023年8月13日,瓜达尔港再次发生了针对中国工程师车队的袭击事件。为了防止恐怖袭击,巴基斯坦政府在瓜达尔港区域部署大量安全部队。

3. 宗教和文化冲突

宗教与文化冲突也是"一带一路"共建国家和地区的重要挑战。作为地缘政治上的破碎地带,该地区集中了众多的宗教和文化,导致复杂的宗教冲突和文化冲突。

南亚地区虽然主要表现为印度教和伊斯兰教之间的竞争关系,但是该地区几乎集中了全世界各种主要宗教,包括佛教、基督教、锡克教、犹太教等。印

[①] "Sri Lanka President Gotabaya's remarks on Hambantota Port," *New Indian Express*, December 10, 2019, https://www.newindianexpress.com/world/2019/dec/10/sri-lanka-president-gotabayas-remarks-on-hambantota-port-quoted-out-of-context-pm-mahinda-2074080.html.

[②] "RAW behind Mastung killings: Sarfraz Bugti," *The News International*, Pakistan. May 31, 2015. Archived from the original on 2 June 2015.

度教和伊斯兰教之间的冲突使印度和巴基斯坦两个国家长期处于对峙和博弈状态,两国边境地区不断发生直接武装冲突。僧伽罗人和泰米尔人之间的宗教、民族与文化冲突则让斯里兰卡曾经陷入内战长达几十年。中东地区尽管伊斯兰教是绝对主导宗教,但除信仰犹太教的以色列人外,黎巴嫩还存在大量的基督教徒。

即便是在同一宗教下,不同派别之间的差异也非常大,同样会带来剧烈的冲突。在中东及附近地区,尽管绝大多数人都信仰伊斯兰教,但是分属两大派系:逊尼派和什叶派。两个派别之间的争斗自古以来就非常激烈。逊尼派为伊斯兰教中的最大派别,自称"正统派",与什叶派对立。一般认为,全世界有85%至91%的穆斯林隶属此派别。什叶派是伊斯兰教的第二大教派,一般认为什叶派人口数占全世界穆斯林人口的10%至15%。68%至80%的什叶派伊斯兰教徒住在以下四个国家:伊拉克、伊朗、巴基斯坦及印度。[①] 逊尼派国家针对国内什叶派的态度亦不同,如土耳其采宽容政策,但像沙特阿拉伯及马来西亚等,则采迫害或禁止政策。部分逊尼派国家,如巴基斯坦及印尼等,虽未以国家立场压迫,但针对国内什叶派的暴力行为有逐渐升温的趋势。即便是在同一教派内部,依然可以再区分出更小的派别。这导致不同教派之间的冲突长期持续存在,不但破坏了地区稳定,而且非常容易成为恐怖主义的重要来源。

除了宗教差异,从人种和文化上来看,"一带一路"共建国家和地区同样非常复杂。中东地区除了阿拉伯民族和波斯民族,还有库尔德民族和犹太民族。在巴基斯坦则存在旁遮普、信德、俾路支以及普什图等民族。斯里兰卡则主要由僧伽罗和泰米尔人构成。在缅甸,除了缅族,主要的民族还包括克伦、克钦、禅等民族。这些国家大多是一战和二战之后新成立的国家,所以在历史上并未形成强大的民族凝聚力。不同民族之间的经济与政治竞争持续造成国家内部强烈的紧张关系,也导致政治上的不稳定和安全上的挑战突出。

4. 地区战争冲突

由于政治、宗教、领土与文化冲突,"一带一路"共建国家和地区也存在着较高的地区战争风险。

[①] "Mapping the Global Muslim Population," *Pew Research Center*, October 7, 2009, https://www.pewforum.org/2009/10/07/mapping-the-global-muslim-population/.

在南亚,印度和巴基斯坦曾经爆发过三次大规模的国家战争。尽管1998年两国试验核武器之后,全方位的战争风险得到了大幅度降低,但是边境冲突依然持续不断。2018年2月25日,印度军队炮击克什米尔实控线附近的巴基斯坦哨所,导致巴方人员伤亡。5月30日,印度和巴基斯坦同意在克什米尔地区停止交火,双方同意落实于2003年达成的停火协议。但是,2019年2月26日,印度空军越过实控线,对位于巴基斯坦境内的恐怖主义势力进行了空袭。第二天,巴基斯坦击落了两架印度喷气式飞机。3月4日早上,巴基斯坦和印度军队在克什米尔争议地区再次向对方阵地开火。2019年7月31日,印度安全部队违反停火协议,持续炮击克什米尔地区尼勒姆山谷下游的卡塔乔加栗村,造成村里一名小男孩及其母亲丧生,另有11人受伤。在可以预见的未来,印巴之间的领土争端和军事冲突很难得到彻底的解决,同时也威胁到中国在瓜达尔港的投资与建设。

中东地区一直是第二次世界大战之后的一个关键战争爆发地,现在依然是。20世纪以色列与埃及、叙利亚等周围阿拉伯国家曾经进行过5次大规模战争。伊拉克和伊朗也曾在80年代进行了8年战争。美国则分别在20世纪90年代初和21世纪初对伊拉克进行过两次直接的大规模军事打击。萨达姆统治的伊拉克被美军推翻后,却在当地滋生出更加残暴的"伊斯兰国"。"伊斯兰国"被击溃后,美国和伊朗的关系又随着美国退出《伊核协议》急转直下。2019年伊朗打下美国目前最为先进的无人侦察机"全球鹰"。美国也不断在中东地区调兵遣将,甚至组建国际联合护航舰队,以应对波斯湾可能出现的军事冲突。2019年,在波斯湾发生数起针对邮轮的袭击。2015年开始的也门内战至今尚未完全停止。这场内战不仅是也门内部两个派别之间的争斗,还牵扯到阿拉伯半岛的基地组织、"伊斯兰国"等恐怖主义组织以及周边国家。2015年年中,由沙特带头的阿拉伯多国对也门的空袭行动持续接近一个月。与此同时,美国加快了对阿拉伯联军的武器援助,而伊朗也介入,或明或暗地支持胡塞武装。2017年12月4日,冲突一方前总统阿里·阿卜杜拉·萨利赫被胡塞武装组织打死,但是其支持者依然在想方设法为其报仇并试图夺回政权。2019年1月1日至9月25日,也门冲突已造成700多名平民死亡、约

1 600人受伤。① 这些武装冲突给"一带一路"建设,特别是在伊朗和沙特的港口合作项目,带来严重的现实和潜在威胁。

欧洲在冷战结束之后,曾经一度从"安全的消费者"成为"安全的生产者",②强力军事干预南斯拉夫科索沃问题。但是,这并不意味着该地区不存在地区战争风险。美俄两国对乌克兰的拉拢与博弈,已经导致该国陷入分裂和内战。美国在波兰等东欧国家的军事部署则进一步加大了俄罗斯的警惕和反感。但是,特朗普政府强行要求北约盟国提高军费负担比例的做法在进一步疏远大西洋两岸之间的友谊,以至于法国总统马克龙说出"北约已经大脑死亡"的气话。但是,2022年俄罗斯对乌克兰发动"特别军事行动",事实上重新激活了北约组织的活力。欧洲国家展现出难得的"团结":一方面,大规模持续援助乌克兰,以抵抗俄罗斯进攻方面,同时对俄罗斯实施史上最为严厉的经济制裁;另一方面,大规模强化北约同盟体系,加强军事力量建设。例如,一直抵制美国要求增加军费开支的德国立刻大规模扩充军备。2022年6月3日,德国联邦议院(议会下院)投票批准对联邦德国宪法进行修改,在相关条款中增加了以下内容:为加强同盟和防御能力,联邦政府可以为联邦国防军设立专项基金,金额不超过1 000亿欧元,并排除"债务刹车"条款(即宪法中联邦政府结构性赤字不能超过GDP的0.35%的规定)的限制。6月10日,德国联邦参议院(议会上院)正式通过了该宪法修正案。这意味着德国将能够按照北约要求,将国防开支立刻提高到GDP的2%的水平上。德国也将从全球军费支出排名第7的国家,一跃超过印度,成为仅次于美国和中国的第三大军费开支大国。此外,践行中立国政策已200多年的瑞典和二战后确立的重要中立国芬兰双双申请加入北约,正式放弃中立国地位。其他主要中立国瑞士、奥地利、爱尔兰虽然重申维持中立国地位,但在具体政策与立场上或多或少都有所调整,对俄罗斯实施制裁。

中国崛起和中俄关系的紧密,事实上引发了欧洲国家的担忧和猜测。中国因素也成为欧洲国家重新加强武装力量的理由。2019年恰逢成立70周年的北约峰会发表联合声明,提出共同应对来自中国的挑战。中国在南欧和东

---

① 《联合国说今年也门冲突已造成2 300余人伤亡》,新华网,2019年9月25日,http://www.xinhuanet.com/world/2019-09/25/c_1125040536.htm? baike。

② "Sustaining U. S. Global Leadership: Priorities for 21st Century Defense," Department of Defense, January 2012, p. 2, http://www.defense.gov/news/Defense_Strategic_Guidance.pdf.

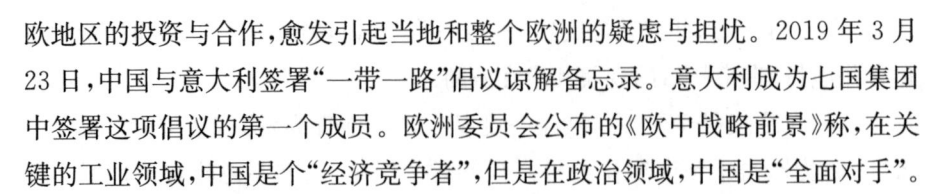

欧地区的投资与合作,愈发引起当地和整个欧洲的疑虑与担忧。2019 年 3 月 23 日,中国与意大利签署"一带一路"倡议谅解备忘录。意大利成为七国集团中签署这项倡议的第一个成员。欧洲委员会公布的《欧中战略前景》称,在关键的工业领域,中国是个"经济竞争者",但是在政治领域,中国是"全面对手"。

5. 海上安全风险

海上安全风险主要是指海盗和武装抢劫对航运船只的威胁。近年来,海盗和武装抢劫在一些地区日益肆行,数以千计的海员横遭杀戮、伤害、暴力、威胁,被劫为人质,严重影响到世界和平海运,例如在索马里海域和东南亚一些海域。根据国际海事局(International Maritime Bureau)的统计,截至 2011 年 1 月底,还有 30 多艘船舶的 700 多名船员被劫为人质。但其他数据表明,人质的数量可能超过 800。随着多个国家派出舰队为商船提供护航服务,目前全球的海盗通报事件数量已经下降。特别是自 2013 年以来,索马里海域没有海盗事件通报。但是,商船依然面临着海盗和武装抢劫的危险,目前主要危险地区在几内亚湾和东南亚。

根据国际海事局的统计,几内亚湾是海盗和海上武装抢劫袭击的高发地区,2019 年第一季度报告了 22 起此类事件。该地区也是船员被绑架事件的高发地,21 名船员在 5 起不同事件中被绑架。据报道,同一时期,贝宁、喀麦隆、加纳、科特迪瓦、利比里亚、尼日利亚和多哥等沿海国家都发生了此类事件。[①]

此外,过去十年来,尼日利亚也一直是海盗事件的热点地区,但正在降温。在 2019 年第一季度,尼日利亚报告的海盗事件有所减少,从 2018 年的 22 起降为 14 起。这表明尼日利亚海军加强了针对海盗和武装抢劫行为的打击力度,"通过派遣巡逻艇积极应对所报告的事件"。但是,即便如此,尼日利亚水域对船只来说仍然存在风险,尤其是拉各斯港(Lagos)。

在亚洲,海盗和武装抢劫的数量同样也在减少,但并未消失。作为海盗和武装抢劫的高发地区,2019 年第一季度印度尼西亚港口仅报告了三起针对停泊船只的事件,为 2010 年以来报告事件最少的一年。与尼日利亚一样,印度

[①] "Maritime piracy incidents down in Q1 2019 but kidnapping risk in Gulf of Guinea persists," The International Chamber of Commerce International Maritime Bureau, London and Kuala Lumpur, 08/04/2019, https://iccwbo. org/media-wall/news-speeches/maritime-piracy-incidents-q1-2019-kidnapping-risk-gulf-guinea-persists/.

第九章 "一带一路"倡议下的海外港口安全风险

尼西亚水警与国际海事局海盗报告中心之间加强了合作和信息共享,使其能够在高风险地区定期巡逻。

2019年第一季度全球海盗事件发生率的下降,得益于船只和沿海当局之间透明度、沟通和协调的强化。向国际海事局海盗报告中心和海岸当局报告所有事件,可以帮助有关部门更好地组织应对手段和方式,缩短事件响应时间,并及时向船只提供建议,以更有效地利用资源。各国政府和沿海当局可以利用这些数据进行合作,加强海盗防范工作。

一般来讲,海盗活动和武装抢劫猖獗与当地的特殊情况——贫穷有关。在贫困的压力下,一些人被迫铤而走险,从事小规模武装抢劫和海盗行为以维持生计。[①] 此外,当地不同国家的不同立法,使得在该地区很难实行统一的应对策略。从从事和平航运的承运方来看,船主当然希望船舶有足够的护航人员和护航能力来防止海盗和武装抢劫的威胁。但是,当地许多国家不允许船上有武装护航人员,即使这些护航人员是由当地船舶代理协助安排。例如,尼日利亚法律明确规定,该国海军是该国唯一有权护卫船舶的服务机构,明确不允许船主自行安排武装护航人员。此前,曾经有一些船舶因为非法使用武装安保而被尼日利亚海军扣留,滞留期最长可达6周之久。同样,船主也不可以自行安排船舶伴航,这些都加大了海上安全风险。当地主要国家的海军都会派出巡逻艇,但相对于受影响的区域而言,这些巡逻艇的数量依然严重不足,反海盗措施的力度也不够。对航行在海盗和武装抢劫高发地区的船舶而言,风险依然存在。

综上所述,不同类型的风险对世界主要航道都形成了各种安全威胁。以马六甲、曼德和宫古海峡为例,各自遭遇的风险来源和严重程度并不相同。马六甲海峡的现实风险主要是海盗和非法武装抢劫,潜在风险是地缘政治风险。近年来,随着马来西亚、印度尼西亚等国加强执法,海盗和非法武装抢劫风险已经大大降低。但是,因为该地区特殊的地理位置和形态,以及新加坡、泰国、马来西亚等国与域外大国美国的同盟和伙伴关系,所以"马六甲困境"的担忧

---

① Vinita Ramani, "Troubled waters: piracy and maritime security in Southeast Asia," Kontinentalist, August 22, 2019, https://kontinentalist.com/stories/troubled-waters-piracy-and-maritime-security-in-southeast-asia.

一直存在。① 曼德海峡是苏伊士运河唯一的出海口,就战略意义而言,丝毫不逊于霍尔木兹海峡。也正因此,吉布提聚集了大量主要大国的军事力量,让这一地区的安全形势事实上并不突出,主要存在于潜在的地缘政治风险。宫古海峡处于西太平洋"岛链"的中间位置,是连接东海和太平洋的关键通道。作为国际海峡,宫古海峡夹在日本领土之间,所以风险较为简单,主要是潜在的地缘政治风险——中日关系恶化导致的航线被切断。但是,这种风险同样长期处于潜在程度,即便是在冷战期间也未成为现实。

三、重点区域港口的安全风险评估及其趋势

在"一带一路"建设中,位于波斯湾附近的巴基斯坦的瓜达尔港、东南亚国家马来西亚的关丹港、亚丁湾的吉布提港和南亚国家斯里兰卡的汉班托塔港是我国的重点合作与开发对象。但是,这四个不同地区的关键港口都存在特色的风险挑战。

1. 瓜达尔港和中巴经济走廊

瓜达尔港是一座位于巴基斯坦俾路支省瓜达尔市的深水港,距离卡拉奇西方约460公里,邻近霍尔木兹海峡,是巴基斯坦通往波斯湾和阿拉伯海的大门,战略位置重要。早在1993年,巴基斯坦就开始评估修建瓜达尔港的可行性。2002年,该港口正式开工建设。2007年新加坡国际港务集团中标负责港口经营,但是2010年巴基斯坦高等法院裁决合同中土地转让无效。2012年8月,巴基斯坦政府决定将瓜达尔港的控股权由新加坡转移给一家中国企业。

作为中巴经济走廊的一个关键节点,瓜达尔港是中国"一带一路"倡议的重要组成部分,更是"21世纪海上丝绸之路"的重点项目。2013年2月18日,巴基斯坦将瓜达尔港的建设和运营权正式交予中国的中国海外港口控股有限公司。2013年5月,中国国务院总理李克强访问巴基斯坦,双方决定建设"中国—巴基斯坦经济走廊"连接瓜达尔港和中国新疆。这个港口还将是一个浮动液化天然气设施的所在地,该设施将作为伊朗—巴基斯坦天然气管道项目

---

① 黄鹏志:《关于"马六甲困境"的三种成因分析》,《学理论》,2014年第33期,第11—12页;任远喆:《克拉运河与中国的海洋安全》,《亚太安全与海洋研究》,2015年第5期,第84—96、128页;薛力:《"马六甲困境"内涵辨析与中国的应对》,《世界经济与政治》,2010年第10期,第117—140、159 - 160 页; ZhongXiang Zhang, "China's energy security, the Malacca dilemma and responses," *Energy Policy*, 2011,39(12).

中规模更大的 25 亿美元瓜达尔—纳瓦布沙阿段的一部分。① 2015 年巴方把瓜达尔港 2 000 亩土地租赁给中方,为期 43 年,用于建设(瓜达尔港)首个经济特区。但是,巴基斯坦瓜达尔港所在地区的经济发展水平较为落后,供水和供电网络都不健全,公路、铁路等诸项硬件措施也严重缺乏,货物运输需求不足。这些因素都决定该港口很难在短期内获得更大的吞吐量。

不过,对瓜达尔港来说最大的挑战是安全风险。该港口地处巴基斯坦俾路支省。该省长期存在民族分离主义势力。当地民族主义者和地下组织从一开始就反对中国租借并建设瓜达尔港,因此威胁要袭击俾路支省任何地方的中巴经济走廊项目。在项目决策与规划方面,俾路支民族主义组织认为巴基斯坦中央政府没有将当地人和政党纳入中巴经济走廊的决策过程,所以没有充分考虑当地人的利益。最为明显的表现是,项目规划在不同的地区之间呈现严重的不公平现象,旁遮普省收益最大,而俾路支受益太少。当地反对党和分离主义武装组织则认为,中巴经济走廊项目的开发活动必然导致当地资源被掠夺,更为重要的是巴基斯坦中央政府的军事力量会随之扩大到该地区,加强对该地区的军事控制,不利于该省获得更大的自治权或者独立。② 2004 年 5 月,武装分子在瓜达尔港用事先准备好的遥控炸弹杀害了三名中国工程师。据巴基斯坦英文报纸《国际新闻》(News International)报道,中巴经济走廊宣布后,巴基斯坦共部署了近两万名来自军队和其他安全部队的安保人员,以确保中国公民的安全。即便如此,依然不能杜绝恐怖主义袭击,给商业活动带来巨大的成本压力。

近年来,巴基斯坦大部分地区的安全形势有所好转,但俾路支省是个例外,尽管巴安全部队不断加强戒备,但是依然无法杜绝该省的恐怖袭击事件。2019 年 5 月 11 日,巴基斯坦瓜达尔港一家五星级酒店遭到恐怖分子袭击,有 4 名酒店工作人员和 1 名巴海军士兵在阻拦恐怖分子过程中牺牲,3 名武装恐怖分子被全部击毙。事件发生后,巴基斯坦分离主义组织"俾路支解放军"声称对本次袭击负责,该组织曾于 2018 年 11 月制造了针对中国驻卡拉奇总领

---

① "China to build ＄2.5 billion worth LNG terminal, gas pipeline in Pakistan," *Deccan Chronicle*. October 1, 2015,https://www.deccanchronicle.com/151001/world-neighbours/article/china-build-25-billion-worth-lng-terminal-gas-pipeline-pakistan.

② 谢仁宁:《巴基斯坦俾路支民族主义组织对中巴经济走廊的认知》,北京外国语大学硕士论文,2017。

事馆的袭击。

此外,鉴于瓜达尔港特殊的地理位置,中国在该港口的存在也引发了一些国家的警惕和担忧。一方面,中巴经济走廊穿越印度和巴基斯坦的领土争议区域——克什米尔。尽管该经济走廊位于克什米尔的巴基斯坦控制区,并没有涉及印度控制区域,但是依然遭到印度的强烈反对。1963年3月2日中国与巴基斯坦签署的《中华人民共和国政府和巴基斯坦政府关于中国新疆和由巴基斯坦实际控制其防务的各个地区相接壤的边界的协定》明确规定"以传统习惯边界线为基础,并参照自然地形"划定边界线,但是该协定并不是正式的边界条约,而且为未来的领土问题,特别是涉及印度的领域问题,留下了另外的可能。该协定在涉及克什米尔的归属问题上做出了符合实际的灵活处理方式:"在巴基斯坦和印度关于克什米尔的争议获得解决以后,有关的主权当局将就本协定第二条所述的边界,同中华人民共和国政府重新进行谈判,以签订一个正式的边界条约来代替本协定,该主权当局如系巴基斯坦,则在中华人民共和国和巴基斯坦将签订的正式边界条约中,应该保持本协定和上述议定书中的规定。"[1]在印度看来,在克什米尔地区的领土争议尚未得到彻底解决前,中国在该地区与巴方合作经济走廊侵犯了印度主权。

另一方面,瓜达尔港的地理位置也导致中国在该地区的活动引起印度甚至美国的担心。印度洋因为其特有的水下地形和洋流条件,因此非常有助于潜水艇隐身和躲藏。所以,对深水港口的利用可能包括水下工程和项目。瓜达尔港是一个天然深水港,经过再加工和建设,理论上能够容纳和停靠各种类型的潜水艇,可以对美国和印度形成巨大的威慑。一些军事专家认为瓜达尔港可成为中国军舰的补给港。中国在该地区的军事存在,不仅意味着中国能够在波斯湾口提供一个更加可信且不易被攻击的军事存在以保护其商业航线,而且能够给中国提供一个巨大的威慑能力——必要时可以通过封锁航道或小规模现代军事手段对敌对国家的经济进行防御性打击或者干涉。[2] 如果中国在瓜达尔港地区部署军事力量,还可以削弱美国在迪戈加西亚军事基地的威慑能力。在美国的"印太战略"中,迪戈加西亚基地处于亚洲、非洲、大洋

---

[1] 黄心川主编:《南亚大辞典》,成都:四川人民出版社,1998年,第505页。

[2] Iskander Rehman, "Drowning stability: The perils of naval nuclearization and brinkmanship in the Indian Ocean," *Naval War College Review*, Vol. 65, No. 4, 2012, pp. 64 – 88.

洲交界处,是唯一能使美军轰炸机在完全不需空中加油的情况下对东、西半球重要目标进行战略威慑和军事打击的海外基地。向西可伸往中东,向东可抵达南海。此外,该基地地处大洋深处,位置隐蔽、四面环海,恐怖活动难以进入。基地的南、东、西3个方向3500千米的中程导弹射程内均无强敌,北向距印度南端1800余千米。这意味着北面的中俄等敌对国家即使对基地进行先发攻击,也难逃印度的雷达系统监控与警告。分析认为,美军在迪戈加西亚军事基地距南海仅4500千米。一旦中美博弈升级,中国在东面应对环形岛链压力的同时,还要顾及来自西南方向的威胁或挑战,承受腹背受敌的威胁。[1] 瓜达尔港的军事存在,无论是执行侦查、监测等任务,还是主动进行拦截或攻击,都能够缓解关键时期中国所面临的战略压力。

2016年4月12日,巴基斯坦陆军参谋长拉希勒·谢里夫在瓜达尔召开的有关"中巴经济走廊"影响的发展会议上表示,中巴经济联盟的意义已在该地区"惹来非难"。"在这一背景下,我必须指出,我们的近邻印度,已公然挑战这一发展倡议。我要特别提及印度的情报机构'印度调查分析局'(RAW)公然参与破坏巴基斯坦的稳定。"[2] 巴基斯坦方面曾于3月表示,在俾路支省拘捕了一名疑为印度调查分析局的间谍。印度方面证实,此男子是印度的前海军官员,但否认其是间谍。巴基斯坦方面认为,印度在资源丰富的俾路支省支持分裂叛乱活动。

此外,巴基斯坦也不愿意在经济问题上过度依赖中国。中巴经济走廊的巨大投资让巴基斯坦在一定程度上产生了对"债务陷阱"的担忧。2015年4月20日,习近平主席在访问巴基斯坦期间,以"中巴经济走廊"建设为抓手,签署了总额为460亿美元的基础设施投资合作计划。中国政府在2015年8月宣布,之前宣布的瓜达尔几个项目总额为7.57亿美元的优惠贷款,将转换利率为0%的贷款,巴基斯坦只需偿还本金。[3] 此外,中国还给予巴基斯坦大量无偿援助和赠款,但即便如此,也依然引发了巴基斯坦内部的债务担忧。近年

---

[1] 卢伯华:《陆卫星曝光美军印度洋不沉航母 B2 轰炸机库 4 座》,《中时电子报》,2019 年 11 月 28 日,https://www.chinatimes.com/cn/realtimenews/20191128004276-260417?chdtv.

[2] 李玲玉、韩梅:《巴基斯坦点名批评印度情报机构试图破坏中巴经济走廊》,环球网,2016 年 4 月 13 日,https://world.huanqiu.com/article/9CaKrnJUXgu。

[3] "BRI Factsheet Series-Gwadar East-Bay Expressway," Beltroad-initiative, https://www.beltroad-initiative.com/bri-factsheet-series-gwadar-east-bay-expressway/.

来,巴基斯坦外汇储备一直处于紧张状态。据报道,截至2017年年底,巴基斯坦的公共债务和负债达到了660亿美元,截至2018年6月底经常账户赤字就达到了180亿美元。巴基斯坦取消了与中国公司达成的迪阿莫—巴沙水坝(Diamer-Bhasha)合同,价值140亿美元,原因是过于严苛的融资条件不符合巴基斯坦利益。所以,2017年巴基斯坦决定自己融资。据报道,中国企业提出的融资条件包括项目所有权、运营权和维护费用。[1] 之前曾有报道说中国想要在瓜达尔港区使用人民币的建议也遭到了巴方拒绝,虽然目前巴方已经允许在该地区使用人民币,但是2018年新总理上台后也曾表示要重新评估巴基斯坦与中国的贸易与投资合作方案,以避免债务陷阱。[2] 根据巴基斯坦国家银行公开数据,2017—2018财年该国官方外汇储备为97.65亿美元,2022—2023财年还剩下44.66亿美元。[3] 截至2022年12月,巴基斯坦持有1263亿美元的外债和负债。

巴基斯坦债务的很大一部分是欠多边机构的,总额约为450亿美元。伊斯兰堡的主要多边债权人包括世界银行(180亿美元)、亚洲开发银行(150亿美元)和国际货币基金组织(76亿美元)。巴基斯坦欠伊斯兰开发银行和亚洲基础设施投资银行的金额较小。虽然多边债务占巴基斯坦总债务的很大一部分,但对巴基斯坦来说不会构成重大的短期风险。大多数贷款的条件基本上是优惠的,还款期限为18至30年。但是,巴基斯坦的短期和中期债务偿还压力非常大。从2023年4月到2026年6月,巴基斯坦需要偿还775亿美元的外债,其中有相当一部分是欠中国的债务。对于一个3 500亿美元的经济体来说,这是一个沉重的负担。即使巴基斯坦设法履行这些义务,下一个财政年度(2024—2025年)也将更具挑战性,因为还本付息将增加到近250亿美元。

2. 关丹港和东南亚安全形势

关丹港是马来西亚东海岸第一座可供船舶全年进出的港口。该港口面向南海,是中马两国之间距离最近的航线的重要节点。关丹港分老港和新港,老

---

[1] Liu Zhen, "Pakistan Pulls Plug on Dam Deal over China's 'Too Strict' Conditions in Latest Blow to Belt and Road Plans," *South China Morning Post*, November 17, 2017.

[2] Ilaria Maria Sala, "Pakistan's New Government is Trying to Walk Back from Alarming Chinese Debt," *Quartz*, September 10, 2018.

[3] Domestic Markets & Monetary Management Department, "Liquid Foreign Exchange Reserves," State Bank of Parkistan, July 28, 2023, https://www.sbp.org.pk/ecodata/forex.pdf.

第九章 "一带一路"倡议下的海外港口安全风险

港为河口港,在关丹市区;新港为外贸港口,距关丹市中心 25 千米。关丹港所在时区为东八区。关丹新港区北至 04°11′N,南至 03°45′N,东至 103°34′E,由上述纬线、经线及岸线构成关丹新港区水域。① 从位置上看,关丹港处于东亚地区到马六甲海峡航路上的关键位置。通过陆路,只需要三个小时就可以通过东海岸高速公路从关丹港抵达马来西亚吉隆坡。此外,该港口距离机场也只有 35 千米,能够迅速便捷地前往吉隆坡和新加坡。综合考虑"距离、航程时间、燃料成本、港口设施和配送中心"五个因素,与新山港(Johor Port)、丹戎帕拉帕斯港(Port Tanjung Pelepas)和巴生港(Port Klang)相比,关丹港是马来西亚与中国进行商贸往来最实用的港口。它可以帮助中国航运公司最大程度节约货物装卸成本。② 所以,关丹港正在成为中国"一带一路"倡议在东南亚地区重要的合作港口。在"一带一路"倡议下,中马两国共同投资建设的马来西亚东海岸铁路,将把关丹港与马来西亚首都吉隆坡及马来西亚最大港口巴生港紧密连接。

关丹港由私营的关丹港财团有限公司(KPC)经营,其中中国北部湾国际港口集团占股 40%。港口扩建工程 2013 年开始通过银行内部融资,用以在约 30 平方千米的面积内修建新码头及港内其他基础设施。随着扩建工程的逐渐完成,关丹港从原来的支线港升级成深水港,来自中国惠州港的货柜船将在关丹靠岸,从而使其可以借助惠州港的物流网络而提升为区域内最重要的港口之一。2015 年,关丹港口吞吐量和营业收入两项主要指标倍增,港口吞吐量首次突破 4 000 万吨,增长一倍,其中九成货物增长量来自中国。

中国在马来西亚的投资风险与该国特殊的政治制度、民族构成和历史相关。马来西亚是选举君主制、君主立宪制和议会民主制并存的联邦制国家。根据宪法,马来西亚实行多党制的政党制度,但实际实行的却并非典型的多党制,而是一种由几个政党联合组成政党联盟执政的制度。此外,民主选举出来的总理只是行政机关的领袖,该国最高元首则由世袭的各州苏丹和非世袭州元首组成的统治者会议遴选。尽管 1993 年和 1994 年,马来西亚议会曾两次

---

① 张晓:《马来西亚关丹新港简介》,《航海技术》,2015 年第 4 期,第 6—8 页。
② Noorul Shaiful Fitri Abdul Rahman and Ahmad Fayas Ahmad Najib, "Selection of the Most Practical Malaysian Port for Enhancing the Malaysia-China Kuantan Industrial Park Business Trade", *International Journal of Shipping and Transport Logistics*, Vol. 9, Iss. 4, 4 July 2017, https://doi.org/10.1504/IJSTL.2017.084829.

通过宪法修正案,取消了各州王室最高领导者的法律豁免权等特权,以及规定元首必须接受并根据政府建议执行公务,但是马来西亚元首并非西方君主立宪制度下的虚君。马来西亚宪法第153条款赋予马来西亚国家元首保护马来人和其他土著特殊地位的权力,所以最高元首不仅是马来西亚的国家代表、立法和行政的最高决策人,也是马来西亚伊斯兰教领袖兼武装部队统帅。同时,马来西亚又是一个多民族国家,主要分为马来族、华族和印度族。虽然伊斯兰教是马来西亚的官方宗教,但是马来西亚宪法也同样保障国民的宗教自由权利。所以,种族、宗教和冷战历史导致马来西亚的国内社会政治结构存在一定程度的脆弱性。这种脆弱性一直在影响这个国家的安全问题。[1]

关丹港面临的安全风险主要包括:政局动荡、恐怖主义袭击和海盗。特殊的政治制度导致马来西亚的政局很容易出现动荡。长期以来,国民阵线一直是马来西亚的执政联盟,马哈蒂尔曾在1981年至2003年4次出任首相,任期长达22年。这种特殊的现实保障了马来西亚较长时间的政治稳定,也促进了经济腾飞,成为亚洲四小虎之一。但是,2018年5月9日,反对阵营希望联盟与其盟友在第14届全国大选中取得国会222席中的122席,使得马来西亚的联邦政权60年来首次实现政党轮替。更为令人吃惊的是,带领希望联盟获得胜利的领袖人物居然是曾经的执政党阵营领袖马哈蒂尔。这种政党更替和马哈蒂尔重新执政很大程度上反映了马来西亚内部的政治紧张状态。新政府上台,多起中国参与的投资合作项目立刻被叫停或者遭遇重新谈判的波折,极大地影响了中国在该地的投资和合作。例如东海岸铁路项目被重新附加合约,工程造价也从原先的655亿马币降至440亿马币。该项目未来能否顺利完成并且盈利,依然存在较大的风险。碧桂园在柔佛州的森林城市项目被直接叫停,从明星项目变为烂尾楼的可能性非常大。

从马来西亚官方释放的消息和各种媒体的报道来看,重新上任的马哈蒂尔政府取消或者暂停多起中方投资的大型项目,主要是因为中国的投资项目可能造成该国巨额政府债务和担心大量中国人涌入马来西亚。本书无意探讨这些项目与马来西亚的债务问题,但是可以确定中国的大规模投资确实在当地引发了较大的警惕和担忧。特别是华人"威胁论"一直在马来西亚的土著民

---

[1] Kamarulnizam Bin Abdullah, "Emerging Threats to Malaysia's National Security," *Journal of Policing, Intelligence and Counter Terrorism*, (2010) 5:2, 55-70.

族群体中具有根深蒂固的市场。马来西亚有明确的法律规定马来人在国家政治、经济与社会等各个领域享有特权。马来西亚独有的"政企联合"让代表马来人利益的大型企业控制着重要的经济领域。历史上,政府通过大量的补贴和行政干预等手段组建大量大型企业,占据包括自然资源、公共事业、大型基建、金融证券等重要领域的部门。这也意味着,任何外来企业想要进入这些商业领域,都有可能遭到这些企业的掣肘甚至阻碍。幸运的是,历经超过半年的波折和重新协商,2019年4月12日马来西亚总理署发表声明称,针对东海岸铁路项目,中国交通建设股份有限公司与该铁路业主、马来西亚铁路私人有限公司(MRL)已签署了"补充协议",在就建设成本和建设长度做出削减后双方继续履行合约。[①] 2023年3月,马来西亚交通部长陆兆福在国会接受质询时说,兴建中的东海岸铁路(ECRL)预计于2027年年初启用。马来西亚东海岸铁路不仅联通了该国西部与东部、城市与城市,还连接了其辐射印度洋的西部第一大港巴生港和面向太平洋的东部第一大港关丹港,有望让马来西亚在国际贸易中的地位进一步攀升。

所以,在和平与发展依然是时代主题的新世纪,中国的投资当然成为马来西亚的重要经济发展动力,但是也非常容易成为该国国内政治斗争的牺牲品。关丹港作为中国和马来西亚重要的巨大投资合作项目,尽管从市场和经济角度来看符合马来西亚的国家利益和发展前景,但是如果未来马来西亚国内政治再次出现变化,该合作项目仍然有再次被重新评估、叫停、拖宕和取消的可能。中国的"一带一路"建设在一些西方视角看来,是地缘政治诉求在经济领域的表现。这种声音同样在马来西亚存在市场,警惕地看待来自中国的投资。更为重要的是,在面对来自政治层面的阻碍时,我们并没有足够有力的手段进行制衡,缺乏风险规避机制,只能依靠时间和更丰厚的物质条件来尽量争取对方履约。所以,中国在关丹港口的投资同样存在潜在的损失风险。

此外,恐怖主义袭击和海盗同样是马来西亚发展过程中所面对的现实风险。马来西亚所处东南亚地区是三大"动荡次中心"区域之一,是恐怖主义活

---

① 《马来西亚东海岸铁路修约详解 中马合作标志性项目将复工》,财新网,2019年04月14日,https://international.caixin.com/2019-04-14/101403918.html。

动和海盗活动较为活跃地区。① 2002年和2005年巴厘岛两次发生爆炸案。印度尼西亚自2010年以来则发生多起恐怖主义袭击事件。作为一个以穆斯林为主的国家,马来西亚内部同样存在一些极端组织和实力,例如马来西亚战斗队(Kumpulan Militan Malaysia)和伊斯兰祈祷团(Jemaah Islamiah),并且与基地组织存在千丝万缕的联系。2000年7月2日,激进组织对马来西亚陆军预备役营地进行了突袭,并成功地从军械库中窃取武器,试图推翻马来西亚政府。该组织后来被困在霹雳州的某村,与马来西亚军队和皇家警察部队对峙5天后才失败。2015年马来西亚政府颁布了新的反恐法案:《防御恐怖主义法案》与《海外反恐特殊手段法案》。4月6日,马来西亚政府逮捕了17名试图在吉隆坡发动恐怖袭击的武装分子,其中两名被确认与叙利亚的"伊斯兰国"组织相关。② 2016年7月,一枚手榴弹在首都郊外的一家夜总会爆炸。马来西亚政府事后认定该爆炸是第一起与"达伊什"③有关的袭击。④

尽管近几年,马来西亚境内没有爆发恐怖主义袭击,但是与之相邻的印度尼西亚的安全形势不断恶化。例如2017年5月24日在东雅加达发生自杀爆炸,五人死亡。2018年5月泗水市(苏腊巴亚)三个教堂和一个警察站分别遭遇自杀爆炸袭击,廖内省贝坎巴鲁警察局遭到五名持刀歹徒袭击。2019年10月10日,首席安全部长维兰托和易明当地警察局长分别遭遇持刀刺伤。事件发生后,万丹警察逮捕了肇事者,据称行凶者受到了激进教义的煽动,与"伊斯兰国"存在联系。2019年11月13日,棉兰的警察总部遭遇爆炸袭击。所以,马来西亚同样可能成为恐怖主义袭击的目标,削弱投资者对马来西亚的信心,并在经济和政治上造成巨大的消极影响。

---

① 韩增林、王雪、彭飞等:《基于恐袭数据的"一带一路"沿线国家安全态势及时空演变分析》,《地理科学》,2019年第7期,第1037—1044页;"Maritime piracy incidents down in Q1 2019 but kidnapping risk in Gulf of Guinea persists," The International Chamber of Commerce International Maritime Bureau, London and Kuala Lumpur, 08/04/2019, https://iccwbo.org/media-wall/news-speeches/maritime-piracy-incidents-q1-2019-kidnapping-risk-gulf-guinea-persists/.
② "Malaysia arrests 17 for alleged terrorist attack plot in Kuala Lumpur," The Guardian, Associated Press, April 6, 2015, https://www.theguardian.com/world/2015/apr/06/malaysia-arrests-17-for-alleged-terrorist-attack-plot-in-kuala-lumpur.
③ 阿拉伯国家和部分西方国家称"伊斯兰国"为"达伊沙"(DAESH)。
④ Akil Yunus, "Local IS fighter claims Movida bombing is first attack on Malaysian soil," The Star, July 4, 2016, http://www.thestar.com.my/news/nation/2016/07/04/local-is-fighter-claims-movida-bombing-is-first-attack-on-malaysian-soil/.

第九章 "一带一路"倡议下的海外港口安全风险

2015年以来,亚洲地区的海盗事件数量持续下降,显示出各国执法和联合执法力度加强。但是,我们可以看到,鉴于该地区的特殊地理位置和重要性,海盗活动并未完全消失,依然处于较活跃状态。自2008年金融危机以来,世界经济已经持续增长超过十年,衰退迹象也开始呈现。东南亚地区除个别国家外,多数国家的经济发展水平并不高。在全球从事渔业和水产养殖的人口中,绝大多数生活在亚洲。但是亚洲海域严重的过度捕捞和持续的非法、不受管制、未报告的捕鱼活动将会伤害到依赖这些水域生存的人。在贫困的压力下,一些人被迫从事小规模武装抢劫和海盗活动以维持生计,甚至在一些村落获得"劫富济贫"的美誉。① 彻底消失,而且如果未来出现经济衰退,那么

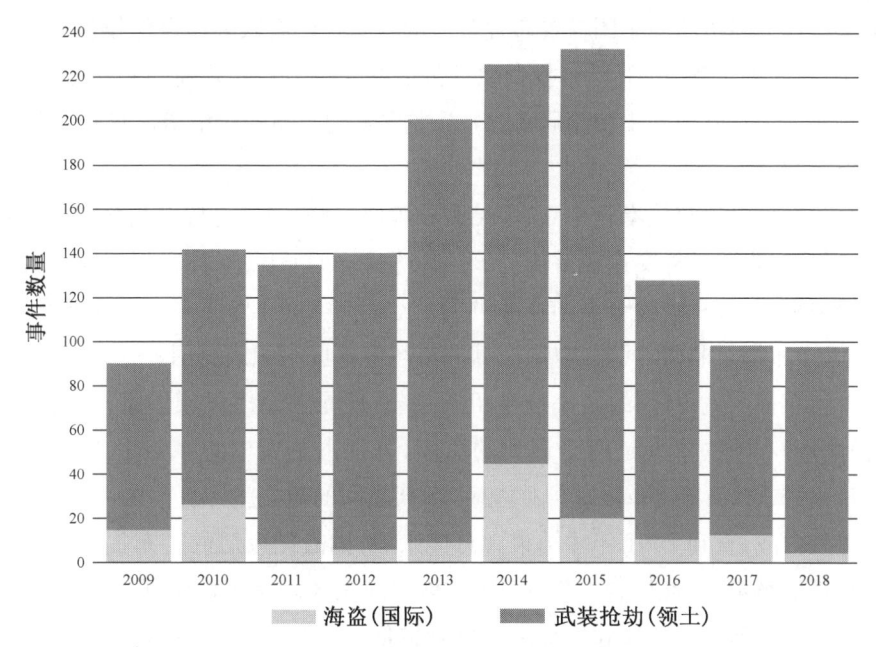

图 9-2 亚洲地区针对船只的海盗与武装抢劫事件数量(2009—2018年)②

资料来源:Lydelle Joubert-Stable Seas Program。

---

① Vinita Ramani, "Troubled waters: piracy and maritime security in Southeast Asia," Kontinentalist, August 22, 2019, https://kontinentalist.com/stories/troubled-waters-piracy-and-maritime-security-in-southeast-asia.

② 根据《联合国海洋法公约》,海盗行为被定义为一国司法权覆盖范围之外的非法活动,所以海盗行为与一国司法主权范围内的武装抢劫行为做出区分。

海盗活动有可能再次增加。

3. 吉布提港和亚丁湾海上安全风险

吉布提共和国是一个位于非洲东北部亚丁湾西岸的国家,国土面积仅2.32万平方千米,地处欧、亚、非三大洲的交通要冲,面对红海南大门的曼德海峡,既是红海进入地中海到达欧洲的必经之路,也是红海进入印度洋的咽喉要道,战略位置极其重要,被称为"石油通道上的哨兵"。吉布提国内大部分地方位处沙漠,自然资源贫乏,工农业基础薄弱,加上政局不稳,所以是世界上最不发达国家之一。该国经济主要倚靠转口货物及出租土地赚取外汇。目前,多个国家在吉布提拥有军事基地和驻军,包括美国在非洲最大的军事基地和法国最大的海外军事基地。中国在该地区拥有唯一的海外保障基地。2013年12月,中国招商局集团与吉布提政府的吉布提港有限公司合作投资吉布提港,招商局集团持股23.5%,投资项目包括吞吐能力600万吨的多功能码头、吞吐能力150万箱的集装箱码头、17万平方米的吉布提干港等。该项目经营年限达99年。

吉布提对外政策奉行中立、不结盟和睦邻友好,与厄立特里亚存在边界纠纷,但是主张通过外交途径解决。该国作为法国原殖民地,注重保持同法国的传统关系,同时积极配合美国在非洲的反恐行动,同时与日本关系逐渐升温。目前,吉布提是非盟、阿盟、东南非共同市场等地区组织成员国。

吉布提大约94%的居民信奉伊斯兰教,但是一个多民族国家,索马里人(伊萨族)和阿法尔人是两个最大的民族,分别占总人口的60%和35%。自1977年6月27日吉布提宣告独立时,部族之间的对立就一直存在,并于1991年爆发内战,直到2001年才结束。总体来看,内战结束后的吉布提政局保持了长期的稳定。所以,吉布提2019年整体国家风险水平略低于非洲平均水平。其中政治动荡风险和恐怖主义风险较低,汇率发生重大变化的可能性也较低。

但是,吉布提主权债务违约风险极高。2018年2月吉布提政府以过于慷慨且涉及腐败问题为由,单方面终止了一份特许协议。根据该协议,阿联酋物流公司(DP World)被授予多拉雷港长达30年的经营权。随后,多拉雷港集装箱被国有化。吉布提政府单方面取消协议的行为当然导致该国同阿联酋关系紧张化,且降低了境外投资者对该国投资的信心,不利于吸引外资对基础设施的投资。此外,吉布提2019年已经出现主权债务拖欠的情况,违约风险迅速提高。2018年,吉布提债务偿还率为15.6%,负债率为114.2%,债务率为327.1%,负债率和债务率远超国际警戒线。资产负债率又称举债经营比率,是负债总额与资产总额之间的比率,表示总资产中有多少是通过负债筹集的,用以衡量企业利用债权人提供资金进行经营活动的能力,以及反映债权人发放贷款的安全程度。如果资产负债比率达到100%或超过100%,说明已经没有净资产或资不抵债。债务率(foreign debt ratio)是指外债余额与出口收入的比率,在债务国没有外汇储备或不考虑外汇储备时,这是一个衡量外债负担和外债风险的主要指标。债务率的国际公认安全标准是小于100%。所以,从这个角度来看,吉布提已经处于破产状态。

4. 斯里兰卡汉班托塔港

斯里兰卡2019年整体国家风险水平高于印度,低于孟加拉国,略高于亚洲平均水平。其中恐怖主义风险最为严重,其次是政局动荡风险和主权债务违约风险。

2019年4月22日,斯里兰卡连续发生多起爆炸袭击,造成253人死亡,超过500人受伤,极端组织"伊斯兰国"宣布对事件负责。斯里兰卡本国宗教、民族关系错综复杂,外部极端势力的渗透使这种复杂性进一步加剧和恶化。在内外因素的共同影响下,斯里兰卡的国内安全环境面临巨大挑战。

2018年10月底,总统西里塞纳解散政府,解除维克勒马辛哈总理职务,并任命前总统拉贾帕克萨为新任总理。维克勒马辛哈拒绝卸任,并多次表示西里塞纳的这一做法违宪。双方势力展开多番拉锯,并延伸到最高法院。11月13日,最高法院裁定总统违宪,12月22日,拉贾帕克萨宣布辞去总理职务,此前被解职的维克勒马辛哈随后再次宣誓就职总理。此次总理之争凸显斯里兰卡国内高层间的矛盾,总统、总理之间不和以及下野却依然拥有强大实力的拉贾帕克萨,都将影响政府的执政效率,给斯里兰卡带来更多的不稳定因素。虽然维克勒马辛哈总理领导的斯里兰卡政府强调与中国加强合作,但是国内部分反对派对中国向斯里兰卡的贷款多加指责,声称"斯里兰卡被中国的低息贷款诱骗进债务陷阱后,被迫将具有战略意义的资源拱手让给中国"。此前,斯里兰卡曾发生过由我国负责建设的科伦坡港口城项目迫于政治压力停工的情况,未来斯里兰卡政局的不稳定性将使其债务偿还意愿风险进一步提高。

2022年,俄乌冲突导致全球能源和粮食价格暴涨,斯里兰卡遭遇严重的债务危机。5月,斯里兰卡政府宣布债务违约。因为该国外汇储备急剧减少,无法支付购买粮食和能源的款项,斯里兰卡又出现严重的社会动荡和大规模群众抗议,并导致政府倒台。在斯里兰卡重新恢复秩序之前,中国在该国的港口投资与工作很可能无法继续进行下去。

四、应对海外安全风险的对策建议

与西方重视海权的国家战略不同,作为社会主义国家的中国建设海洋强国、维护海外利益不应该,也不可能通过炮舰外交来实现,只能通过和平与合作的方式来实现。在这一过程中,政府和企业因为角色的不同,着力的方向也当然存在巨大的差异,需要从不同角度和理念出发,共同推动构建海洋命运共同体,有效维护我国的海外利益。

(一) 对政府的建议

1. 坚持和平发展道路,用规则营造良好的外部环境

十九届四中全会《决定》指出:"完善全方位外交布局。坚定不移走和平发展道路,坚持在和平共处五项原则基础上全面发展同各国的友好合作……"①"一带一路"建设能够成功的一个关键是和平的外部环境,这是历史上霸权主义、强权政治必定失败的教训总结,更是中国四十多年改革开放成功经验的总结。所以,中国的"一带一路"建设要着力于推动建设相互尊重、公平正义、合作共赢的新型国际关系,积极发展全球伙伴关系,维护全球战略稳定。地缘政治因素是"一带一路"建设风险的重要来源之一,所以我们首先需要继续从外交层面发展和平、友好、稳定的双边与多边关系,夯实"一带一路"建设的外部环境。

构建规则、加强规则性导向是世界发展趋势。未来的新型国际关系也将在很大程度上基于规则而建立。规则可以使信息流通更加便利、更加透明,可以极大地降低安全困境和交易成本,增强国家行为方式的可预见性及国际与地区体系的稳定性。一方面,中国港口不断走向世界,带动的是中国建设标准、中国技术"走出去"。国务院发展研究中心的一项研究课题指出,港口建设

---

① 《中共中央关于坚持和完善中国特色社会主义制度 推进国家治理体系和治理能力现代化若干重大问题的决定》(简称《决定》),2019年10月31日中国共产党第十九届中央委员会第四次全体会议通过。

第九章 "一带一路"倡议下的海外港口安全风险

的中国标准正加快走向海外。以中国交建为例,该企业参与主编行业标准,在境外推荐使用中国标准实施项目,推动国内技术和标准国际化,目前开工项目中使用中国标准的港口有:中缅原油工程——管道码头及航道、喀麦隆克里比深水港一期、莫桑比克贝拉渔码头重建项目;苏丹萨瓦金港项目、吉布提ASSAL盐湖盐业出口码头、苏丹牲畜码头一期水工项目。[①] 另一方面,创建新的争端解决机制。在世界贸易组织因为美国阻挠而陷入停摆之际,我国有必要考虑是否倡导建立新的争端解决机制。如果能够在"一带一路"共建国家和地区建立类似世界贸易组织的争端解决机制,不仅能够解决实际问题,促进"一带一路"高质量发展,推动贸易和投资自由化便利化,而且可以形成巨大的示范效应,推动中国所倡导的全球治理在国际舞台上确立和扩展。

2. 坚持互利共赢的开放战略,分享中国发展的红利

中国是世界上第二大经济体,拥有世界上最大、增长速度最快的中产阶级群体。中共中央指出把满足人民群众对美好生活的向往作为党在新时代的奋斗目标。因此,中国对高品质商品和服务的需求一定会持续增加,对"一带一路"共建国家可以形成巨大的需求。所以,中国未来的发展离不开世界,世界的发展也离不开中国。我们不但需要而且可以让"一带一路"共建国家和地区搭上中国高速发展的便车,从中国的发展中受益,实实在在地感受到与中国合作的"益处"。为了维护中国与这些国家的友好关系,同时也为了满足人民群众对美好生活的向往,继续加大改革开放、扩大进口就成为必然选择之一。在"美国优先"理念的冲击下,单边主义越来越成为包括美国在内的多个国家的对外经贸政策指导原则。与此同时,发达国家和部分发展中国家在近两年先后达成一批高水平自贸协定,包括日本主导推动的《全面与进步跨太平洋伙伴关系协定》《美墨加协定》《美日自贸协定》、《欧盟与越南自由贸易协定》与《欧盟与越南投资保护协定》等。从这个角度来看,当前世界越来越呈现出不同速度的全球化,给冷战结束以来好不容易实现的全球治理带来巨大的挑战。[②] 在这种情况下,中国有在新一轮全球化进程中被边缘化的风险。中美经贸摩擦也在事实上正在加速这种风险的深化和扩散。所以,我们必须牢牢把握住

---

① 《中企加快参与建设海外港口,带动中国标准"走出去"》,人民日报海外版,2017年8月28日。

② 梁亚滨:《不匀速的全球化对全球治理的挑战》,《学习时报》,2019年11月29日,第二版。

"一带一路"共建国家和地区的合作,坚持多边主义,努力维护我们在全球贸易体系中的地位和利益。

3. 创新金融体制机制,更好地服务于"一带一路"建设

融资问题是中国企业走出去所面临的一个重要问题,需要国家从制度层面给予支持。一是简化审批手续,鼓励银行加大对重大装备设计、制造等全产业链的金融支持,同时推进外汇储备多元性运用,发挥政策性银行等的作用,吸收社会资本参与,以债券、基金等形式提供长期资金支持,稳定海外投资的预期。二是拓宽融资渠道,简化境外上市、并购、设立银行分支机构等的核准手续。三是健全政策体系,完善人民币跨境支付和清算体系,创新出口信用保险产品,发展海外投资险,合理降低保费,扩大政策性保险覆盖。

4. 健全对外开放安全保障体系,为"一带一路"建设保驾护航

海外投资是一个开放体系内的投资,是中国主权范围外的商业活动。因此,海外投资的安全问题不是一个封闭体系内的挑战,而是涉及外国政府、当地民众、非政府组织等各种因素,无法用国内司法与政治体制进行保障。如何在开放系统内维护中国的海外安全利益已经成为我们对外关系中必须面对的迫切问题。在外交工具以外,我们还需要配备更加灵活、适用与有力的市场与军事手段。市场手段包括金融、保险、安保和法律支持等手段。在这方面,相对于西方发达国家,我们目前还较为落后。因此,我们需要进行制度创新,以更大的勇气推动改革和开放,简化审批手续,同时加大国际公法和司法的教育与普及,为企业发展提供智力支持。

军事手段同样是不可或缺的有力手段。中华人民共和国成立以来,我们奉行不干涉内政原则,但是在全球化逐步加深的大背景下,内政问题已经越来越有强烈的外延性。我国海外人员与资产的安全问题在市场手段穷尽之后,有时也必须考虑在国际法允许的情况下使用军事手段进行介入的可能性和必要性。特别是在一些陷入无政府状态的国家和地区,军事手段就成为必要。目前,我国已经在索马里地区实践过护航,在利比亚等多个国家开展过撤侨行动。未来,我们还需要继续探索在现有国际法下保护海外利益的军事手段。

5. 加大地区研究投入,为"一带一路"建设提供智力支持

由于近代以来西方的强势地位,西方成为全球知识和信息创造最为丰富的地区,知识和信息密集度远远高于其他国家和地区。所以,长期以来,全球的知识与信息流动存在单向性现象,即主要从西方流向东方,从发达国

家和地区流向欠发达国家和地区。广大发展中国家出于各种因素,其获取知识和信息的对象往往指向西方发达国家,而对其他广大发展中国家不感兴趣。中国同样存在这种现象,以国别研究为例,国内绝大多数研究机构都集中于美国、欧洲、日本等少数国家和地区。除了社会科学院、现代国际关系研究院、中东问题研究所等有限研究机构,很少有专门针对广大发展中国家的国别研究。

在"一带一路"建设中,我们的企业和研究机构往往缺乏对当地国家国情、民情的了解,对当地风俗习惯、法律制度、民族禁忌等都缺乏足够的知识储备。在这种情况下,在我们看来,符合商业原则的经济合作项目经常会遭遇来自非经济领域的干预。所以,中国"一带一路"建设中,特别是海外港口建设与合作,需要具体、深入的高密度知识的储备和支持。作为政府,必须加大国别研究的投入,真正地构建海外利益保护和风险预警防范机制,为中国企业走出去、站住脚、扎下根提供服务。

港口运营是一项复杂的系统工程,对国际化程度要求高。来自不同国家的船只和货物、港口海关及其他主权机构、港口庞大的当地员工队伍,这些因素都考验着港口运营管理团队的国际化水平。

6. 适时制定中国版《海外反腐败法》

西方媒体经常指责中国在一些发展中国家的投资在一定程度上纵容甚至鼓励了当地的腐败行为。由于不干涉内政原则,中国在非一些大型投资项目往往成为执政党和政府用来巩固政权和收买人心的手段。无论是学校、医院还是廉价经济适用房,中国政府往往并不参与具体的分配和运营,导致这些民生设施成为执政的精英阶层的特供,无法实现普惠。中国正常的企业活动和援助项目却被贴上纵容或支持腐败的标签。此外,专门针对中国企业和个人的索贿行为越发猖獗,加大了中国企业的运营成本和风险。为了维护健康的商业环境,我国可以考虑适时出台《海外反腐败法》,规范企业行为,坚决杜绝并严惩行贿等腐败行为;同时通过外交部等渠道不断向目标国照会当地政府机关针对中国企业和个人的索贿行为;在符合国际法的前提下,积极探索创造性介入的方式和方法,对目标国政治发挥影响,以更好地维护我国利益。

(二) 对运营企业的建议

1. 做好合规工作

在全球化时代,国家之间相互依赖,所以任何跨国投资和经营活动必须处理好合规管理问题。如果不能够与国际、国内法律、法规、政策、最佳范例或服务水平协定保持一致,就会导致严重的风险问题。一方面,中国企业依然缺乏在法律上与当地的法律体系融合的能力。尽管很多"一带一路"共建国家在社会和经济发展水平上相对落后,但由于多是西方国家的原殖民地,所以较为完善地继承了西方国家的法律体系,劳工权利、环境保护等各方面标准较高。同时,由于发展落后,法律又存在规定模糊、可操作性不高的问题,不同的法律和法规之间甚至存在矛盾和冲突。由于法律环境复杂,中资企业到目标国开展投资合作要坚持守法经营,密切关注当地法律变动的情况,依法保护权利,履行义务。处理关键法律问题,一定要尽可能聘请专业律师。此外,在寻找贸易伙伴和贸易机会时,应尽可能通过参加各种交易会以及实地考察等正式途径接触和了解客户,不要与资信不明或资信不好的客户做生意。进行业务联络的同时,可咨询当地商业联合会、中华总商会、中国商会等行业协会组织或委托专业机构对客户进行资信调查。[①]

另一方面,国际合规问题同样很重要,但我国同样缺乏相关领域的专业人才。除了国际法和联合国决议,美国法律和政策最为关键。无论我们是否愿意承认,目前世界上绝大多数的经贸制度和规则是西方人所创立,特别是1944年的布雷顿森林会议。美国宪法第三条第二款赋予美国司法部门全球司法权力,所以无论是理论上还是现实中,美国政府都可以凭借霸权实力以长臂管辖或次级制裁等方式,对违反其国内法的外国企业和个人实施制裁。国家安全是美国海外投资委员会(CFIUS)实施制裁行为的主要理由。所以,美国依然在规则领域掌握最大的权力。我们坚决反对以美国一国国内法来处理国际问题,但是也必须认识到美国在国际舞台上扩展国内法管辖权这一问题上具有强大的强制力量。美国以合规问题对企业采取制裁措施能够给企业带来巨大的破坏作用。2018年美国针对中兴公司采取的制裁措施立刻让该公司陷入"休克"。虽然针对华为公司的制裁尚未造成致命性打击,但并不是所有企业都具有华为那样的抗风险能力。所以,作为企业,在走出去的同时首要先做好合规问题。此外,不仅仅是制度合规问题,还包括一些较为宽泛的价值问题,尽量避免陷入敏感的政治、宗教、民

[①] 《对外投资合作国别(地区)指南:东盟》(2018年),商务部国际贸易经济合作研究院、中国驻东盟使团经济商务参赞处、商务部对外投资和经济合作司,2018年9月,第101页。

族、环境保护等问题。企业在投资前要做好动态和量化的投资环境评估系统,充分了解并收集投资目的地的政治经济环境,对项目成本、收益、风险进行全面而动态的评估。

合规问题的重要性不仅在于这是正确的做法,更重要的是不合规行为最终都会高概率爆发并引发严重的经济与政治后果。所以,即便在保密制度之内也依然要将合规问题统一起来,特别是不能认为不合规的行为可以通过保密来逃避惩罚,因为合作方内部可能存在第三方的商业间谍。

重视知识和人才的价值,承认不足,与国际著名的律师事务所合作,解决合规问题,在实践中学习,培养自己的合规人才。

2. 尽力规避和淡化地缘政治风险因素

"一带一路"建设中涉及的港口大多具有地缘政治上的重要性,因此在当地引发了一些潜在的警惕甚至敌视。在这种情况下,企业一方面要规避风险,另一方面要淡化地缘政治因素。在规避风险方面,企业可以完善投资策略,争取战略联盟和合作伙伴,借助熟悉当地环境的第三方经验、智慧和当地社会关系拓展业务,加强风险防控,提高运营效率。在淡化地缘政治因素方面,企业要尽可能做好透明工作,承担企业社会责任,特别是让当地普通人真切感受到中国投资给当地带来的积极作用。因此,企业需要精选投资项目,确保投资与回报之间的商业关系,增加透明度,用现代企业制度和会计制度来积极、及时回应国内外各种质疑,确保投资行为合理有效。

多数"一带一路"共建国家在政治上为民主制,但治理能力较为落后。一方面宪法程序内的领导人、政党和政权更替频繁,另一方面非法的政变也时有发生。在域外大国势力的介入下,情况更加复杂多变。与政治风险紧密联系的是社会治安风险。内乱、暴动、罢工、抢劫、绑架以及大规模的群众示威抗议活动在很多国家和地区经常发生。为了夺取权力,不负责任的政客往往将民众的不满引向外国企业和个人,非常容易激发各种暴力事件。此外,恐怖主义在个别地区也很猖獗。这都增加了企业投资的保险和运营成本。

所以,企业要重视和处理好四大关系。第一,与当地政府和议会的关系。中国企业要在当地建立和谐共赢的公共关系,妥善、平衡处理与有关部门和地方的关系。企业应主动关心当地政局走向,关注所在国所处的国际环境和主要国际关系,熟悉有关部门和地方政府的职责分工,了解政府政策的最新走势和计划的执行能力,把握与有关部门和官员交往的技巧和尺度。第二,与工会的关系。除了法律,中资企业还应了解当地工会的权利及作用,了解当地企业的一些通行做法,如如何与工会进行谈判等;加强与当地工会的沟通联系,依法妥善处理企业与工会的关系,保证企业顺利健康发展。第三,与当地居民的关系。企业应在尊重当地文化和传统的基础上,充分有效利用当地人力资源,还特别要注意尊重当地的宗教习俗和文化禁忌,参与社区的公共事业活动,拉近与当地人的心理距离。[①] 第四,与非政府组织和独立媒体的关系。非政府组织和独立媒体往往具有更高的权威性。中国企业需要学会与这些组织打交道,为投资合作创造良好的社会环境。

3. 加强与研究机构、咨询公司的合作与交流

研究机构和咨询公司往往对某一个具体国家和具体地区具有较为丰富的知识储备,可以为企业决策提供智力支持,帮助企业避免一些非市场因素的消极影响。一个国际化的企业必然是对世界不断加深了解的企业,不可以只关注经济领域的问题,必须以更宽广的国际视野来分析投资决策。

4. 关注目标国债务风险和汇率风险

"一带一路"共建国家和地区多数存在较为严重的债务问题,企业在决策时必须分析对方的债务率和负债率。与债务问题紧密相关的是汇率风险。很多国家采取浮动汇率制度,大大增加了中国投资的汇率风险。2016年6月20日,非洲最大产油国尼日利亚放弃固定汇率制,当天尼日利亚奈拉对美元汇率大跌近42%。三年来,尼日利亚央行为支持奈拉汇率消耗了约50亿美元外汇储备,相当于其外汇储备的五分之一。2016年11月3日,埃及央行宣布允许埃镑汇率自由浮动后,当天埃及镑对美元汇率跌幅为48%。2018年1月安哥拉放弃紧盯美元政策,汇率迅速贬值近20%。剧烈贬值的当地货币使得以美元、欧元等硬通货计价的债务不断高涨,最终将吞噬掉非洲国家发展的动力,同时也进一步加大投资回报的风险。在非殖民主义时代,任何债务都不可能真的以出让国家主权来抵偿,所以最终非常有可能被减免。越来越多的国家开始公开要求中国免除债务,例如2018年汤加首相波希瓦(Akalisi Pohiva)便公开呼吁太平洋岛国要联合起来,要求中国免除它们所拖欠的贷款

---

① 《对外投资合作国别(地区)指南:东盟》(2018年),商务部国际贸易经济合作研究院、中国驻东盟使团经济商务参赞处、商务部对外投资和经济合作司,2018年9月,第104页。

债。① 企业可以探索能否提前锁定汇率或在国际外汇市场展开对冲业务,以降低汇率风险,同时积极探索采用人民币结算的方式。

5. 加强与当地人沟通,尽力融入当地社区

由于中方企业对中国员工的管理较为严格,以及对当地卫生环境的担忧,中国工人往往实施集体封闭管理,很少与当地人接触,以避免不必要的风险。但这在当地人看来有某种隔离的意味,同时认为中国人只是来赚钱,因为在当地几乎没有任何消费。尽管中国企业给当地带来巨大的经济和社会效益,但中国工人与当地人没能实现在社会生活层面上的融合,并未被广大普通民众正确认知和感受到,加大了当地人对中国企业和中国人的误解和反感,甚至引发针对中国人的排外情绪。

融入当地社区同样还要注意信仰和饮食等习惯。"一带一路"共建国家中绝大多数国家的民众都是信教群众,包括基督教、伊斯兰教、佛教和其他宗教以及原始信仰。这与中国的无神论信仰确实存在较大的差异。这种差异在我国企业实施集体封闭式管理情况下,更加深了地方民众的误解。与信仰相关的另一个衍生问题是饮食问题。在宗教信仰下,当地民众对于什么可以吃和什么不可以吃,往往有非常明确的分类。但无神信仰下的中国人在饮食上往往并不在意,结果会在当地造成巨大的心理和文化冲突。

此外,中国企业个人的行为举止素质需要提高。由于殖民历史的原因,非洲精英阶层保持了白人精英阶层在衣食住行方面的传统,例如公务活动一定是西装革履。中国大企业对非洲国家的援助或商业行为被非洲精英阶层视作高端合作,因此他们对赴非中国员工往往怀有较大期待。但是,一些中国普通工人平时并不太注重自身形象,降低了中国企业文化的吸引力。

所以,企业需要加强出国人员的培训,既包括技能培训,更要包括文化、宗教、法律和平权等内容的培训,尽量避免文化冲突和歧视问题的出现。

6. 维持高标准,打造统一的全球价值

企业必须持续评估本身的竞争优势,维持全球标准及本土化之间的平衡:实现价值全球化、策略区域化和战术本土化。代表企业的品牌、服务及流程需要拥有一贯的全球价值,以便让各国的消费者都有相同的品牌联想、认知及印

---

① 《汤加要求免除债务 邻国表不满:要了牛奶还要奶牛》,《环球时报》,2018 年 8 月 21 日,转载中国网,https://news.china.com/socialgd/10000169/20180821/33636823_1.html。

象。考虑到不同国家的客户差异和相似性，针对目标市场设定适当的策略。推出让自己脱颖而出的客制化和差异化产品与服务，与竞争对手区别开来。坚持公平竞争，避免中资企业在国外恶性竞争和相互拆台。

五、构建海外港口安全风险评估指标体系框架构想

随着海外港口的重要性上升，建立海外港口安全风险评估指标体系就成为当务之急。安全风险评估体系的建立首要也是最重要的是能够持续长期追踪。本书重点关注了对海外港口形成安全威胁的五种风险：恐怖主义风险、政治风险、海盗和武装抢劫风险、宗教与文化风险、地区战争风险。如何对这些风险进行量化研究是建立评估指标体系的关键和难点。一方面，目前学术界对风险的认知并不存在统一的标准，因为风险很大程度上既来源于现实的威胁，同样也来源于人的感知。另一方面，每个国家或者企业对风险的承受能力千差万别，特别是一旦加入"战略意义"的因素，那么很多安全风险就可能会被有意或无意地降低或者提高。所以，海外港口安全风险评估指标体系的建立，只能尽可能地在定量与定性之间实现平衡，既要总结安全威胁事件的发生概率和破坏程度，也要综合具体从业人员的心理感知。因为，在缺乏足够信息的情况下，发生概率和破坏程度的确定在很大程度上取决于人的心理感知。为了便于理解风险的程度，加维和兰斯道恩设计出风险矩阵，[1]如表9-1。

表9-1 风险矩阵

概率＼程度	可忽略	很小	中等	严重	致命
极高	中等	中等	高等	高等	高等
较高	低等	中等	中等	高等	高等
存在可能	低等	低等	中等	中等	高等
较低	低等	低等	低等	中等	中等
极低	低等	低等	低等	中等	中等

---

[1] P. R. Garvey and Z. F. Lansdowne, "Risk matrix: an approach for identifying, assessing, and ranking program risks," *Air Force Journal of Logistics*, Vol. 22, No. 1, 1998, pp. 18-21.

第九章 "一带一路"倡议下的海外港口安全风险

所以,在评估海外港口的安全风险时,可以将五大安全威胁分别进行矩阵分析,为评估体系的建立奠定基础。此外,一个地区的风险程度并不是静止不变的,往往因为国际或者区域内社会经济环境的变化而发生变化。作为一个变量,一个地区的安全风险程度评估也必须纳入时间因素。这种时间因素既包括过去,同样包括未来。例如在评估一个地区的政治风险时,必须将该国或该地区的政府任期和重大政治事件纪念日等因素考虑进去。这就需要对港口所在国和地区进行较为深入的国别研究。

在具体的研究方法上,主要有两种。一是数据总结和分析。目前国际上有很多专业组织或研究针对具体领域的风险进行国别研究。因此,可以直接借鉴和分析这些研究机构的数据,例如透明国际、国际货币基金组织、世界银行、国际海事组织等。二是问卷调查。风险,既来源于真实的威胁,同样来源于人的感知。所以,对风险的评估离不开对相关人员感知的总结和分析。因此,需要通过访谈和问卷调查的方式来获取相关人员对不同类型风险的认知程度。

以巴基斯坦瓜达尔港为例:

恐怖主义风险程度为高等,因为发生概率极高,破坏程度中等。

政治风险程度为中等,因为发生概率较高,破坏程度中等。巴基斯坦同时存在内部政局动荡和外部美印等国干预的风险。一方面,作为议会共和制国家,巴基斯坦总理掌握国家的实际行政权,但是该国总理的平均任期只有两年左右时间,而且历史上还曾经历了四次军事政变。另一方面,无论是美国还是印度,都对巴基斯坦的政局产生过或依然在产生巨大的影响。但是,自2018年伊姆兰·汗宣誓就职巴基斯坦第22任总理以来,国家政局总体处于可控状态。

海盗和武装抢劫风险程度低等,因为发生概率较低,破坏程度较低。瓜达尔港地处波斯湾口和霍尔木兹海峡外,是大国政治博弈的阵地,非传统安全的影响力非常弱。

宗教与文化风险程度中等,因为概率较高,破坏程度中等。巴基斯坦国内宗教和民族问题较为复杂,且地理形态上又呈现一定程度的破碎状态,中央政府对瓜达尔港所在的俾路支省的管控能力有待于进一步提高。

地区战争风险程度低等,因为尽管存在发生的可能性,但概率并不高,而且破坏程度也不会太大。巴基斯坦作为事实上的核武器国家,已经在该地区形成核威慑。尽管历史上巴基斯坦和印度曾经发生过三次大规模战争,但是自从两国在1998年连续进行核试验以来,再发生国家级别的战争概率已经非常低。

最后,根据木桶原理,综合所述,瓜达尔港的风险程度为高等。

作为结语的思考

"东方有一片海,海风吹来童年的梦,天外有一只船,请带我漂向那天边。东方有一片海,海风吹过五千年的梦,天外有一只船,船一去飘来的都是泪,洒在海边。再不愿见那海,再不想看那只船,却回头又向她走来,却又回过头,向她走来!"这是小时候看的电视连续剧《北洋水师》的主题歌。悠扬却略带伤感的旋律在我脑海里留下了深刻的印象。

号称世界第九、亚洲第一的北洋水师是近代中国第一支近代化海军舰队,曾经一度是晚清最大的骄傲,但在甲午战争中全军覆没的结局也使之成为中华儿女永远的痛。1937年,为了封锁长江航路以阻止日军入侵,民国海军在长江江阴段自沉8艘军舰以及数百艘商船。所以,成为海洋强国,凝结着中华儿女百年的屈辱和梦想。

中华人民共和国成立后,中国海军真正迎来了大发展,从无到有,从弱到强,逐渐成长为一支拥有全系列现代化海军舰艇的现代化海军。特别是中共十八大以来,中国海军发展更是迎来了大发展、大跨越的黄金时期。从第一艘国产航母、两栖攻击舰、新型万吨驱逐舰的陆续下水,到航母编队逐步形成体系战斗力,中国海军已经从最初的近海"黄水海军"成长为走向远洋的"蓝水海军",为维护国家海上安全和权益提供了坚强保证。与此同时,中国海军积极参与索马里护航行动既是中国积极为世界贡献公共产品的关键举措,也是推动构建人类命运共同体的重要体现。维护世界和平,同样需要中国拥有一支强大的海军。

回顾历史,海洋强国的崛起往往并非主动为之或主动设计的结果,而是在有效应对内外挑战中实现实力崛起的产物。每个时代的海洋强国都曾经通过制度进步和科技进步,掌握了当时的金融和能源开发能力,并且有效地化解了来自地缘政治领域的挑战。在这个过程中,军事力量的崛起并非其中最为决定性的因素,反而是经济、科技、外交等其他因素崛起之后的结果。

中共二十大报告提出:"发展海洋经济,保护海洋生态环境,加快建设海洋强国""维护海洋权益,坚定捍卫国家主权、安全、发展利益"。所以,中国建设海洋强国并非重复历史上西方国强必霸的道路,也并不需要我们一定要去推动构建取代美国的世界金融"霸权"。在技术上实现更加高效的能源开发,当然一直是我们努力奋斗的方向,但现代社会的技术进步往往是全球合作的结果,单独国家所推动的技术突破难度越来越大。

在当前情况下,中国建设海洋强国的最大挑战是如何有效应对来自其他国家的地缘政治挑战,特别是目前依然强大且唯一的超级大国——美国。中国的所作所为越来越被美国认为是其"最大地缘政治挑战"。两国之间的这种认知,事实上正在固化双方民众的思维,将两国推向"修昔底德陷阱"。

我们必须明确的一点是:中美两国之间无论是发生一场大规模热战,还是走向又一场长期的"新冷战",都不符合我国的长远利益。2022年3月,国家主席习近平在同美国总统拜登视频通话时指出,美方对中方的战略意图作出了误读误判,并强调:"中美过去和现在都有分歧,将来还会有分歧。关键是管控好分歧。一个稳定发展的中美关系,对双方都是有利的。"

所以,中国建设海洋强国,不以挑战美国霸权为目标,且必须努力适应并协调与霸权国之间的稳定关系。